VDE- Schriftenreihe 48

Arbeitsschutz in elektrischen Anlagen

Erläuterungen zu
DIN VDE 0105, 0680, 0681, 0682 und 0683

Dr.-Ing. Peter Hasse
Dipl.-Ing. (FH) Walter Kathrein

1996

VDE-VERLAG GMBH · Berlin · Offenbach

Lektor: Dipl.-Ing. (Univ.) Roland Werner

Die Deutsche Bibliothek – CIP-Einheitsaufnahme

Hasse, Peter:
Arbeitsschutz in elektrischen Anlagen : Erläuterungen
zu DIN VDE 0105, 0680, 0681, 0682, 0683 /
Peter Hasse ; Walter Kathrein. – 3. Aufl. –
Berlin ; Offenbach : VDE-VERLAG, 1996
   (VDE-Schriftenreihe ; 48)
   ISBN 3-8007-2185-6
NE: Kathrein, Walter:; Verband Deutscher Elektrotechniker:
   VDE-Schriftenreihe

ISSN 0506-6719
ISBN 3-8007-2185-6

© 1996 VDE-VERLAG GMBH, Berlin und Offenbach
   Bismarckstraße 33, D-10625 Berlin

Alle Rechte vorbehalten

Druck: Graphoprint, Koblenz   9611

Vorwort zur 3. Auflage

Die zweite Auflage des Bandes 48 der VDE-Schriftenreihe wurde 1989, also vor sieben Jahren, veröffentlicht. In diesen sieben Jahren hat sich im Bereich der Normen DIN VDE 0105, 0680, 0681, 0682, 0683 und bei den entsprechenden regionalen (Cenelec-) und internationalen (IEC-)Normen so viel getan, daß eine komplette Überarbeitung und eine wesentliche Erweiterung unseres Buches notwendig geworden sind.

Die europäische (und neue deutsche) Norm DIN EN 50110-1 (VDE 0105 Teil 1) unterscheidet nun zwischen:

- **elektrotechnische Arbeiten**
  Arbeiten an, mit oder in der Nähe einer elektrischen Anlage, z. B. Errichten und Inbetriebnehmen, Instandhalten, Prüfen, Erproben, Messen, Auswechseln, Ändern, Erweitern.
- **nicht elektrotechnische Arbeiten**
  Arbeiten im Bereich einer elektrischen Anlage, z. B. Bau- und Montagearbeiten, Erdarbeiten, Säubern (Raumreinigung), Anstrich- und Korrosionsschutzarbeiten.

In den genannten Normen ist eine **Gefahrenzone** um unter Spannung stehende Teile definiert, in der Schutzmaßnahmen zur Vermeidung einer elektrischen Gefahr notwendig sind. Weiterhin werden **drei Arbeitsmethoden** unterschieden:

- **Arbeiten im spannungsfreien Zustand**
  Arbeiten an elektrischen Anlagen, deren spannungsfreier Zustand zur Vermeidung elektrischer Gefahren hergestellt und sichergestellt ist.
- **Arbeiten unter Spannung**
  Jede Arbeit, bei der eine Person mit Körperteilen oder Gegenständen (Werkzeuge, Geräte, Ausrüstungen oder Vorrichtungen) unter Spannung stehende Teile berührt oder in die Gefahrenzone gelangt.
- **Arbeiten in der Nähe unter Spannung stehender Teile**
  Alle Arbeiten, bei denen eine Person mit Körperteilen, Werkzeugen oder anderen Gegenständen in die Annäherungszone gelangt, ohne die Gefahrenzone zu erreichen.

Alle drei Methoden setzen wirksame Sicherheitsmaßnahmen gegen elektrischen Schlag sowie gegen Auswirkungen von Kurzschluß und Lichtbogen voraus, für die der Arbeitsverantwortliche zuständig ist.

Beim Arbeiten unter Spannung werden drei Verfahren unterschieden:

- **Arbeiten auf Abstand**
  Beim Arbeiten auf Abstand bleibt der Arbeitende in einem festgelegten Abstand von unter Spannung stehenden Teilen und führt seine Arbeit mit isolierenden Stangen aus.
- **Arbeiten mit Isolierhandschuhen**
  Bei diesem Arbeitsverfahren berührt der Arbeitende, geschützt durch Isolierhandschuhe und möglicherweise isolierenden Armschutz, direkt unter Spannung stehende Teile.
  Bei Niederspannungsanlagen schließt die Benutzung von Isolierhandschuhen die Verwendung von isolierenden und isolierten Handwerkzeugen nicht aus.
- **Arbeiten auf Potential**
  Bei diesem Arbeitsverfahren befindet sich der Arbeitende auf demselben Potential wie die unter Spannung stehenden Teile und berührt diese direkt; dabei ist er gegenüber der Umgebung ausreichend isoliert.

In Abhängigkeit von der Art der Arbeit dürfen Arbeiten unter Spannung nur von Elektrofachkräften oder elektrotechnisch unterwiesenen Personen mit **Spezialausbildung** ausgeführt werden. Zahlreiche Werkzeuge, Ausrüstungen, Schutz- und Hilfsmittel zum Arbeiten unter Spannung sind inzwischen genormt und werden in diesem Buch vorgestellt.
Im Bereich DIN VDE 0680 ist 1990 der Entwurf „Isolierende persönliche Schutzausrüstungen und isolierende Schutzvorrichtungen" veröffentlicht worden. Bei DIN VDE 0681 sind der Entwurf des Teils 7 „Spannungsanzeigesysteme" 1991 und der Teil 8/A1 „Isolierende Schutzplatten, Änderung 1" 1992 herausgekommen.

Die meisten neuen Normen sind im Bereich DIN VDE 0682 erschienen:

- Teil 201 (1994)   Handwerkzeuge zum Arbeiten an unter Spannung stehenden Teilen bis AC 1000 V und DC 1500 V (IEC 900; 1987, modifiziert)

- Teil 211 (1992)   Geräte und Ausrüstungen zum Arbeiten an unter Spannung stehenden Teilen; Isolierende Arbeitsstangen und zugehörige Arbeitsköpfe zum Arbeiten unter Spannung über 1 kV

- Teil 311 (1994)   Handschuhe aus isolierendem Material zum Arbeiten an unter Spannung stehenden Teilen

- Teil 312 (1994)   Isolierende Ärmel zum Arbeiten unter Spannung (IEC 984; 1990, modifiziert)

- Teil 313 (1992, Entwurf) Handschuhe für mechanische Beanspruchung, Identisch mit IEC 78(Sec)81

- Teil 411 (1995, Entwurf) Arbeiten unter Spannung, Spannungsprüfer, Teil 1: Kapazitive Ausführung für Wechselspannungen über 1 kV

- Teil 421 (1992, Entwurf) Spannungsprüfer, resistive (ohmsche) Ausführung für Wechselspannungen über 1 kV

- Teil 511 (1991, Entwurf) Isolierende Abdecktücher

- Teil 512 (1991, Entwurf) Isolierende Matten

- Teil 551 (1994, Entwurf) Spannungsprüfer; Teil 3: Zweipoliger Spannungsprüfer zur Verwendung in Niederspannungsnetzen

- Teil 601 (1994, Entwurf) Starre Schutzabdeckungen zum Arbeiten unter Spannung in Wechselspannungsnetzen

- Teil 741 (1995) Hubarbeitsbühnen mit isolierender Hubeinrichtung

Bei DIN VDE 0683 gibt es folgende Neuerungen:

- Teil 100 (1989, Entwurf) Frei geführte Erdungs- und Kurzschließgeräte

- Teil 100/A1 (1992, Entwurf) Änderung 1 zum Entwurf DIN VDE 0683 Teil 100

- Teil 200 (1995) Erdungs- oder Erdungs- und Kurzschließvorrichtung mit Stäben als kurzschließendes Gerät – Staberdung

Intensiv wurde an der Normung des „berührungslosen Spannungsprüfers", des sogenannten „Abstandsspannungsprüfers", gearbeitet:
Arbeiten unter Spannung (AuS) sind heute eine weltweit eingeführte und erprobte Technologie zur Wartung, Instandsetzung und Umrüstung von Anlagen der elektrischen Energieversorgung. In den deutschen Bundesländern wurde das AuS in der Vergangenheit in unterschiedlichem Umfang angewendet. So beschränkte sich das AuS in den alten Bundesländern im wesentlichen auf Arbeiten in Niederspannungs-Anlagen. Im Gebiet der neuen Bundesländer wurden dagegen in über 25 Jahren

zahlreiche Technologien und Ausrüstungen entwickelt, erprobt und mit Erfolg im Nieder-, Mittel- und Hochspannungs-Bereich angewendet.

An der ersten deutschen AuS-Fachtagung vom 29. bis 30. März 1995 in Dresden (die auf Initiative der Autoren zustande kam) nahmen etwa 120 Fachleute aus Energieversorgungsunternehmen, Industrie, Berufsgenossenschaft für Feinmechanik und Elektrotechnik sowie von Fachhochschulen und Universitäten teil.

Wegen des großen Interesses an AuS wurde beim VDE-Bezirksverein Dresden der Fachausschuß „AuS" gegründet. Interessierte (aus dem gesamten Bundesgebiet) können sich beim Sekretariat der Geschäftsstelle des VDE-Bezirksvereins Dresden, Technische Universität Dresden, Institut für Elektroenergieversorgung, Prof. Dr.-Ing. habil. H. Pundt, Tel. (03 51) 4 63-43 74, Fax (03 51) 4 63-70 36, melden – es werden keine Mitgliedsbeiträge erhoben.

Der Fachausschuß „AuS" soll ähnlich wie der „Ausschuß für Blitzschutz und Blitzforschung im VDE (ABB)" ein technisch-wissenschaftliches Gremium werden mit dem Ziel: Unterstützung zu geben bei der Anwendung und Durchsetzung des AuS in Industrie, Energieversorgungsunternehmen und Handwerk im Niederspannungs-, Mittelspannungs- und Hochspannungs-Bereich sowie bei der Normenarbeit in den DKE-Komitees K 214 und K 224 und der internationalen Normenarbeit im IEC TC 78. Die konstituierende Sitzung des Fachausschusses AuS findet im Laufe des Jahres 1996 statt.
Die zweite AuS-Fachtagung wird 1997 wieder in Dresden stattfinden und wird dann im Rhythmus von zwei Jahren (jeweils im Wechsel mit der ICOLIM) abgehalten werden.

Dies ist ein Buch aus der Praxis für die Praxis – möge es dazu beitragen, das Arbeiten in elektrischen Anlagen noch sicherer zu machen.

Juni 1996   Die Verfasser

Die Autoren

Dr.-Ing. **Peter Hasse**, Jahrgang 1940, absolvierte das Studium der Elektrotechnik/ Starkstromtechnik an der Technischen Universität in Berlin. Für hervorragende Leistungen wurde er 1965 mit der „Medaille der Technischen Universität Berlin" ausgezeichnet. Anschließend, von 1965 bis 1972, war er im dortigen Adolf-Matthias-Institut für Hochspannungstechnik und Starkstromanlagen als wissenschaftlicher Assistent tätig. 1972 wurde Hasse zum Doktor-Ingenieur promoviert.
1973 übernahm er die Leitung des Bereichs Entwicklung und Konstruktion bei der Fa. Dehn + Söhne in Neumarkt/Opf. und befaßte sich dort schwerpunktmäßig mit der Blitzschutztechnik und dem Arbeitsschutz in elektrischen Anlagen.

Zahlreiche Patente für Blitzschutzbauteile, Überspannungsschutzgeräte und Sicherheitsgeräte zum Arbeiten an elektrischen Anlagen zeugen von seiner Tätigkeit in Entwicklung, Konstruktion und Laboratorium; Hasse wurde Prokurist, dann Werkleiter und ist seit 1981 Geschäftsführer dieser Firma.

Hasse ist im Rahmen von technisch-wissenschaftlichen Vereinen und Institutionen, wie ABB, DKE/VDE, NE und IEC, an der nationalen und internationalen Normungsarbeit maßgeblich beteiligt. Er gehört dem Vorstand des „Ausschusses für Blitzschutz und Blitzforschung im VDE (ABB)" seit dessen Gründung an und ist der deutsche Sprecher bei IEC im TC 81 „Lightning Protection" und im SC 37A „Low-Voltage Surge Protective Devices". Im Zentralverband der Elektrotechnik und Elektroindustrie e. V. (ZVEI) leitet er den Fachausschuß 7.13 „Überspannungsschutz".

Die Ergebnisse zahlreicher wissenschaftlich-technischer Untersuchungen, Entwicklungsprojekte und Erprobungen in der Praxis hat er in Einzelvorträgen, mehrtägigen Seminaren, Konferenzen, Beiträgen für Fachzeitschriften und Büchern im In- und Ausland veröffentlicht.

In Buchform sind bisher erschienen:
- Hasse, P.; Wiesinger, J.: Handbuch für Blitzschutz und Erdung. München: Pflaum-Verlag; Berlin u. Offenbach: VDE-VERLAG, 1. Auflage (1979), 2., überarbeitete und erweiterte Auflage (1982), 3., vollständig überarbeitete und erweiterte Auflage (1989), 4., bearbeitete Auflage (1993)
- Hasse, P.: Schutz von Niederspannungsanlagen mit elektronischen Geräten vor Überspannungen. In: Fleck, K. (Hrsg.): Schutz elektronischer Systeme gegen äußere Beeinflussungen. Berlin u. Offenbach: VDE-VERLAG, 1981
- Hasse, P.: Schutz von Niederspannungsanlagen mit elektronischen Geräten vor Überspannungen – Schutzmaßnahmen und Schutzgeräte. In: Fleck, K. (Hrsg.): Elektromagnetische Verträglichkeit (EMV) in der Praxis. Berlin u. Offenbach: VDE-VERLAG, 1982
- Aaftink, H.; Hasse, P.; Weiß, A.: Leben mit Blitzen. Winterthur-Versicherungen, 1986; überarbeitete und erweiterte Fassung 1987
- Hasse, P.; Kathrein, W.: Arbeitsschutz in elektrischen Anlagen, Körperschutzmittel, Schutzvorrichtungen und Geräte zum Arbeiten in elektrischen Anlagen, DIN VDE 0105, 0680, 0681 und 0683. VDE-Schriftenreihe, Band 48. Berlin u. Offenbach: VDE-VERLAG, 1. Auflage (1986), 2., überarbeitete und erweiterte Auflage (1989)
- Hasse, P.: Überspannungsschutz von Niederspannungsanlagen – Einsatz elektronischer Geräte auch bei direkten Blitzeinschlägen. Köln: Verlag TÜV Rheinland, 1. Auflage (1987), 2., überarbeitete Auflage (1989), 3., aktualisierte Auflage (1993), italienische Fassung: Verlag Tecniche Nuove, Milano, 1988; spanische Fassung: Verlag Editorial Paraninfo SA, Madrid, 1991; englische Fassung: Verlag Peter Peregrinus Ltd., London, 1992
- Hasse, P.: EMV-orientiertes Blitz-Schutzzonen-Konzept mit Beispielen aus der Praxis. In: Forst, H.-J. (Hrsg.): Elektromagnetische Verträglichkeit. Berlin u. Offenbach: VDE-VERLAG, 1991, S. 59 – 150
- Hasse, P.: Schutz von elektrischen Anlagen mit elektronischen Geräten vor Überspannungen, auch bei direkten Blitzeinschlägen. In: Forst H.-J. (Hrsg.): Elektromagnetische Verträglichkeit von Automatisierungssystemen. Berlin u. Offenbach: VDE-VERLAG, 1992, S. 159 – 263
- Hasse, P.: Blitz- und Überspannungsschutz. Dehn + Söhne. 2. Informations- und Diskussionstag für Versicherer, 1987. 3. Forum für Versicherer, 1990. 4. Forum für Versicherer, 1992. 5. Forum für Versicherer, 1994
- Hasse, P.: Blitz-Störschutz – Maßnahme der EMV. Dehn + Söhne. 1. Forum für Sachverständige, 1993. 2. Forum für Sachverständige, 1995.
- Hasse, P.: History of Lightning Protection. Dehn + Söhne, 1988

- Hasse, P.: Blitze und Blitzschutz. Dehn + Söhne, 1988
- Hasse, P.; Pigler, F.; Wiesinger, J.: Blitzschutz mit Erdung und Überspannungsschutz. In: Albert, K.; Apelt, O.; Bär, G.; Koglin, H.-J. (Hrsg.): Elektrischer Eigenbedarf – Energietechnik in Kraftwerken und Industrie. Berlin u. Offenbach: VDE-VERLAG, 1993
- Hasse, P.; Wiesinger, J.: EMV-Blitz-Schutzzonen-Konzept. München: Pflaum-Verlag; Berlin u. Offenbach: VDE-VERLAG, 1994

Obering. Dipl.-Ing. (FH) **Walter Kathrein**, Jahrgang 1931, absolvierte das Studium der Elektrotechnik/Starkstromtechnik an der Rudolf-Diesel-Bau- und Ingenieurschule der Stadt Augsburg, Akademie für angewandte Technik.
1956 trat er bei den Siemens-Schuckert-Werken als projektierender Ingenieur im Bereich Netzausrüstung, Schaltanlagen ein.
Seit 1964 ist Kathrein im Hauptbereich Montage des Unternehmensbereichs Energietechnik als Montageingenieur im Außendienst für Bauleitung, Inbetriebnahme und Störungsklärung im Bereich Elektrischer Anlagen im In- und Ausland eingesetzt.

Von 1972 an ist Kathrein auch für den Bereich der Qualitätssicherung für elektrische Anlagen, Vorschriften und Bestimmungen zuständig. Dazu übernahm er im Jahre 1974 noch das Fachgebiet Arbeitsschutz als leitender Sicherheitsingenieur für den Bereich Montage, Inbetriebsetzung, Service im Unternehmensbereich Energie- und Automatisierungstechnik.
Zu seinen Aufgaben gehört auch die Strahlenschutzüberwachung von Mitarbeitern, die in Kernkraftwerken tätig sind, die mit radioaktiven Meßeinrichtungen arbeiten oder die Röntgenanalysegeräte aufstellen, inbetriebnehmen und warten.
Dazu kam im Jahr 1988 der Bereich Umweltschutz und Gefahrguttransporte.

Nach Neuorganisation der Siemens AG zum 01.10.1989 waren für den neuen Geschäftsbereich „Anlagentechnik" (einschließlich der 39 Siemens-Zweigniederlassungen in Deutschland) die Aktivitäten Umweltschutz, Arbeitssicherheit und Strahlenschutz neu zu regeln. Kathrein obliegt seitdem auch die Leitung des ANL-Referats Umweltschutz, Arbeitssicherheit, Strahlenschutz.

1974 wurde er zum Oberingenieur, 1981 zum Abteilungsbevollmächtigten der Siemens AG ernannt.

Kathrein arbeitet seit 22 Jahren in zahlreichen DKE-Komitees mit. Er ist u. a. Obmann des DKE-Komitees 214 „Ausrüstungen und Geräte zum Arbeiten unter Spannung", korrespondierendes Mitglied zu IEC TC 78 „Tools for live working" und stellvertretender Obmann des DKE-Unterkomitees 211.2 „Anforderungen an die im Bereich der Elektrotechnik tätigen Personen". Ferner ist er Mitarbeiter im „Fachausschuß Elektrotechnik" der Berufsgenossenschaft der Feinmechanik und Elektrotechnik.

Inhalt

1	Einführung	19
1.1	Arbeiten in elektrischen Anlagen	19
1.1.1	Arbeiten im spannungsfreien Zustand	23
1.1.2	Arbeiten unter Spannung	25
1.1.3	Arbeiten in der Nähe unter Spannung stehender Teile	26
1.2	Überblick über Normen für das Errichten und den Betrieb von elektrischen Anlagen sowie für Schutzausrüstungen und Geräte zum Arbeiten an unter Spannung stehenden Teilen	26
1.2.1	Normen für Errichten und Betrieb elektrischer Anlagen	28
1.2.2	Normen für Körperschutzmittel, Schutzvorrichtungen und Geräte zum Arbeiten an elektrischen Anlagen	29
1.2.3	Zuständige Normungs-Komitees	31
2	Körperschutzmittel, Schutzvorrichtungen und Geräte zum Arbeiten an unter Spannung stehenden Teilen bis 1000 V – DIN VDE 0680 Geräte und Ausrüstungen zum Arbeiten an unter Spannung stehenden Teilen – VDE 0682	37
2.1	Überblick	37
2.2	Isolierende Körperschutzmittel und isolierende Schutzvorrichtungen – DIN VDE 0680 Teil 1 – VDE 0682 Teile 311, 312, 313, 511, 512, 601	38
2.2.1	DIN VDE 0680 Teil 1	38
2.2.1.1	Aufbau, Begriffe	38
2.2.1.2	Anforderungen	39
2.2.1.3	Prüfungen	39
2.2.1.4	Beispiele aus der Praxis	41
2.2.1.5	Instandsetzen	41
2.2.2	VDE 0682 Teile 311, 312, 313, 511, 512, 601	44
2.2.2.1	Handschuhe aus isolierendem Material – Teil 311	44
2.2.2.2	Isolierende Ärmel – Teil 312	45
2.2.2.3	Handschuhe für mechanische Beanspruchung – Teil 313	45
2.2.2.4	Isolierende Abdecktücher – Teil 511	45
2.2.2.5	Isolierende Matten – Teil 512	46
2.2.2.6	Starre Schutzabdeckungen – Teil 601	46
2.3	Isolierte Werkzeuge – DIN VDE 0680 Teil 2 – VDE 0682 Teil 201	47
2.3.1	DIN VDE 0680 Teil 2	47

2.3.1.1	Aufbau, Begriffe, Anforderungen	47
2.3.1.2	Prüfungen	48
2.3.1.3	Beispiele aus der Praxis	49
2.3.1.4	Normblätter (Stand: Januar 1996)	52
2.3.1.5	Übergangsfrist	52
2.3.2	Handwerkzeuge zum Arbeiten an unter Spannung stehenden Teilen bis AC 1000 V und DC 1500 V – VDE 0682 Teil 201	53
2.4	Betätigungsstangen – DIN VDE 0680 Teil 3	53
2.4.1	Aufbau, Begriffe	53
2.4.2	Anforderungen	55
2.4.3	Prüfungen	56
2.4.4	Einsatz von Betätigungsstangen an Niederspannungs-Freileitungen	56
2.5	NH-Sicherungsaufsteckgriffe – DIN VDE 0680 Teil 4	57
2.5.1	Aufbau, Begriffe	57
2.5.2	Anforderungen	59
2.5.3	Prüfungen	60
2.6	Zweipolige Spannungsprüfer – DIN VDE 0680 Teil 5 – VDE 0682 Teil 551	60
2.6.1	DIN VDE 0680 Teil 5	60
2.6.1.1	Aufbau, Begriffe	60
2.6.1.2	Anforderungen	60
2.6.1.3	Prüfungen	63
2.6.1.4	Erdungs- und Kurzschließgeräte, kombiniert mit Spannungsprüfern	63
2.6.2	Zweipoliger Spannungsprüfer zur Verwendung in Niederspannungsnetzen bis AC 1000 V/DC 1500 V – VDE 0682 Teil 551	63
2.7	Einpolige Spannungsprüfer bis 250 V Wechselspannung – DIN VDE 0680 Teil 6	64
2.7.1	Aufbau	64
2.7.2	Anforderungen	64
2.7.3	Prüfungen	65
2.8	Paßeinsatzschlüssel – DIN VDE 0680 Teil 7	65

3	Geräte zum Betätigen, Prüfen und Abschranken unter Spannung stehender Teile mit Nennspannungen über 1 kV DIN VDE 0681 und DIN VDE 0682	67
3.1	Überblick	67
3.1.1	DIN VDE 0681	67
3.1.2	DIN VDE 0682	67
3.2	Allgemeine Festlegungen, Betätigungsstangen – DIN VDE 0681 Teile 1 bis 4	68
3.2.1	Bauformen	69
3.2.2	Anforderungen, Prüfungen	73
3.2.2.1	Zusammenstellung der wichtigsten Anforderungen	73
3.2.2.2	Zusammenstellung der wichtigsten Prüfungen	76
3.2.3	Anwendungshinweise	81
3.2.4	Aufbewahrung, Pflege, Vorbehandlung	84
3.2.5	Isolierstangen und isolierende Arbeitsstangen	86
3.2.5.1	Isolierstangen – DIN VDE 0105 Teil 1	86
3.2.5.2	Isolierende Arbeitsstangen – DIN VDE 0682 Teil 211	86
3.2.5.3	Anwendungshinweise	87
3.3	Schaltstangen – DIN VDE 0681 Teil 2	87
3.4	Sicherungszangen – DIN VDE 0681 Teil 3	88
3.5	Spannungsprüfer für Wechselspannung – DIN VDE 0681 Teil 4 und solche nach E DIN VDE 0682 Teil 411 (IEC 1243-1, modifiziert)	90
3.5.1	Spannungsprüfer – DIN VDE 0681 Teil 4	90
3.5.1.1	Kennzeichen	90
3.5.1.2	Hinweise für die Benutzung	105
3.5.2	Einpolige Spannungsprüfer für Wechselspannung über 1 kV – E DIN VDE 0682 Teil 411 (IEC 1243-1, modifiziert)	107
3.5.2.1	Aufbau	107
3.5.2.2	Prüfungen	110
3.5.3	Vergleich der Spannungsprüfer nach DIN VDE 0681 Teile 1 und 4 mit solchen nach E DIN VDE 0682 Teil 411 (IEC 1243-1, modifiziert)	114
3.6	Zweipolige Spannungsprüfer für Wechselspannung über 1 kV – E DIN VDE 0682 Teil 421 (identisch mit IEC 78 (Sec) 60 und IEC 78 (Sec) 60A)	118
3.7	Spannungsprüfer für elektrische Bahnen	120

3.7.1	Spannungsprüfer für Oberleitungsanlagen 15 kV, 16 2/3 Hz – DIN VDE 0681 Teil 6	120
3.7.2	Spannungsprüfer für Gleichstromzwischenkreise elektrischer Triebfahrzeuge	122
3.8	Berührungslose Spannungsprüfer: Abstandsspannungsprüfer	123
3.8.1	Stand der Normung	123
3.8.2	Aufbau	124
3.8.3	Anwendungshinweise	125
3.9	Spannungsanzeigesysteme – E DIN VDE 0681 Teil 7 Spannungsprüfsysteme – E VDE 0682 Teil 415	127
3.9.1	Stand der Normung	127
3.9.2	Aufbau	127
3.9.2.1	Spannungsanzeigesysteme – E DIN VDE 0681 Teil 7	128
3.9.2.2	Spannungsprüfsysteme – E VDE 0682 Teil 415	131
3.9.3	Vergleich von passiven und aktiven Spannungsanzeigegeräten	133
3.9.3.1	Vor- und Nachteile passiver Anzeigegeräte	133
3.9.3.2	Vor- und Nachteile aktiver Anzeigegeräte	133
3.10	Phasenvergleicher – DIN VDE 0681 Teil 5	134
3.10.1	Aufbau	136
3.10.2	Anforderungen	136
3.10.3	Anwendungshinweise	140
3.10.4	Aufbewahrung, Pflege	143
3.10.5	Unterschiede zwischen Phasenvergleichern nach DIN VDE 0681 Teil 5 und Spannungsprüfern nach DIN VDE 0681 Teile 1 und 4	143
3.11	Isolierende Schutzplatten – DIN VDE 0681 Teil 8 und nach E DIN VDE 0681 Teil 8 A1	144
3.11.1	Stand der Normung	144
3.11.2	Anwendungsbereich	145
3.11.3	Begriffe	145
3.11.4	Anforderungen und Aufbau	149
3.11.5	Anwendungshinweise	152
4	**Ortsveränderliche Geräte zum Erden und Kurzschließen – DIN VDE 0683**	**161**
4.1	Freigeführte Erdungs- und Kurzschließgeräte – DIN VDE 0683 Teil 1 – E DIN VDE 0683 Teil 100 und Teil 100 A1	161

4.1.1	DIN VDE 0683 Teil 1	161
4.1.1.1	Überblick	161
4.1.1.2	Erdungs- und Kurzschließvorrichtungen	163
4.1.1.3	Erdungsstangen	184
4.1.1.4	Gebrauchsanleitung	187
4.1.2	Entwurf DIN VDE 0683 Teil 100	188
4.1.3	Entwurf DIN VDE 0683 Teil 100 A1	191
4.2	Zwangsgeführte Staberdungs- und Kurzschließgeräte – DIN VDE 0683 Teil 2 – DIN VDE 0683 Teil 200	192
4.2.1	DIN VDE 0683 Teil 2	192
4.2.1.1	Überblick	192
4.2.1.2	Aufbau, Begriffe, Anforderungen	193
4.2.1.3	Prüfungen	197
4.2.1.4	Gebrauchsanleitung	200
4.2.2	Erdungs- oder Erdungs- und Kurzschließvorrichtung mit Stäben als kurzschließendes Gerät – Staberdung – DIN VDE 0683 Teil 200	201
4.3	Maßnormen – DIN 48087 und 48088 Teile 1 bis 5	202
4.3.1	Ortsveränderliche Geräte zum Erden und Kurzschließen – Spindelschaft für Anschließteile – DIN 48087	203
4.3.2	Anschließstelle für Erdungs- und Kurzschließvorrichtungen, Kugelbolzen – DIN 48088 Teil 1	204
4.3.3	Anschließstelle für Erdungs- und Kurzschließvorrichtungen, Zylinderbolzen mit Ringnut zum erdseitigen Anschluß – DIN 48088 Teil 2	206
4.3.4	Anschließstelle für Erdungs- und Kurzschließvorrichtungen, Bügelfestpunkt für Leiter (Seile, Rohre) – DIN 48088 Teil 3	207
4.3.5	Anschließstelle für Erdungs- und Kurzschließvorrichtungen, Schalenfestpunkt für Leiter (Seile, Rohre) – DIN 48088 Teil 4	208
4.3.6	Anschließstelle für Erdungs- und Kurzschließvorrichtungen, Anschlußstück für Erdungsleitungen – DIN 48088 Teil 5	209
4.3.7	Harmonisierung der Maßnormen – DIN 48087 und DIN 48088 Teile 1 bis 5	211

5	**Kennzeichnung von Körperschutzmitteln, Schutzvorrichtungen und Geräten, Anwendungshinweise, Wiederholungsprüfungen**	213
5.1	Kennzeichnung von Hilfsmitteln zum Arbeiten an unter Spannung stehenden Teilen: Sonderkennzeichen nach DIN 48699, IEC-Sonderkennzeichen	213
5.2	Sicherheitszeichen „GS" – „CE"-Kennzeichnung	215
5.3	Weiterverwendung alter Schutzmittel und Geräte	218
5.4	Wiederholungsprüfungen	228
5.4.1	Allgemeines	228
5.4.2	Bereich DIN VDE 0680	230
5.4.3	Bereich DIN VDE 0681	231
5.4.3.1	Wiederholungsprüfung an Spannungsprüfern	231
5.4.3.2	Wiederholungsprüfung an Phasenvergleichern	237
5.4.4	Bereich DIN VDE 0682	237
5.4.4.1	Handwerkzeuge	237
5.4.4.2	Handschuhe aus isolierendem Material	237
5.4.4.3	Isolierende Ärmel	239
5.4.4.4	Spannungsprüfer für Wechselspannungen über 1 kV	240
5.4.4.4.1	Kapazitive Ausführung	240
5.4.4.4.2	Resistive (ohmsche) Ausführung	240
5.4.4.5	Starre Schutzabdeckungen	241
5.4.5	Bereich DIN VDE 0683	242
5.4.5.1	Ortsveränderliche Geräte zum Erden und Kurzschließen, frei geführte Erdungs- und Kurzschließgeräte	242
5.4.5.2	Erdungsvorrichtung mit Stäben zum Erden oder Erden und Kurzschließen	243
6	**Weitere Geräte und Ausrüstungen zum Arbeiten an unter Spannung stehenden Teilen**	245
6.1	Mastsättel, Stangenschellen und Zubehör VDE 0682 Teil 721	245
6.2	Hubarbeitsbühnen mit isolierender Hubeinrichtung zum Arbeiten unter Spannung über AC 1 kV VDE 0682 Teil 741	245
6.3	Hubarbeitsbühnen zum Arbeiten an unter Spannung stehenden Teilen bis AC 1000 V und DC 1500 V	245
6.4	Erforderliche Isolationspegel und zugehörige Luftabstände, Berechnungsverfahren VDE 0682 Teil 101	246
6.5	Normenübersicht	247

7	**Arbeiten unter Spannung (AuS)**	249
7.1	Überblick	249
7.1.1	Allgemeines	249
7.1.2	Entwicklungstendenzen international	250
7.1.3	Voraussetzungen für das Arbeiten unter Spannung (AuS)	251
7.2	Arbeiten unter Spannung (AuS) bis 1 000 V	251
7.3	Arbeiten unter Spannung (AuS) 1 kV bis 36 kV	254
7.3.1	Reinigen von Mittelspannungs-Innenraumanlagen durch Absaugen	257
7.3.2	Kabelschneiden mit Geräten nach DIN VDE 0681 Teil 10, Sicherheitsregeln der BG	262
7.3.2.1	Allgemeines	262
7.3.2.2	Kabelschneidgeräte Ermächtigter Entwurf DIN VDE 0681 Teil 10/03.92	263
7.3.2.3	Sicherheitsregeln für den Betrieb, den Bau und die Ausrüstung von Kabelschneidgeräten	264
7.4	Arbeiten unter Spannung (AuS) 110 kV bis 400 kV	265
7.5	Stand der Normung und Vorschriften zum Arbeiten unter Spannung (AuS)	265
7.5.1	Arbeiten unter Spannung (AuS) aus der Sicht des K 214	266
7.5.2	Arbeiten unter Spannung (AuS) aus der Sicht des K 224 – DIN VDE 0105 Teil 1, EN 50110 Teile 1 und 100	266
7.5.3	Arbeiten unter Spannung (AuS) aus der Sicht der Unfallverhütungsvorschrift der Berufsgenossenschaft der Feinmechanik und Elektrotechnik „Elektrische Anlagen und Betriebsmittel"	268
7.5.4	Schlußbemerkung	272
Stichwortverzeichnis		273

Die Normen sind wiedergegeben mit Erlaubnis des DIN Deutsches Institut für Normung e. V. und des VDE Verband Deutscher Elektrotechniker e. V. Maßgebend für das Anwenden der Normen sind deren Fassungen mit dem neuesten Ausgabedatum, die bei der VDE-VERLAG GMBH, Bismarkstr. 33, 10625 Berlin, und der Beuth-Verlag GmbH, Burggrafenstr. 6, 10787 Berlin, erhältlich sind.

1 Einführung

1.1 Arbeiten in elektrischen Anlagen

Bis zu den Anfängen der Elektrifizierung reichen die Bemühungen um die Sicherheit elektrischer Anlagen und Betriebsmittel zurück. Wie erfolgreich diese Bemühungen waren und sind, weisen die Unfallstatistiken (**Bild 1.1A** und **Bild 1.1B**) aus: Trotz der im täglichen Leben stark zunehmenden Anwendung elektrischer Energie konnten die Gefahren, die von elektrischen Anlagen und Betriebsmitteln selbst ausgehen, ständig weiter vermindert werden; heute gehören Maßnahmen zum Schutz gegen direktes Berühren und zum Schutz bei indirektem Berühren zum Stand der Technik.

Gefahren treten jedoch auf, wenn bei Erweiterungs-, Ergänzungs- und Änderungsvorhaben oder bei Instandhaltung und Reparatur in elektrischen Anlagen und an elektrischen Betriebsmitteln gearbeitet werden muß. Denn bei diesen Arbeiten müssen die konstruktiv vorgesehenen Schutzmaßnahmen meist ganz oder teilweise außer Funktion gesetzt werden.

DIN VDE 0105 Teil 1: 1983-07 „Betrieb von Starkstromanlagen, Allgemeine Festlegungen" definiert das Arbeiten an elektrischen Betriebsmitteln und in elektrischen Anlagen wie folgt:

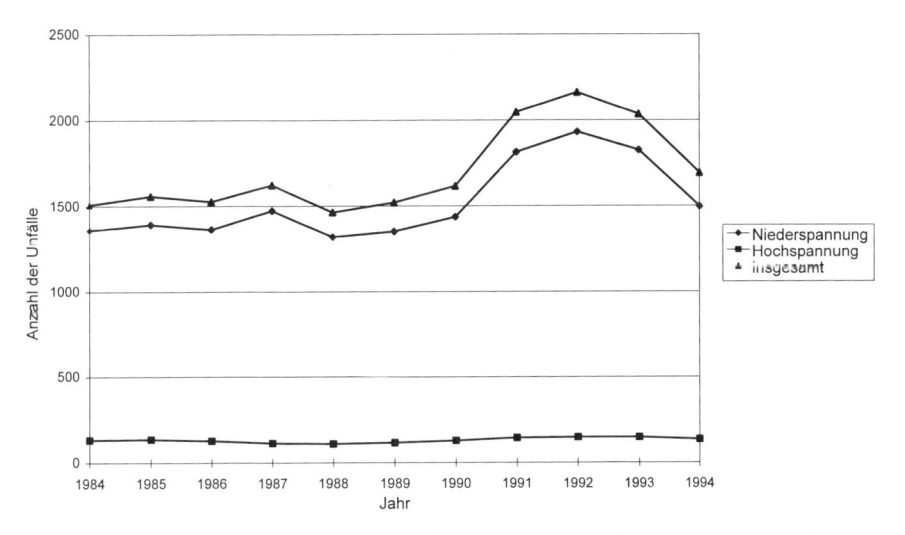

Bild 1.1 A Zeitliche Entwicklung der Nieder- und Hochspannungsunfälle (Auswertung des Instituts zur Erforschung elektrischer Unfälle der Berufsgenossenschaft für Feinmechanik und Elektrotechnik, Köln)

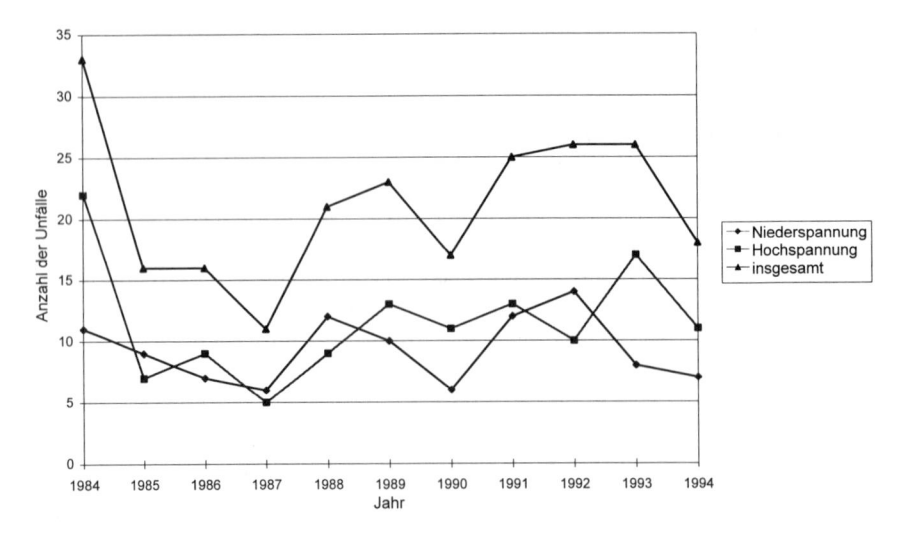

Bild 1.1 B Zeitliche Entwicklung der tödlichen Nieder- und Hochspannungsunfälle (Auswertung des Instituts zur Erforschung elektrischer Unfälle der Berufsgenossenschaft für Feinmechanik und Elektrotechnik, Köln)

„*Arbeiten an elektrischen Betriebsmitteln und in elektrischen Anlagen umfaßt das Instandhalten (z. B. Reinigen, Beseitigen von Störungen), das Ändern und das Inbetriebnehmen.*
Anmerkung: Instandhalten umfaßt Arbeiten zum Vermeiden von Störungen und zum Beseitigen von Mängeln. Hierzu gehören auch:
- *Warten, z. B. Schmieren und Anstreichen,*
- *Überwachen, z. B. gelegentliches oder regelmäßiges Besichtigen, Messen, Prüfen,*
- *Instandsetzen,*
- *Auswechseln von Teilen,*
- *Erprobungen und Probeläufe.*

Reinigen betrifft in erster Linie die elektrischen Betriebsmittel. Zum Reinigen gehört in elektrischen Betriebsstätten und abgeschlossenen elektrischen Betriebsstätten auch das Reinigen von Fußböden, Wänden, Decken und dergleichen. Zum Ändern gehören auch das Erweitern und Verkleinern elektrischer Anlagen."

Im Norm-Entwurf E DIN EN 50110-1 (VDE 0105 Teil 1): 1995-02 „Betrieb von Starkstromanlagen" (Deutsche Fassung des europäischen Norm-Entwurfs prEN 50110-1:1995), der zusammen mit dem deutschen normativen Anhang E DIN

VDE 0105-199 (VDE 0105 Teil 100):1995-02, DIN VDE 0105 Teil 1:1983-07 und E DIN VDE 0105 Teil 1:1993-07 ersetzen soll) wird unterschieden zwischen:
- **elektrotechnischen Arbeiten**
  Arbeiten an einer Starkstromanlage, bei denen eine elektrische Gefährdung bestehen kann. Dies kann der Fall sein bei Tätigkeiten wie Errichten und Inbetriebnehmen, Instandhalten, Prüfen, Erproben, Messen, Auswechseln, Ändern, Erweitern und
- **nicht elektrotechnischen Arbeiten**
  Arbeiten im Bereich einer Starkstromanlage, z. B. Bau- und Montagearbeiten, Erdarbeiten, Säubern (Raumreinigung), Anstreich- und Korrosionsschutzarbeiten.

In den genannten Normen ist eine Gefahrenzone um unter Spannung stehende Teile definiert, in der Schutzmaßnahmen zur Vermeidung einer elektrischen Gefahr notwendig sind. Weiterhin werden drei Arbeitsmethoden unterschieden:
- **Arbeiten im spannungsfreien Zustand**
  Arbeiten an Starkstromanlagen, deren spannungsfreier Zustand zur Vermeidung elektrischer Gefahren hergestellt und sichergestellt ist.
- **Arbeiten unter Spannung**
  Jede Arbeit, bei der eine Person mit Körperteilen oder Gegenständen (Werkzeuge, Geräte, Ausrüstungen oder Vorrichtungen) unter Spannung stehende Teile berühren oder in die Gefahrenzone gelangen kann.
- **Arbeiten in der Nähe unter Spannung stehender Teile**
  Alle Arbeiten, bei denen eine Person mit Körperteilen, Werkzeugen oder anderen Gegenständen in die Annäherungszone gelangt (bzw. den Schutzabstand nach DIN VDE 0105 Teil 1: 1983-07 unterschreitet), ohne die Gefahrenzone zu erreichen.

Alle drei Methoden setzen wirksame Schutzmaßnahmen gegen elektrischen Schlag sowie gegen Auswirkungen von Kurzschluß-Lichtbögen voraus, für die der Arbeitsverantwortliche zuständig ist. Der Arbeitsverantwortliche muß eine Elektrofachkraft sein.

Im folgenden soll kurz auf den Begriff Elektrofachkraft, der sowohl in DIN VDE 0105 Teil 1:1983-07, in E DIN EN 50110-1 (VDE 1015 Teil 1):1995-02, DIN VDE 1000 Teil 10:1995-05 als auch in VBG 4:1979-04 enthalten ist, eingegangen werden.

Elektrofachkraft ist, wer die fachliche Qualifikation für das Errichten, Ändern und Instandsetzen elektrischer Anlagen und Betriebsmittel besitzt.
Daneben gibt es noch den Begriff **elektrotechnisch unterwiesene Person**. Während die Elektrofachkraft mögliche Gefahren erkennen und die ihr übertragenen Arbeiten eigenverantwortlich beurteilen muß, also Fachverantwortung trägt, gilt die elektrotechnisch unterwiesene Person als ausreichend qualifiziert, wenn sie

	Elektrofachkraft	elektrotechnisch unterwiesene Person	Laie in elektrotechnischer Hinsicht
Bei allen Arbeiten	Es sind Vorrichtungen und Mittel zu benutzen, die der Art der Arbeit, der Spannungshöhe, den Gefahren durch mögliche Lichtbögen im Kurzschlußfall und den Umgebungsbedingungen an der Arbeitsstelle angepaßt sind.		
Bei Nennspannungen bis AC 50 V oder DC 120 V	alle Arbeiten		
Bei Nennspannungen über AC 50 V oder DC 120 V bis zu Nennspannungen von 1 000 V AC und DC	1. Heranführen von geeigneten Prüf-, Meß- und Justiereinrichtungen, z. B. Spannungsprüfern, von geeigneten Werkzeugen zum Bewegen leichtgehender Teile, von Betätigungsstangen 2. Heranführen von geeigneten Werkzeugen und Hilfsmitteln zum Reinigen sowie das Anbringen von geeigneten Abdeckungen und Abschrankungen 3. Herausnehmen und Einsetzen von nicht gegen direktes Berühren geschützten Sicherungseinsätzen mit geeigneten Hilfsmitteln, wenn dies gefahrlos möglich ist 4. Anspritzen von unter Spannung stehenden Teilen bei der Brandbekämpfung 5. Arbeiten an Akkumulatoren unter Beachtung geeigneter Vorsichtsmaßnahmen 6. Arbeiten in Prüffeldern und Laboratorien unter Beachtung geeigneter Vorsichtsmaßnahmen, wenn es die Arbeitsbedingungen erfordern 7. Abklopfen von Rauhreif mit Hilfe geeigneter isolierender Stangen	—	
	Elektrofachkraft mit besonderen Kenntnissen, Erfahrungen, Ausbildung, außerdem: 8. Fehlereingrenzung in Hilfsstromkreisen (z. B. Signalverfolgung in Stromkreisen, Überbrückung von Teilstromkreisen) sowie Funktionsprüfung bei Geräten und Schaltungen 9. Sonstige Arbeiten, wenn a) zwingende Gründe und b) eine Anweisung vorliegen	—	—
Bei Nennspannungen über 1 000 V AC und DC	Entsprechend oben 1. und 3. bis 7. Ferner: Abspritzen von Isolatoren in Freiluftanlagen Heranführen von geeigneten Werkzeugen und Hilfsmitteln sowie das Anbringen von Abdeckungen und Abschrankungen	—	
	Sonstige Arbeiten, wenn a) zwingende Gründe durch den Betreiber im Einzelfall festgestellt wurden und b) Weisungsbefugnis, Verantwortlichkeiten, Arbeitsmethoden und Arbeitsablauf schriftlich für speziell ausgebildetes Personal festgelegt worden sind.	—	
Bei allen Nennspannungen	alle Arbeiten, wenn der Kurzschlußstrom an der Arbeitsstelle höchstens 3 mA Wechselstrom (Effektivwert) oder 12 mA Gleichstrom oder die Energie nicht mehr als 350 mJ beträgt.		
	alle Arbeiten, wenn Stromkreise eigensicher sind		
	Arbeiten zum Abwenden erheblicher Gefahren, z. B. für Leben und Gesundheit von Personen oder Brand- und Explosionsgefahren	—	—
	Arbeiten an Fernmeldeanlagen mit Fernspeisung, wenn Strom kleiner als AC 9 mA oder DC 60 mA		—

Tabelle 1.1 A Randbedingungen für das Arbeiten an unter Spannung stehenden Teilen hinsichtlich der Auswahl des Personals in Abhängigkeit von der Nennspannung

- über die ihr übertragenen Aufgaben und die möglichen Gefahren bei unsachgemäßem Handeln sowie
- über die notwendigen Schutzeinrichtungen und Schutzmaßnahmen unterwiesen, eingewiesen und – falls erforderlich – angelernt worden ist.

Während die Elektrofachkraft Maßnahmen und Entscheidungen unter eigener Fachverantwortung treffen kann und muß, wird von der elektrotechnisch unterwiesenen Person lediglich fachgerechtes Verhalten und Ausführen von Maßnahmen im vorgegebenen Rahmen verlangt. So darf die elektrotechnisch unterwiesene Person nicht selbständig elektrische Anlagen und Betriebsmittel errichten, ändern und instandhalten. Dies darf nur unter Leitung und Aufsicht einer Elektrofachkraft geschehen. Die Forderung hinsichtlich der fachlichen Eignung für Arbeiten an unter Spannung stehenden aktiven Teilen gilt als erfüllt, wenn die Festlegungen in **Tabelle 1.1A** beachtet werden.

1.1.1 Arbeiten im spannungsfreien Zustand

Bei dieser Arbeitsmethode geht es im wesentlichen um das Herstellen und Sicherstellen des spannungsfreien Zustands an der Arbeitsstelle für die Dauer der Arbeit. Dafür sind in DIN VDE 0105 Teil 1: 1983-07, in den Unfallverhütungsvorschriften der Berufsgenossenschaft der Feinmechanik und Elektrotechnik „Elektrische Anlagen und Betriebsmittel (VBG 4):1979-04 mit Durchführungsanweisungen: 1986-04 und in E DIN EN 50 110-1 (VDE 0105 Teil 1):1995-02 die **„fünf Sicherheitsregeln"** formuliert:
- Freischalten,
- gegen Wiedereinschalten sichern,
- Spannungsfreiheit feststellen,
- Erden und Kurzschließen,
- benachbarte, unter Spannung stehende Teile abdecken oder abschranken.

	insgesamt	tödlich
Stromunfälle	18 774	232
Niederspannung, Elektrofachkräfte	16 785	102
Hochspannung, Elektrofachkräfte	1 438	127

Tabelle 1.1.1 A Stromunfälle im Zeitraum 1984 bis 1994 (Auswertung des Instituts zur Erforschung elektrischer Unfälle der Berufsgenossenschaft für Feinmechanik und Elektrotechnik, Köln)

Niederspannungsunfälle		Hochspannungsunfälle
Anteil*)	Verhaltensfehler	Anteil*)
53,52%	Nichtbeachtung von Sicherheitsvorschriften	50,88%
25,71%	Allgemeine Verhaltensfehler	38,63%
8,12%	Fehler organisatorischer Art	11,26%
31,39%	Technische Sachfehler	19,98%

*) Anmerkung: Durch Addition mehrerer Unfallursachen je Unfall ergibt sich eine Summe, die über dem 100-%-Wert liegt.

Tabelle 1.1.1 B Unfallursachen: Verteilung bei Nieder- und Hochspannungsunfällen von Elektrofachkräften im industriellen und gewerblichen Bereich (Erfassungszeitraum 1984 bis 1994)

	Niederspannung		Hochspannung	
	Anzahl	Anteil	Anzahl	Anteil
1. Regel „Freischalten"	1926	31,5 %	134	28,0 %
2. Regel „Gegen Wiedereinschalten sichern"	259	4,3 %	17	3,5 %
3. Regel „Spannungsfreiheit feststellen"	2008	32,8 %	169	35,2 %
4. Regel „Erden und Kurzschließen"	45	0,8 %	31	6,5 %
5. Regel „Benachbarte, unter Spannung stehende Teile abdecken und abschranken"	1873	30,6 %	129	26,8 %
		100 %		100 %

Tabelle 1.1.1 C Nichtbeachtung der fünf Sicherheitsregeln von verunfallten Elektrofachkräften im Zeitraum 1984 bis 1994

Durch das Einhalten dieser fünf Sicherheitsregeln wird die Arbeitssicherheit unabhängig von der Art der elektrischen Anlage und unabhängig von der Größe ihrer Betriebsspannung garantiert.

Eine vom Institut zur Erforschung elektrischer Unfälle der Berufsgenossenschaft der Feinmechanik und Elektrotechnik, Köln, für den Erfassungszeitraum 1984 bis 1994 durchgeführte Auswertung von 19 108 Arbeitsunfällen durch elektrischen Strom (davon 255 mit tödlichem Ausgang) zeigt jedoch, daß bei mehr als der Hälfte der Unfälle von Elektrofachkräften das Nichtbeachten der Sicherheitsvorschriften die Ursache für den Unfall war (**Tabelle 1.1.1A** und **Tabelle 1.1.1B**).

In **Tabelle 1.1.1C** ist angegeben, wie häufig jede einzelne der fünf Sicherheitsregeln dabei nicht beachtet wurde.

Diese Unfallstatistik zeigt, daß mehr als die Hälfte aller elektrischen Unfälle von Elektrofachkräften bei striktem Einhalten der fünf Sicherheitsregeln und dem Benutzen der dafür vorgesehenen Schutzvorrichtungen und Geräte hätte vermieden werden können.

Zum Einhalten der fünf Sicherheitsregeln für ein sicheres Arbeiten in elektrischen Anlagen stehen Körperschutzmittel, Schutzvorrichtungen und Geräte zur Verfügung, für die in den vergangenen Jahren Normen aufgestellt worden sind – darauf wird in den folgenden Kapiteln näher eingegangen.

1.1.2 Arbeiten unter Spannung

Bei der Methode des Arbeitens unter Spannung werden nach E DIN EN 50110-1 (VDE 0105 Teil 1):1995-02 drei Verfahren unterschieden:

- **Arbeiten auf Abstand**
  Beim Arbeiten auf Abstand bleibt der Arbeitende in einem festgelegten Abstand von unter Spannung stehenden Teilen und führt seine Arbeit mit isolierenden Stangen aus.
- **Arbeiten mit Isolierhandschuhen**
  Bei diesem Arbeitsverfahren berührt der Arbeitende, geschützt durch Isolierhandschuhe und möglicherweise isolierenden Armschutz, direkt unter Spannung stehende Teile. Bei Niederspannungsanlagen schließt die Benutzung von Isolierhandschuhen die Verwendung von isolierenden und isolierten Handwerkzeugen nicht aus.
- **Arbeiten auf Potential**
  Bei diesem Arbeitsverfahren befindet sich der Arbeitende auf gleichem Potential wie die unter Spannung stehenden Teile und berührt diese direkt; dabei ist er gegenüber der Umgebung ausreichend isoliert.

In Abhängigkeit von der Art der Arbeit dürfen Arbeiten unter Spannung nur von Elektrofachkräften oder elektrotechnisch unterwiesenen Personen mit **Spezialausbildung** ausgeführt werden, ausgenommen einige bestimmte Arbeiten in Niederspannungsanlagen.

Laut E DIN VDE 0105 Teil 100 (VDE 0105 Teil 100): 1995-02 werden beim Arbeiten unter Spannung drei Gruppen unterschieden:
- Arbeiten, die generell unter Spannung durchgeführt werden dürfen,
- Arbeiten, die aus technischen Gründen unter Spannung durchgeführt werden müssen,
- sonstige Arbeiten, die unter Einhaltung bestimmter Voraussetzungen unter Spannung durchgeführt werden dürfen.

Zahlreiche Werkzeuge, Ausrüstungen, Schutz- und Hilfsmittel zum Arbeiten unter Spannung sind inzwischen genormt, sie werden in den folgenden Kapiteln beschrieben.

Weitere Einzelheiten sind im Kapitel 7 dargestellt. Es sei hier nur noch auf den Entwurf der Vornorm DIN EN V 50196 (VDE 0682 Teil 101):1994-11 „Arbeiten unter Spannung. Erforderliche Isolationspegel und zugehörige Luftabstände; Berechnungsverfahren" verwiesen, in dem ein Berechnungsverfahren angegeben ist, mit dem auch die erforderlichen Abstände für die in E DIN EN 50110-1 (VDE 0105 Teil 1):1995-02 beschriebenen Arbeiten unter Spannung ermittelt werden können.

1.1.3 Arbeiten in der Nähe unter Spannung stehender Teile

Nach DIN VDE 0105 Teil 1:1983-07 darf in der Nähe unter Spannung stehender Teile mit Nennspannungen über 50 V Wechselspannung oder 120 V Gleichspannung nur gearbeitet werden, wenn als Sicherheitsmaßnahme gegen direktes Berühren angewendet wird:
- Schutz durch Abdeckung oder Abschrankung oder
- Schutz durch Abstand.

E DIN EN 50110-1 (VDE 0105 Teil 1):1995-02 nennt die Maßnahmen:
- Schutz durch Schutzvorrichtung, Abdeckung, Kapselung oder isolierende Umhüllung.
- Schutz durch Abstand und Beaufsichtigung.

Die erforderlichen Schutzabstände sind in Abhängigkeit von der Nennspannung in den Normen angegeben. Die für diese Arbeiten in der Nähe unter Spannung stehender Teile erforderlichen Schutzvorrichtungen, Abdeckungen usw. sind ebenfalls genormt und werden in den folgenden Kapiteln vorgestellt.

1.2 Überblick über Normen für das Errichten und den Betrieb von elektrischen Anlagen sowie für Schutzausrüstungen und Geräte zum Arbeiten an unter Spannung stehenden Teilen

Die Normen DIN VDE 0100, 0101, 0106, 0141, 0210 und 0211 legen Anforderungen für den Bau von Starkstromanlagen fest, die dann sicher betrieben werden können.

DIN VDE 0105 regelt den Betrieb von Starkstromanlagen und ist auch beim Errichten und Ändern dieser Anlagen zu beachten, sobald dabei die Anlagen oder einzelne Teile unter Spannung stehen, unter Spannung stehende Teile berührt werden können oder Spannungen an den im Bau befindlichen Anlageteilen auftreten können.

Hinweis: Für die gesamte Elektrotechnik gelten die von der Berufsgenossenschaft der Feinmechanik und Elektrotechnik herausgegebenen Unfallverhütungsvorschriften:
- VBG 1 „Allgemeine Vorschriften" vom 28.07.1977
  in der Fassung vom 01.04.1992
  mit Durchführungsanweisungen vom April 1992
- VBG 4 „Elektrische Anlagen und Betriebsmittel" vom 01.04.1979
  mit Durchführungsanweisungen vom Oktober 1996
  Anhang zu den Durchführungsanweisungen vom April 1995

Hinweis zur Anpassung von Arbeitsräumen, Betriebseinrichtungen, Maschinen und Gerätschaften an die geltenden gesetzlichen Regelungen und Unfallverhütungsvorschriften in den Betrieben der neuen Bundesländer:
- Seit 01.01.1991 gilt in den Betrieben der neuen Bundesländer:
  - für den Bereich der Arbeitssicherheit grundsätzlich Bundesrecht;
  - es gelten die Unfallverhütungsvorschriften der Berufsgenossenschaft; diese haben praktisch Gesetzeskraft und regeln die Pflichten von Unternehmern und Versicherten in der Unfallverhütung;
  - der technische Aufsichtsdienst der Berufsgenossenschaft ist in gleicher Weise wie in den Betrieben der alten Bundesländer für die Überwachung der Unfallverhütung zuständig.
- Berührungslos wirkende Spannungsprüfer für Hochspannung nach DDR-Standard sind bis 31.12.1997 durch Betriebsmittel zu ersetzen, die den aktuellen elektrotechnischen Regeln nach VBG 4 (unter anderem DIN VDE 0681 Teil 4) entsprechen.

Diesen Normen und Unfallverhütungsvorschriften, die vom Montage- und Betriebspersonal beachtet werden müssen, stehen Normen für „Schutzausrüstungen und Geräte zum Arbeiten an unter Spannung stehenden Teilen" gegenüber, die von deren Herstellern einzuhalten sind
- **DIN VDE 0680** legt Bestimmungen für Körperschutzmittel, Schutzvorrichtungen und Geräte zum Arbeiten an unter Spannung stehenden Teilen bis 1 000 V fest,
- **DIN VDE 0681** gilt für Geräte zum Betätigen, Prüfen und Abschranken unter Spannung stehender Teile mit Nennspannungen über 1 kV,
- **DIN VDE 0682** enthält die deutsche Übersetzung von regionalen und internationalen Normen für Geräte und Ausrüstungen zum Arbeiten an unter Spannung stehenden Teilen,

• **DIN VDE 0683** ist die Bestimmung für ortsveränderliche Geräte zum Erden und Kurzschließen.

IEC 743: 1983 „Terminologie für Geräte und Ausrüstungen zum Arbeiten unter Spannung" ist eine Publikation, die es ermöglicht, Geräte und Ausrüstungen kenntlich zu machen und ihre Namen festzulegen.

1.2.1 Normen für Errichten und Betrieb elektrischer Anlagen (Stand: Januar 1996)

DIN VDE 0100:1973-05 und DIN VDE 0100 Teile 100 bis 799	Bestimmungen für das Errichten von Starkstromanlagen mit Nennspannungen bis 1 000 V
DIN VDE 0101:1989-05	Errichten von Starkstromanlagen mit Nennspannungen über 1 kV
E DIN EN 50 179 (VDE 0101): 1994-05	Errichten von Starkstromanlagen mit Nennwechselspannungen über 1 kV;
DIN VDE 0105 Teil 1:1983-07	Betrieb von Starkstromanlagen; Allgemeine Festlegungen
E DIN EN 50110-1 (VDE 0105 Teil 1):1995-02	Betrieb von Starkstromanlagen
E DIN EN 50110-100 (VDE 0105 Teil 100): 1995-02	Betrieb von Starkstromanlagen: Nationaler Anhang
E Vornorm DIN EN V 50196 (VDE 0682 Teil 101): 1994-11	Arbeiten unter Spannung, Erforderliche Isolationspegel und zugehörige Luftabstände, Berechnungsverfahren
DIN VDE 0106 Teil 100: 1983-03	Schutz gegen elektrischen Schlag, Anordnung von Betätigungselementen in der Nähe berührungsgefährlicher Teile
E DIN IEC 64(Sec)702 (VDE 0140): 1994-09	Schutz gegen elektrischen Schlag, Gemeinsame Anforderungen für Anlagen und Betriebsmittel
E DIN IEC 64(Sec)742 (VDE 0140/A1): 1994-12	Schutz gegen elektrischen Schlag, Gemeinsame Anforderungen für Anlagen und Betriebsmittel, Änderung A1
DIN VDE 0141: 1989-07	Erdungen für Starkstromanlagen mit Nennspannungen über 1 kV
E DIN VDE 0141/A2: 1988-05	Erdungen für Starkstromanlagen mit Nennspannungen über 1 kV, Änderung 2: Schutz von Niederspannungsanlagen bei Erdschlüssen in Netzen mit höheren Spannungen
DIN VDE 0210: 1985-12	Bau von Starkstrom-Freileitungen mit Nennspannungen über 1 kV

DIN VDE 0211: 1985-12　　　　　Bau von Starkstromfreileitungen mit Nennspannungen bis 1000 V

1.2.2　Normen für Körperschutzmittel, Schutzvorrichtungen und Geräte zum Arbeiten an elektrischen Anlagen

IEC 743: 1983 IEC 743 A1:1995-09	Terminologie für Geräte und Ausrüstungen zum Arbeiten unter Spannung
DIN VDE 0680	Körperschutzmittel, Schutzvorrichtungen und Geräte zum Arbeiten an unter Spannung stehenden Teilen bis 1000 V
DIN VDE 0680 Teil 1:1983-01	Isolierende Körperschutzmittel und isolierende Schutzvorrichtungen
E DIN VDE 0680 Teil 1:1990-05	Isolierende persönliche Schutzausrüstungen und isolierende Schutzvorrichtungen
Z DIN VDE 0680 Teil 2:1978.03	Zurückgezogen; ersetzt durch DIN EN 60900 (VDE 0682 Teil 201): 1994-08; Übergangsfrist bis 1. August 1999
Z E DIN VDE 0680 Teil 2/A2: 1987-01	Zurückgezogen; ersetzt durch DIN EN 60900 (VDE 0682 Teil 201): 1994-08; Übergangsfrist bis 1. August 1999
Z E DIN VDE 0680 Teil 201: 1983-07	Zurückgezogen; ersetzt durch DIN EN 60900 (VDE 0682 Teil 201): 1994-08; Übergangsfrist bis 1. August 1999
DIN VDE 0680 Teil 3:1977-09	Betätigungsstangen
DIN VDE 0680 Teil 4:1980-11	NH-Sicherungsaufsteckgriffe
DIN VDE 0680 Teil 5:1988-09	Zweipolige Spannungsprüfer
DIN VDE 0680 Teil 6:1977-04	Einpolige Spannungsprüfer
DIN VDE 0680 Teil 7:1984-02	Paßeinsatzschlüssel
DIN VDE 0681	Geräte zum Betätigen, Prüfen und Abschranken unter Spannung stehender Teile mit Nennspannungen über 1 kV
DIN VDE 0681 Teil 1:1986-10	Allgemeine Festlegungen für DIN VDE 0681 Teil 2 bis Teil 4
DIN VDE 0681 Teil 2:1977-03	Schaltstangen
DIN VDE 0681 Teil 3:1977-03	Sicherungszangen
DIN VDE 0681 Teil 4:1986-10	Spannungsprüfer für Wechselspannung
DIN VDE 0681 Teil 5:1985-06	Phasenvergleicher
DIN VDE 0681 Teil 6:1985-06	Spannungsprüfer für Oberleitungsanlagen elektrischer Bahnen 15 kV, 16 2/3 Hz
E DIN VDE 0681 Teil 7:1991-03	Spannungsanzeigesysteme

DIN VDE 0681 Teil 8:1988-05	Isolierende Schutzplatten
DIN VDE 0681 Teil 8/A1:1992-09	Isolierende Schutzplatten, Änderung 1
DIN VDE 0682 DIN EN 60900 (VDE 0682 Teil 201):1994-08	Handwerkzeuge zum Arbeiten an unter Spannung stehenden Teilen bis AC 1000 V und DC 1500 V (IEC 900; 1987, modifiziert) Geräte und Ausrüstungen zum Arbeiten an unter Spannung stehenden Teilen
DIN VDE 0682 Teil 211:1992-11	Isolierende Arbeitsstangen und zugehörige Arbeitsköpfe zum Arbeiten unter Spannung über 1 kV (identisch mit IEC 832: 1988)
DIN EN 60903 (VDE 0682 Teil 311):1994-10	Handschuhe aus isolierendem Material zum Arbeiten an unter Spannung stehenden Teilen (IEC 903: 1988, modifiziert)
DIN EN 60984 (VDE 0682 Teil 312):1994-10	Isolierende Ärmel zum Arbeiten unter Spannung (IEC 984: 1990, modifiziert)
E DIN VDE 0682 Teil 313:1992-09	Handschuhe für mechanische Beanspruchung, identisch mit IEC 78(Sec)81
E DIN VDE 0682 Teil 411:1995-12	Arbeiten unter Spannung, Spannungsprüfer, Teil 1: Kapazitive Ausführung für Wechselspannungen über 1 kV (IEC 1243-1: 1993, modifiziert)
E DIN IEC 78/183/CDV (VDE 0682 Teil 415):1996-05	Arbeiten unter Spannung – Spannungsprüfer Teil 5: Spannungsprüfsysteme (IEC 78/183/CDV: 1995)
E DIN VDE 0682 Teil 421:1992-12	Spannungsprüfer, resistive (ohmsche) Ausführung für Wechselspannungen über 1 kV; identisch mit IEC 78(Sec)60 und IEC 78(Sec)60A
E DIN VDE 0682 Teil 511:1991-10	Isolierende Abdecktücher (IEC 78(CO)64 bzw. prEN 61112)
E DIN VDE 0682 Teil 512:1991-12	Isolierende Matten (IEC 78(CO)63 bzw. prEN 61111)
E DIN IEC 78(Sec)129 (VDE 0682 Teil 551): 1994-08	Spannungsprüfer; Teil III: Zweipoliger Spannungsprüfer zur Verwendung in Niederspannungsnetzen (IEC 78(Sec) 129:1993)
E DIN IEC 78(CO)46 (VDE 0682 Teil 601): 1994-01	Starre Schutzabdeckungen zum Arbeiten unter Spannung in Wechselspannungsnetzen (IEC 78(CO)46: 1989 und IEC 78(CO)46A: 1990)
E DIN VDE 0682 Teil 721:1988-11	Mastsättel, Stangenschellen und Zubehör; identisch mit IEC 78(CO)31

DIN EN 61057 (VDE 0682 Teil 741):1995-08	Hubarbeitsbühnen mit isolierender Hubeinrichtung; identisch mit IEC 78(CO)25 und IEC 78(CO)35
DIN VDE 0683	Ortsveränderliche Geräte zum Erden und Kurzschließen
DIN VDE 0683 Teil 1: 1988-03	Freigeführte Erdungs- und Kurzschließgeräte
Z DIN VDE 0683 Teil 2: 1988-03	Zwangsgeführte Staberdungs- und Kurzschließgeräte (ersetzt durch DIN EN 61219 (VDE 0683 Teil 200): 1995-01; Übergangsfrist bis 1. Oktober 1999)
E DIN VDE 0683 Teil 100: 1989-04	Freigeführte Erdungs- und Kurzschließgeräte; identisch mit IEC 78(CO)32
E DIN VDE 0683 Teil 100/A1: 1992-04	Änderung 1 zum Entwurf DIN VDE 0683 Teil 100; identisch mit IEC 78(CO)56
DIN EN 61219 (VDE 0683 Teil 200):1995-01	Erdungs- oder Erdungs- und Kurzschließvorrichtung mit Stäben als kurzschließendes Gerät – Staberdung; identisch mit IEC 78(CO)74
DIN 48087: 1985-06	Spindelschaft für Anschließteile
DIN 48088	Anschließstelle für Erdungs- und Kurzschließvorrichtungen
DIN 48088 Teil 1:1985-06	Kugelbolzen
DIN 48088 Teil 2:1985-06	Zylinderbolzen mit Ringnut zum erdseitigen Anschluß
DIN 48088 Teil 3:1985-06	Bügelfestpunkt für Leiter (Seile, Rohre)
DIN 48088 Teil 4:1985-07	Schalenfestpunkt für Leiter (Seile, Rohre)
DIN 48088 Teil 5:1985-07	Anschlußstück für Erdungsleitungen

1.2.3 Zuständige Normungs-Komitees

In der **Tabelle 1.2.3 A** sind die für die Bearbeitung der Normen für Körperschutzmittel, Schutzvorrichtungen und Geräte zum Arbeiten an unter Spannung stehenden Teilen zuständigen Komitees (K) und Unterkomitees (UK) der Deutschen Elektrotechnischen Kommission im DIN und VDE (DKE), die europäischen Gremien, z. B. Cenelec-Arbeitsgruppen (CLC/WG), sowie die in den Technischen Komitees (TC) der Internationalen Elektrotechnischen Kommission (IEC) zugeordneten Arbeitsgruppen (WG) zusammengestellt. Bei IEC werden im TC 78 Anforderungen und Prüfungen für Körperschutzmittel, Schutzvorrichtungen und Geräte zum Arbeiten an unter Spannung stehenden Teilen erarbeitet. In **Tabelle 1.2.3 B** sind die Aufgabengebiete der acht Arbeitsgruppen des TC 78 dargestellt.
Normen für „Geräte und Ausrüstungen zum Arbeiten an unter Spannung stehenden Teilen" aus dem Bereich IEC TC 78 und Cenelec werden unter DIN VDE 0682 veröffentlicht. Dies können einerseits IEC-Bestimmungen für Geräte und Ausrüstungen zum Arbeiten an unter Spannung stehenden Teilen sein, für die noch keine na-

	Komitee 214					Komitee 215
Kom.-Titel	DKE-Spiegelgremium des TC 78 der IEC					
Aufgabe Komitee 214	Ausrüstungen und Geräte zum Arbeiten unter Spannung					Ortsveränderliche Geräte zum Erden und Kurzschließen
	Koordinierung K 214 und K 215 bei CENELEC- und IEC-Arbeiten					
	Koordinierung der UK's von K 214, Organisation des Komitees sowie Annahme, Zuweisung und Verfolgung der Aufgaben der UK's, Bearbeitung von übergreifenden Aufgaben, Bearbeitung der Terminologie (WG 1)					
Aufgabe der UK's	Vollständige Bearbeitung der zugeordneten Normungsaufgaben einschl. Verabschiedung dieser Normen					
UK-Kurz-Titel	UK 1 Spannungsprüfer bis 1000 Volt	UK 2 Werkzeuge bis 1000 Volt	UK 3 Körperschutzmittel und schmiegbare Schutzvorrichtungen	UK 4 Prüfgeräte über 1 kV, Isolier- und Arbeitsstangen	UK 5 Arbeitsgeräte und starre Schutzvorrichtungen	Freigeführte und zwangsgeführte ortsveränderliche Geräte zum Erden und Kurzschließen
Aufgabengebiete	Ein- und zweipolige Spannungsprüfer bis AC 1000 V DC 1500 V	Isolierte und isolierende Handwerkzeuge bis AC 1000 V DC 1500 V	Isolierende Schutzbekleidung und Augenschutzgeräte Schmiegbare isolierende Schutzvorrichtungen Schirmende Anzüge	Spannungsprüfer, Spannungsprüfsysteme und Phasenvergleicher über 1 kV Isolierstangen mit Arbeitsköpfen Handstangen Haltestangen Hohle Stangen Schutzabstände zu Leiterseilen	Starre Schutzvorrichtungen Hubarbeitsbühnen Leitungsfahrzeuge Leitern Kabelschneidgeräte Seilzugausrüstungen, Mastsättel u. ä. Isolier- und Arbeitsstangen Isolierende Seile und Ketten	
Normen: - national	VDE 0680, Teil 5 VDE 0680, Teil 6	VDE 0680, Teil 2 VDE 0680, Teil 4 VDE 0680, Teil 7 VDE 0682, Teil 201	VDE 0680, Teil 1 VDE 0682, Teile 311 312	VDE 0680, Teil 3 VDE 0681, Teile 1 - 7 VDE 0682, Teil 211	VDE 0681, Teil 8 VDE 0682, Teil 741	VDE 0683, Teil 1 VDE 0683, Teil 2 DIN 48087 u. 48088, Teile 1 bis 5 VDE 0683, Teil 100 VDE 0683, Teil 200
- regional		EN 60900	EN 60903 EN 60984		EN 61057	EN 61230 EN 61219
- international		IEC 900	IEC 903 IEC 984	IEC 832	IEC 1057	IEC 1230 IEC 1219
zugeordnete Arbeitsgruppe - regional - international	IEC/WG 7	CLC/WG 4 IEC/WG 4	IEC/WG 3 IEC/WG 6	IEC/WG 2 IEC/WG 7	IEC/WG 2 IEC/WG 5 IEC/WG 9	BT/TF 61-3 IEC/WG 8

Tabelle 1.2.3 A Für die Bearbeitung von DIN VDE 0680, 0681, 0682 und 0683 zuständigen DKE-Komitees sowie die entsprechenden CENELEC- und IEC-Gremien (Quelle: Komitees K 214/K 215)

IEC TC 78	Tabelle 1.2.3 B:
Tools for live working	TC 78 und seine 8 Arbeitsgruppen

WG 1	WG 2	WG 3	WG 4	WG 5	WG 6	WG 7	WG 8
- Begriffsbestim-mungen	- Stangen und Geräte - starre Ab-deckungen	- persönliche Schutzaus-rüstung - schmiegsame Abdeckungen	- isolierte und isolierende Handwerkzeuge	- Hubarbeits-bühnen - Leitungsfahr-zeuge	- schirmende Anzüge	- Spannungs-prüfer	- Erdungs- und Kurzschließge-räte

Tabelle 1.2.3 B TC 78 und seine 8 Arbeitsgruppen

Tabelle 1.2.3 C:
DIN VDE 0682

DIN VDE 0682								
Geräte und Ausrüstungen zum Arbeiten an unter Spannung stehenden Teilen								
Gruppe 100	Gruppe 200	Gruppe 300	Gruppe 400	Gruppe 500	Gruppe 600	Gruppe 700	Gruppe 800	Gruppe 900
Allgemeine Bestimmungen	Werkzeuge (einschl. Arbeitsköpfe)	Körperschutz	Prüfgeräte	schmiegbare und starre Schutzvorrichtungen	Geräte und Zubehör am Arbeitsplatz	Steig- und Hubeinrichtungen, Leitungsfahrzeuge		Reserve für bisher nicht bekannte, später noch kommende Normen

Beispiel: Teile 301 bis 309   Schutzanzüge (z. B. Schutzanzüge bis 1000 V, leitfähige Anzüge)
            Teile 311 bis 319   Hand- und Armschutz (z. B. Handschuhe, Ärmel)
            Teile 321 bis 329   Fuß- und Beinschutz (z. B. Schuhe, Stiefel)
            Teile 331 bis 339   Augenschutz (z. B. Brillen, Schirme)
            Teile 341 bis 349   Kopfschutz (z. B. Helme)
            Teile 351 bis 359   Sicherheitsgeschirre (z. B. Haltegurte, Auffanggurte)

Tabelle 1.2.3 C DIN VDE 0682

tionalen Normen (VDE-Bestimmungen) vorhanden sind, andererseits aber auch IEC-Publikationen für bestimmte Geräte und Ausrüstungen, z. B. isolierende Handschuhe, die bereits in DIN VDE 0680 enthalten sind.
IEC-Publikationen werden heute in der Regel von Cenelec (Europäisches Komitee für elektrotechnische Normung) übernommen, so daß national die Harmonisierungsverpflichtung besteht, d. h. obengenannte IEC-Publikationen erscheinen dann in harmonisierter Form unter DIN VDE 0682.
Das Schema der Kennzeichnung der vom Komitee 214 zu bearbeitenden IEC/Cenelec-Normen in DIN VDE 0682 wurde bereits erarbeitet und ist in **Tabelle 1.2.3 C** dargestellt. Es handelt sich hierbei um Gruppen mit weiterer Unterteilung in Teile. (Eine derartige Unterteilung in Gruppen/Teile hat sich bei DIN VDE 0100 „Errichten von Starkstromanlagen mit Nennspannung bis 1 000 V" bereits bewährt.)

2 Körperschutzmittel, Schutzvorrichtungen und Geräte zum Arbeiten an unter Spannung stehenden Teilen bis 1000 V
– DIN VDE 0680 Geräte und Ausrüstungen zum Arbeiten an unter Spannung stehenden Teilen
– VDE 0682

2.1 Überblick

Tabelle 2.1 A zeigt die Unterteilung der VDE-Bestimmung 0680 und die zugehörenden Teile von VDE 0682.

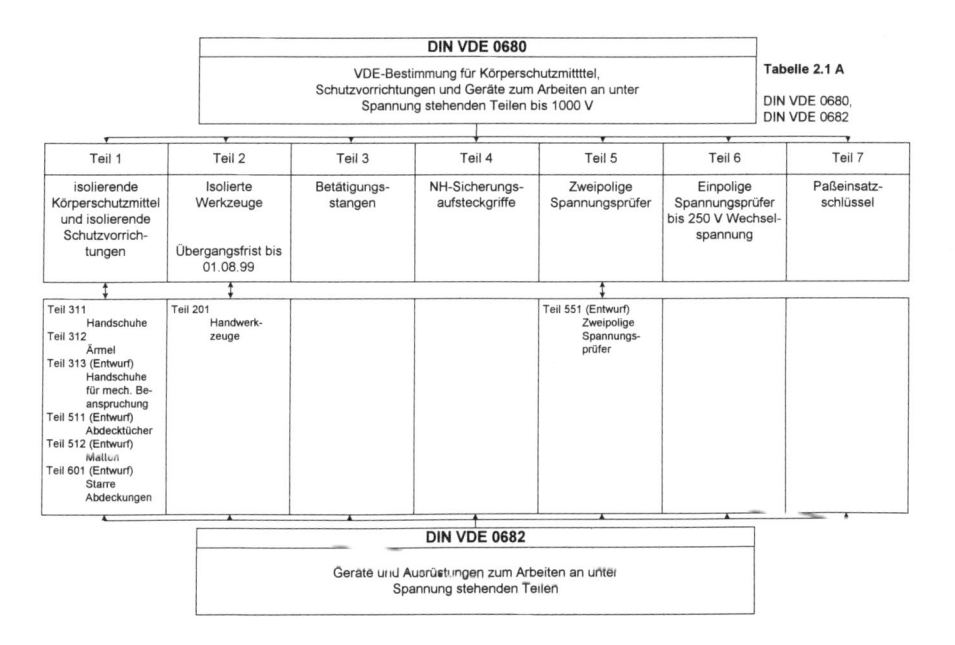

Tabelle 2.1 A DIN VDE 0680, DIN VDE 0682

DIN VDE 0680
VDE-Bestimmung für Körperschutzmitttel, Schutzvorrichtungen und Geräte zum Arbeiten an unter Spannung stehenden Teilen bis 1000 V

Teil 1	Teil 2	Teil 3	Teil 4	Teil 5	Teil 6	Teil 7
isolierende Körperschutzmittel und isolierende Schutzvorrichtungen	Isolierte Werkzeuge Übergangsfrist bis 01.08.99	Betätigungsstangen	NH-Sicherungsaufsteckgriffe	Zweipolige Spannungsprüfer	Einpolige Spannungsprüfer bis 250 V Wechselspannung	Paßeinsatzschlüssel
Teil 311 Handschuhe Teil 312 Ärmel Teil 313 (Entwurf) Handschuhe für mech. Beanspruchung Teil 511 (Entwurf) Abdecktücher Teil 512 (Entwurf) Matten Teil 601 (Entwurf) Starre Abdeckungen	Teil 201 Handwerkzeuge			Teil 551 (Entwurf) Zweipolige Spannungsprüfer		

DIN VDE 0682
Geräte und Ausrüstungen zum Arbeiten an unter Spannung stehenden Teilen

2.2 Isolierende Körperschutzmittel und isolierende Schutzvorrichtungen
   – DIN VDE 0680 Teil 1
   – VDE 0682 Teile 311, 312, 313, 511, 512, 601

2.2.1 DIN VDE 0680 Teil 1

2.2.1.1 *Aufbau, Begriffe*

Diese Norm ist seit Januar 1983 gültig. Sie ist so aufgebaut, daß für jede Kategorie von Hilfsmitteln zum Arbeiten an unter Spannung stehenden Teilen alle zugehörigen Anforderungen und Prüfungen in jeweils für sich abgeschlossenen Abschnitten zusammengefaßt sind. Neben einer guten Übersicht und Lesbarkeit läßt sich dadurch auch bei künftigen Überarbeitungen jede Änderung, wie das Ein- und Ausgliedern einzelner Hilfsmittel oder die Neuerung von Festlegungen, unkompliziert durchführen.

Diese Norm gilt für isolierende Körperschutzmittel und isolierende Schutzvorrichtungen, die zum Arbeiten an unter Spannung stehenden Teilen von Anlagen bis 1000 V Wechselspannung (Effektivwert) bzw. 1500 V Gleichspannung oder in deren Nähe bestimmt sind.

Für Auswahl und Anwendung der isolierenden Körperschutzmittel und der isolierenden Schutzvorrichtungen bei Arbeiten an unter Spannung stehenden Teilen oder in deren Nähe gilt DIN VDE 0105 Teil 1.

Diese Norm gilt jedoch nicht für fest eingebaute isolierende Schutzvorrichtungen, die Bestandteil einer elektrischen Anlage sind.

Körperschutzmittel

Als isolierende Körperschutzmittel gelten isolierende Schutzbekleidung und Augenschutzgeräte.

Als isolierende Schutzbekleidung gelten Schutzanzüge (Jacke, Hose und Kopfbedeckung), Handschuhe und Fußbekleidung (Stiefel oder Überschuhe), die einen gefährlichen Stromübertritt von unter Spannung stehenden Teilen auf den menschlichen Körper verhindern und diesen ganz oder teilweise gegen die Einwirkungen von Störlichtbögen schützen.

Als Augenschutzgeräte gelten Schutzschirm und Schutzbrille gegen die Einwirkung von Störlichtbögen. Die Schutzbrille schützt die Augen, der Schutzschirm schützt zusätzlich das Gesicht, die Ohren und die vordere Halspartie.

Schutzvorrichtungen

Als isolierende Schutzvorrichtungen gelten Geräte und Vorrichtungen aus Isolierstoff oder aus Werkstoff mit Isolierstoffüberzug, die ein zufälliges Berühren und Überbrücken von unter Spannung stehenden Teilen untereinander oder mit anderen

Teilen durch Personen, Werkzeuge oder Werkstücke verhindern. Solche Schutzvorrichtungen sind Matten zur Standortisolierung, Abdecktücher, Umhüllungen, Faltabdeckungen, Formstücke und Klammern zum Befestigen von Abdecktüchern.
Als Umhüllungen gelten Vorrichtungen aus elastischem Isolierstoff zum Abdecken von unter Spannung stehenden elektrischen Leitern.
Als Faltabdeckung gelten isolierende Schutzvorrichtungen mit veränderlicher Abdeckbreite zum Schutz gegen Berühren unter Spannung stehender Teile in Niederspannungsverteilungen.
Als Formstücke gelten Vorrichtungen aus vorgefertigtem Isolierstoff zum Abdecken beim Arbeiten an und in der Nähe von unter Spannung stehenden Teilen.

2.2.1.2 Anforderungen

Isolierende Körperschutzmittel und isolierende Schutzvorrichtungen müssen so hergestellt und bemessen sein, daß sie bei bestimmungsgemäßem Gebrauch keine Gefahr für den Benutzer oder die Anlage bilden und allen elektrischen, mechanischen und thermischen Anforderungen genügen. Dies wird im allgemeinen durch Beachtung aller Bestimmungen über Anforderungen und Prüfungen (**Tabelle 2.2.1.2 A**) erreicht.

Isolierende Körperschutzmittel und isolierende Schutzvorrichtungen müssen so beschaffen sein, daß sie für den Arbeitenden keine wesentliche Behinderung darstellen.
Isolierende Schutzvorrichtungen müssen so gestaltet sein, daß mit ihnen unter Spannung stehende Teile zuverlässig abgedeckt werden können bzw. der Standort zuverlässig isoliert werden kann. Sie sollen sich mit einfacher Handhabung möglichst ohne besondere Hilfsmittel anbringen und entfernen lassen.
Isolierende Körperschutzmittel und isolierende Schutzvorrichtungen müssen folgende Aufschriften gut sichtbar, gut lesbar und dauerhaft tragen:
- Herkunftszeichen (Name oder Markenzeichen) des Herstellers,
- Herstellungsjahr,
- Sonderkennzeichen (siehe Abschnitt 5.1) mit der Spannungsangabe 1 000 V,
- bei Schutzanzügen· Kennzeichnungsfeld für wiederkehrende Prüfungen:
  - bei Jacken: am unteren Saum, innen,
  - bei Hosen: im Bund,
  - beim Kopfschutz: am unteren Rand, hinten.

2.2.1.3 Prüfungen

Die an den isolierenden Körperschutzmitteln und isolierenden Schutzvorrichtungen durchzuführenden Prüfungen zeigt auszugsweise Tabelle 2.2.1.2 A.
Vor der elektrischen Spannungsprüfung sind die Prüflinge in der Regel einer Vorbehandlung, z. B. Wasserlagerung, zu unterziehen.

Tabelle 2.2.1.2 A Prüfungen, auszugsweise aus DIN VDE 0680 Teil 1

Lfd. Nr.	Prüfung	Isolierende Körperschutzmittel							Isolierende Schutzvorrichtungen							Prüfumfang		
		Schutz-anzug	Hand-schuhe	Fuß-beklei-dung	Schutz-schirm	Schutz-brille	Arbeits-schutz-helm	Matten	Abdeck-tücher	Selbst-kleb. Kunst-stoff-bänder	Umhül-lungen	Falt-abdek-kungen	Form-stücke	Klam-mern	Typ-prüfung	Stich-prob.-prüfung	Stück-prüfung
1	Prüfung durch Besichtigung	X	X	X				X	X		X	X	X	X	X		X
2	Prüfung der Dauerhaftigkeit der Aufschriften	X	X	X				X	X		X	X	X	X	X	X	
3	Prüfung der Abmessungen bzw. des Gewichtes	X	X	X				X	X	X	X	X	X	X	X		
4	Prüfung des Durchgangswiderstandes	X													X		
5	Dauerknickprüfung	x						x	x			x			x		
6	Elektr. Spannungsprüfung	X 3 kV 1'	X 5 kV 30'	X 5 kV 1'				X 5 kV 1'	X 5 kV 1'	X 5 kV 1'	X 5 kV 1'	X 5 kV 1'	X 5 kV 1'	X 5 kV 1'	X		X
7	Brennbarkeitsprüfung	X	X						X						X		
8	Abriebprüfung	X		X				X							X		
9	Prüfung des Weiterreißverhaltens	X							X						X		
10	Alterungsprüfung	X	X												X		
11	Zug- und Dehnungsprüfung		X												X		
12	Geschmeidigkeitsprüfung		X						X						X		
13	Prüfung des Rutschverhaltens							X							X		
14	Prüfung der Klemmkraft													X	X		

Schutzschirm: Prüfung nach DIN 58 213 und 58 214 Teil 6
Schutzbrille: Prüfung nach DIN 58 210 und 58 211 Teil 8
Arbeitsschutzhelm: Prüfung nach DIN 4840, Ausführung nach E

Besonders erwähnenswert ist die „Prüfung der Klemmkraft" der Klammern. Die Klammern sind in einem Wärmeschrank sieben Tage bei 55 °C so aufzuspannen, daß ihr Maul 12 mm weit geöffnet ist. Spätestens 5 min nach Herausnahme aus dem Wärmeschrank sind die Klammern auf eine 1 mm dicke Gummimatte mit glatter Oberfläche, die eine 10 mm dicke Kupferschiene umschlingt, zu spannen und abzuziehen.
Die Prüfung gilt als bestanden, wenn die Abzugskraft jeder Klammer mindestens 30 N beträgt.

2.2.1.4 Beispiele aus der Praxis

Beim Errichten und Ändern elektrischer Anlagen muß häufig in der Nähe unter Spannung stehender aktiver Teile gearbeitet werden. Im Energieerzeugungs-, Verteilungs- und Anwendungsbereich, d. h. in Kraftwerken, Umspannwerken und Industrieanlagen, sind z. B. bereits Schaltanlagen und Verteiler in Betrieb, in die dann nach und nach noch Kabel eingeführt und dort angeschlossen werden müssen.
Für ein sicheres Arbeiten ist hier besonders das Einhalten der fünften Sicherheitsregel „Benachbarte, unter Spannung stehende Teile abdecken oder abschranken" unerläßlich.
In **Bild 2.2.1.4 A** und **Bild 2.2.1.4 B** wird ein Sortiment an Abdeckmaterial vorgestellt, ein sogenannter „Schutz- und Isoliermaterial-Koffer".

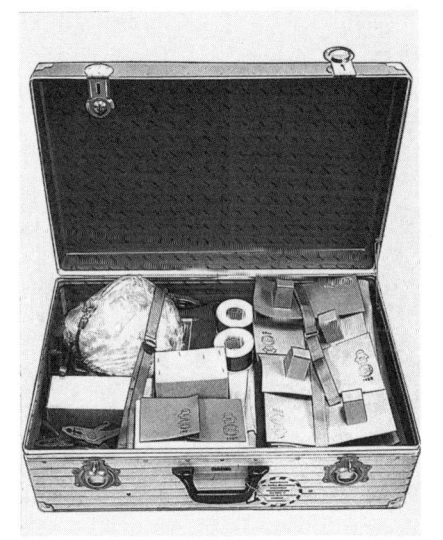

Bild 2.2.1.4 A Koffer mit Schutz- und Isoliermaterial

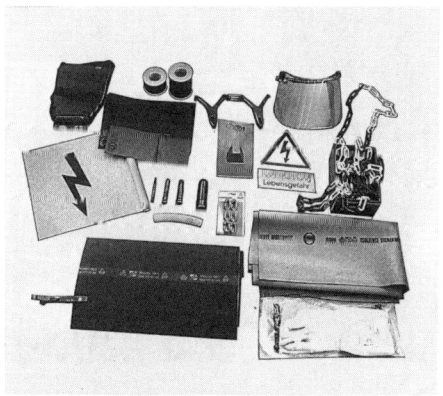

Bild 2.2.1.4 B Schutz- und Isoliermaterial (Teil des Kofferinhalts)

Bild 2.2.1.4 C Formstück für NH-Unterteile und Gummituch (mit Kunststoffklammern befestigt)

Er enthält im wesentlichen:
- Gummitücher,
- Kunststoffklammern,
- geschlitzte Schläuche zum Aufstecken auf blanke Leitungen,
- Isoliermatten,
- Kunststoff-Klebeband,

Bild 2.2.1.4 D Abdeckmaterial, Gummitücher
links: „offene" Anlage; „blanke" Stromschiene und Umspanneranschlüsse
rechts: Stromschiene und Umspanneranschlüsse mit Gummitüchern abgedeckt

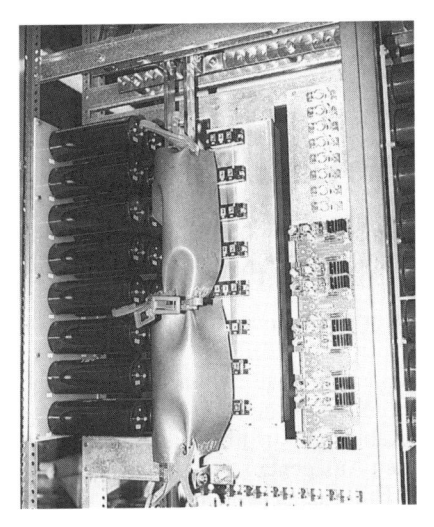

Bild 2.2.1.4 E „Blanke" Stromschienen mit Gummituch abgedeckt (mit Kunststoffklammern sicher gehalten)

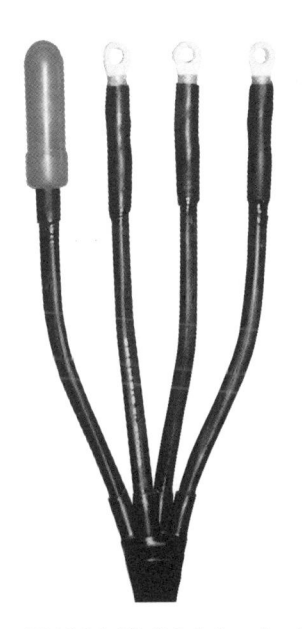

Bild 2.2.1.4 F Kabeladerende mit aufgesteckter Gummitülle

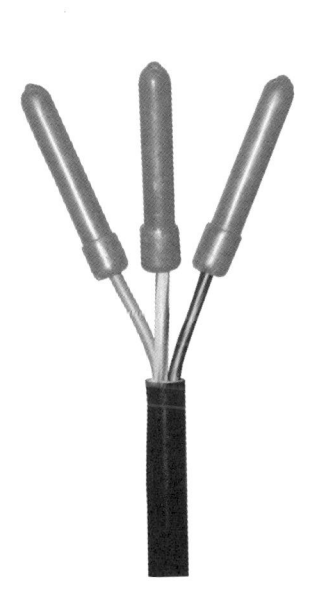

Bild 2.2.1.4 G Kabeladerenden komplett abgedeckt

43

- Gummiformkappen für NH-Sicherungsunterteile,
- konische Gummitüllen usw.

Gummiformkappen für NH-Sicherungsunterteile decken z. B. die unter Spannung stehende Seite sicher ab; Gummitücher (mit Kunststoffklammern befestigt) decken die blanken Stromschienen ab (**Bild 2.2.1.4 C**, **Bild 2.2.1.4 D** und **Bild 2.2.1.4 E**).

Im Koffer befinden sich unter anderem auch konische Gummitüllen verschiedener Größen zum Aufstecken auf abisolierte oder vorbereitete Kabeladerenden (**Bild 2.2.1.4 F** und **Bild 2.2.1.4 G**).
Die Notwendigkeit solcher einfacher und preiswerter Gummitüllen veranschaulicht folgender Unfallhergang:
Ein Monteur hatte ein Ende des Kabels an einen Motor angeschlossen. Auf der anderen Seite wurde das Kabel – wegen der besseren Zugänglichkeit – vor der Schaltanlage abisoliert. Beim Einführen des fertigen Kabelendes in die Schaltanlagen kam die PE-Ader einem blanken spannungsführenden Anlagenteil zu nahe. Es entstand ein Lichtbogen. Folgen: Verbrennungen an den Händen, an den Unterarmen und im Gesicht, Verblitzen der Augen, drei Wochen Arbeitsunfähigkeit.

2.2.1.5 Instandsetzen

In DIN VDE 0105 Teil 1 werden für Instandsetzungsarbeiten folgende Hinweise gegeben:
In angemessenen Zeitabständen und nach jedem Instandsetzen muß die elektrische Spannungsfestigkeit von isolierender Schutzbekleidung geprüft werden. Schäden an isolierender Schutzbekleidung dürfen nur durch Fachwerkstätten beseitigt werden.
Schutzhandschuhe dürfen nicht instand gesetzt werden. Beschädigte Schutzhandschuhe sind unverzüglich zu beseitigen.
Alle Hilfsmittel sind mit geeigneten Reinigungsmitteln zu säubern, wenn schädliche Stoffe, z. B. Öle, Fette, Säuren, auf sie eingewirkt haben.

2.2.2 VDE 0682 Teile 311, 312, 313, 511, 512, 601

2.2.2.1 Handschuhe aus isolierendem Material – Teil 311

Diese Norm vom Oktober 1994 ersetzt die bisherige Festlegung für Handschuhe bis 1 000 V nach DIN VDE 0680 Teil 1. Sie enthält die autorisierte Übersetzung der europäischen Norm EN 60903:1992. Diese ist die modifizierte Fassung der internationalen Norm IEC 903:1988 „Specification for gloves and mitts of insulating material for live working". Das Unterkomitee 214.3 hat an der Erstellung dieser Norm mitgearbeitet.

Darüber hinaus bietet die Norm die Möglichkeit, isolierende Handschuhe mit zusätzlichen speziellen Eigenschaften und isolierende Handschuhe für die Verwendung über 1 kV zu fertigen und entsprechend DIN VDE 0105-1:1983-07, Abschnitt 12.4 i, zu verwenden.
Für Erzeugnisse, die vor dem 01.09.1993 der einschlägigen nationalen Norm DIN VDE 0680 Teil 1 entsprochen haben, wie durch den Hersteller oder eine Zertifizierungsstelle nachgewiesen, darf diese vorhergehende Norm für die Fertigung bis 1. September 1998 noch weiter angewendet werden. Dies gilt auch für die zutreffenden Abschnitte der TGL 30500/02: Oktober 1983.
Die Handschuhe werden entsprechend den unterschiedlichen elektrischen Eigenschaften in sechs Klassen eingeteilt.

2.2.2.2 Isolierende Ärmel – Teil 312

Die vorliegende Norm enthält die vom Unterkomitee 214.3 „Ausrüstungen und Geräte zum Arbeiten unter Spannung; Körperschutzmittel und schmiegbare Schutzvorrichtungen" der Deutschen Elektrotechnischen Kommission im DIN und VDE (DKE) autorisierte Fassung der europäischen Norm EN 60984:1992. Diese ist die modifizierte Fassung der internationalen Norm IEC 984:1990. Das Unterkomitee 214.3 hat an der Erstellung dieser Norm mitgearbeitet.
Die Verwendung isolierender Ärmel nach dieser Norm ist in Deutschland bisher nicht gebräuchlich. Es bestehen keine nationalen Bestimmungen. Solche Ärmel werden im Ausland zusammen mit isolierenden Handschuhen vornehmlich zum Arbeiten an Freileitungssystemen vom Mast oder von Hubarbeitsbühnen aus benutzt.

2.2.2.3 Handschuhe für mechanische Beanspruchung – Teil 313

Dieser Normentwurf vom September 1992 enthält die deutsche Übersetzung des internationalen Schriftstücks IEC 78 (Sec) 81.
Im Mai 1996 wurde ein Cenelec-Schriftstück pr EN 50237:1996 „Gloves and mitts with mechanical protection for electrical purposes" als europäischer Normentwurf zur Stellungnahme und Abschirmung verteilt.
Es bestehen keine nationalen Bestimmungen.

2.2.2.4 Isolierende Abdecktücher – Teil 511

Dieser Normentwurf vom Oktober 1991 enthält die deutsche Übersetzung des internationalen Schriftstücks IEC 78 (CO) 64 und ist zugleich die deutsche Fassung pr EN 61112.
Isolierende Abdecktücher werden entsprechend der maximalen Gebrauchsspannung in fünf Klassen und werden gemäß **Tabelle 2.2.2.4 A** eingeteilt:

Klasse	Wechselspannung Effektivwert V	Gleichspannung V
0	1 000	1 500
1	7 500	11 250
2	17 000	25 500
3	26 500	39 750
4	36 000	54 000

Tabelle 2.2.2.4 A Zusammenstellung der maximalen Gebrauchsspannung

Das inzwischen überarbeitete Schriftstück [IEC 112:1992, modified] wurde im Februar 1996 als europäischer Normentwurf pr EN 61112 zur Abstimmung verteilt.

2.2.2.5 Isolierende Matten – Teil 512

Dieser Normentwurf vom Oktober 1991 enthält die deutsche Fassung des europäischen Normentwurfs pr EN 61111, in den der internationale Normentwurf IEC 78 (CO) 63 vom April 1991 unverändert übernommen worden ist.
Dieser internationale Normentwurf gilt für isolierende Matten aus Elastomer, die zum Schutz der Monteure gegen elektrischen Schlag in Wechsel- und Gleichspannungsanlagen als Unterlage auf dem Fußboden verwendet werden.
Isolierende Matten werden entsprechend der maximalen Gebrauchsspannung in fünf Klassen eingeteilt (siehe Tabelle 2.2.2.4 A).

2.2.2.6 Starre Schutzabdeckungen – Teil 601

Dieser Normentwurf vom Januar 1994 enthält die deutsche Übersetzung der IEC-Schriftstücke 78 (Central Office) 46, Ausgabe Oktober 1989, „Rigid protective covers for live working on AC installations", und IEC 78 (Central Office) 46 A, Ausgabe Januar 1990, „Corrigendum to Document 78 (Central Office) 46: Rigid protective covers for live working on AC installations" und wurde vom UK 214.5 „Ausrüstungen und Geräte zum Arbeiten unter Spannung; Arbeitsgeräte und starre Schutzvorrichtungen" der DKE bearbeitet.
Die im Rahmen der IEC-Abstimmung vorgebrachten sachlichen Einwände blieben weitgehend unberücksichtigt.
Starre Schutzabdeckungen werden entsprechend der höchstzulässigen Betriebsspannung in die Klasse 0 (1 kV Wechselspannung) bis 5 (46 kV Wechselspannung) eingeteilt.

2.3 Isolierte Werkzeuge
– DIN VDE 0680 Teil 2
– VDE 0682 Teil 201

2.3.1 DIN VDE 0680 Teil 2

2.3.1.1 Aufbau, Begriffe, Anforderungen

Diese Bestimmung ist seit 1. März 1978 in Kraft. Im Mai 1984 erschien der Gelbdruck DIN VDE 0680 Teil 2 A1 (also die Änderung 1), zur Aufnahme von isolierten Pinzetten in diese Bestimmung. Die Einspruchsfrist lief bis 31.8.1984; die Einspruchsberatung wurde durchgeführt. Ein Weißdruck konnte jedoch nicht folgen, da der Entwurf bei IEC eingereicht wurde und nach dem sogenannten „Stillstandsabkommen" ein Weißdruck nur nach Erscheinen des entsprechenden IEC-Papiers möglich ist.

Im Januar 1987 erschien der Entwurf DIN VDE 0682 Teil 2 A2 als vorgesehene Änderung zur DIN VDE 0680 Teil 2/03.78 und als Ersatz für den Entwurf DIN VDE 0680 Teil 2 A1/05.84.

Diese zweite Entwurfsveröffentlichung war erforderlich, weil im ersten Entwurf für die Bemessung der verlängerten Griffisolierung bei Pinzetten keine eindeutigen Festlegungen vorhanden waren.

Dieser zweite Normentwurf enthält aber auch noch Änderungen zu Anforderungen und Prüfungen für Isolierte Werkzeuge nach DIN VDE 0680 Teil 2. Sie betreffen bisherige Festlegungen, die nicht identisch sind mit denen nach DIN VDE 0680 Teil 201/Entwurf 07.83 (IEC 78(CO)11).

Mit diesen Änderungen wird ein teilweises Angleichen der bisherigen nationalen Norm an die in Kürze erscheinende IEC 900 „Handwerkzeuge zur Verwendung bis AC 1 000 V und DC 1 500 V" erreicht. Das UK 214.2 hat die Ermächtigung ausgesprochen, DIN VDE 0680 Teil 201/Entwurf 07.83 (IEC 78(CO)11) als Grundlage für Konformitätsnachweise zu verwenden. Damit haben die Werkzeughersteller die Möglichkeit, entsprechende Werkzeuge sowohl

- mit der Kennzeichnung nach DIN 48699 (grafisches Symbol, Bild 5.1 B)
- als auch mit dem Markierungssymbol nach IEC 900 (Bild 5.1 C)

zu versehen, sofern sowohl die Anforderungen nach DIN VDE 0680 Teil 2 als auch diejenigen nach DIN VDE 0680 Teil 201/Entwurf 07.83 (IEC 78(CO)11) erfüllt sind.

Es werden „vollisolierte" Werkzeuge und „teilisolierte" Werkzeuge unterschieden. Als vollisolierte Werkzeuge gelten:
- Werkzeuge aus Isolierstoff,
- Werkzeuge aus leitfähigem Werkstoff mit Isolierstoffüberzug, wobei nur die Wirkteile ohne Isolierung sein dürfen, ferner Auflageflächen bei Steckschlüsseln und Stirnflächen bei Ringschlüsseln.

Als teilisolierte Werkzeuge gelten:
- Werkzeuge aus leitfähigem Werkstoff, die mit Ausnahme des Arbeitskopfs oder eines Teils desselben außen einen Isolierstoffüberzug haben.

Die Bestimmung „Isolierte Werkzeuge" gilt für folgende voll- und teilisolierte, handbetätigte Werkzeuge:
- Schraubwerkzeuge und Gegenhalter,
- Zangen,
- Pinzetten,
- Kabelscheren,
- Kabelschneider,
- Kabelmesser.

Der neu eingeführte Begriff „Pinzetten" ist wie folgt definiert: „Als Pinzetten gelten zweischenklige gelenklose Greif- und Haltewerkzeuge zum Fassen kleiner und/oder leichter Teile."

Neben bestimmten Mindestaufschriften müssen Isolierte Werkzeuge mit dem Sonderkennzeichen nach DIN 48699 bzw. mit dem Markierungssymbol nach IEC 900 versehen sein (siehe Abschnitt 5.1).

2.3.1.2 Prüfungen

Eine Zusammenstellung der Prüfungen an Isolierten Werkzeugen zeigt **Tabelle 2.3.1.2 A**.

Die Prüfspannung für Isolierte Werkzeuge beträgt 5 kV, die Prüfdauer 5 min. Beispielhaft ist in **Bild 2.3.1.2 A** die Einrichtung für die Prüfung der Haftfähigkeit des Isolierstoffüberzugs an Schraubendrehern gezeigt.

• Prüfungen des Auf- und Zusammenbaus, der Aufschriften und der Gebrauchsanleitung
• Prüfung der Dauerhaftigkeit der Aufschriften
• Prüfung der Haltbarkeit durch Schlag
• Prüfung auf Kälte-Schlagbeständigkeit
• Prüfung der Haltbarkeit bei Wechselbelastung
• elektrische Spannungsprüfung
• Prüfung des Isolationswiderstands
• Wärmedruckprüfung mit elektrischer Spannungsprüfung
• Prüfung der Haftfähigkeit des Isolierstoffüberzugs
• Prüfung der Abmessungen
• Prüfung auf Brennbarkeit der Isolierstoffe
• Prüfung auf Alterungsbeständigkeit der Isolierstoffe
• Prüfung von Drehmoment und Härte der Wirkteile
• Prüfung auf unbeabsichtigtes Lösen der Einzelteile

Tabelle 2.3.1.2 A Prüfungen an isolierten Werkzeugen

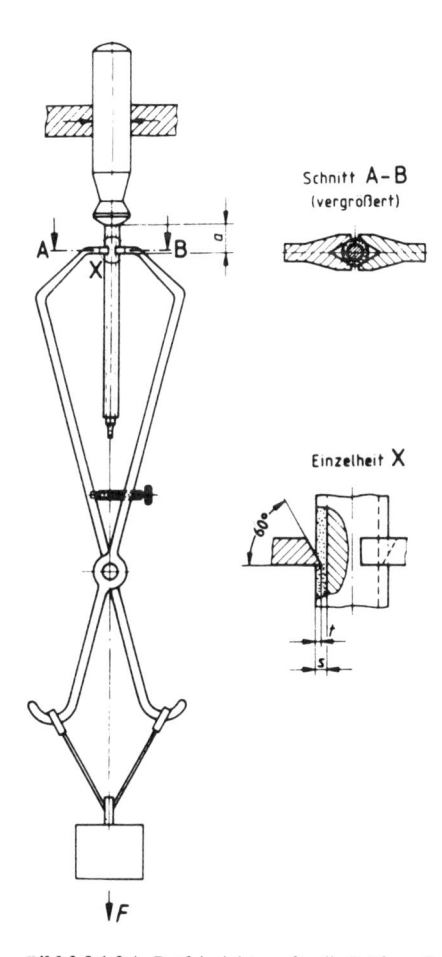

Bild 2.3.1.2 A Prüfeinrichtung für die Prüfung der Haftfähigkeit des Isolierstoffüberzugs an Schraubendrehern (Quelle: DIN VDE 0680 Teil 2)
- t Eindringtiefe
- s Schichtdicke des Isolierstoffüberzugs
- F Prüfkraft
- a Abstand Austrittstelle der Klinge aus dem Griff zur Schneide des Prüfgeräts

2.3.1.3 Beispiele aus der Praxis

Nach DIN VDE 0105 (Abschnitt 5.2.3) müssen Isolierte Werkzeuge getrennt von anderen Werkzeugen aufbewahrt werden.

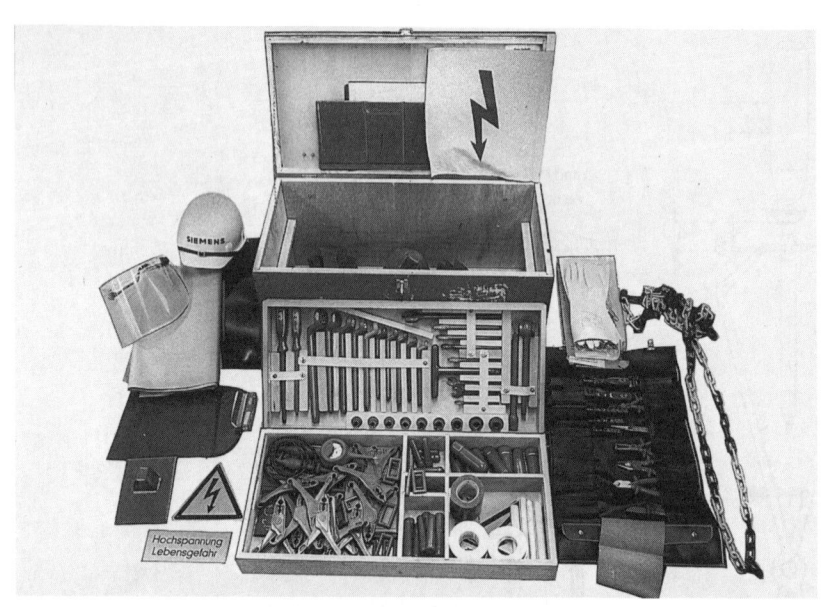

Bild 2.3.1.3 A „Sonderwerkzeugkoffer 0105"

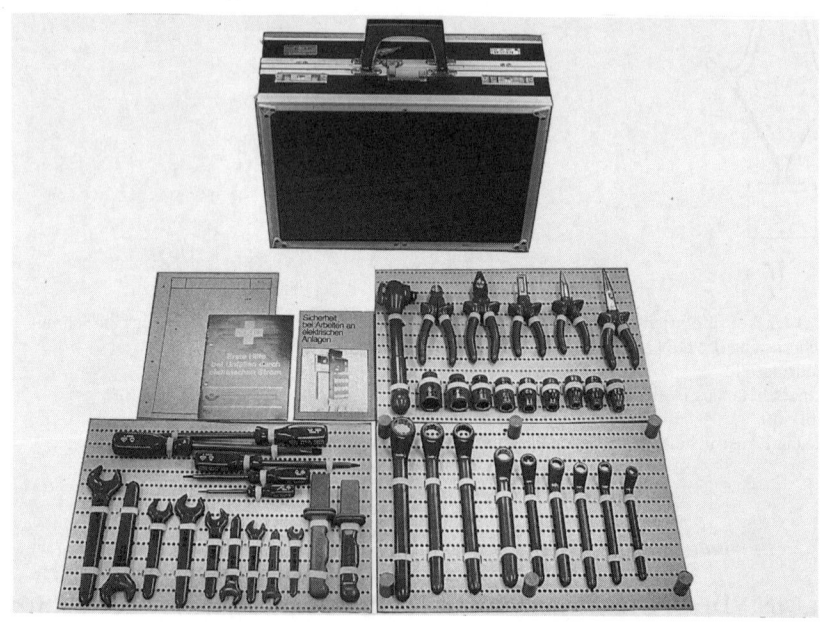

Bild 2.3.1.3 B Sonderwerkzeugkoffer für Batterie-Anschlußarbeiten

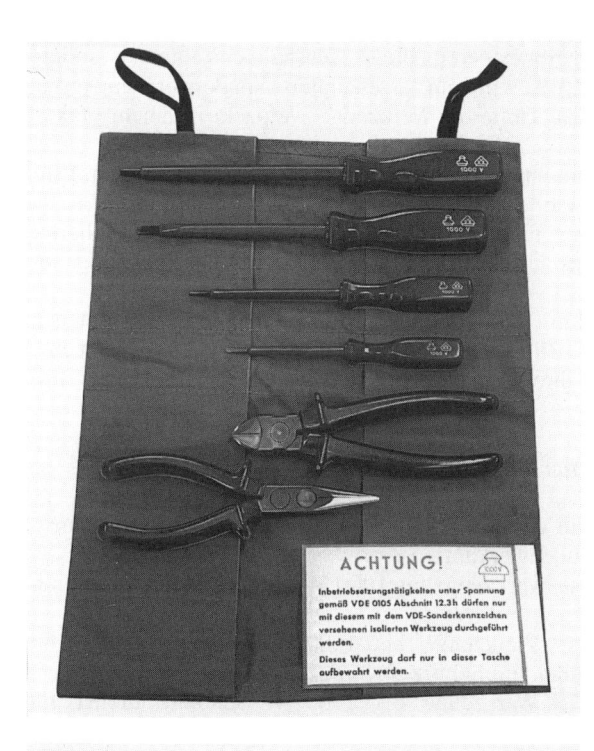

Bild 2.3.1.3 C Inhalt „rotes Täschchen"

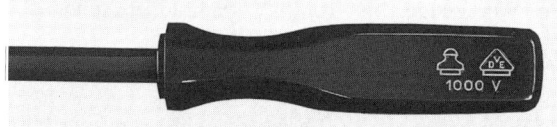

Bild 2.3.1.3 D Schraubendreherheft mit Aufschriften

Bild 2.3.1.3 E Aufschrift auf Werkzeugrolltasche

Bei verschiedenen Anwendern gibt es bereits diverse Zusammenstellungen Isolierter Werkzeuge. In **Bild 2.3.1.3 A** wird ein sogenannter „Sonderwerkzeugkoffer 0105" vorgestellt: ein Sortiment Isolierter Werkzeuge, verpackt in einem praktischen Holzkasten.
Bei Batterieanschlußarbeiten muß meist „unter Spannung" gearbeitet werden. **Bild 2.3.1.3 B** zeigt einen dafür speziell bestückten Sonderwerkzeugkoffer.
Für Inbetriebsetzungstätigkeiten unter Spannung gibt es ein Sortiment Isolierter Werkzeuge (**Bild 2.3.1.3 C**), gesondert verpackt, mit deutlicher Kennzeichnung (sogenanntes „rotes Täschchen").
Die einzelnen Werkzeuge sind mit dem Sonderkennzeichen und dem VDE-Zeichen (siehe Abschnitt 5.1) versehen (**Bild 2.3.1.3 D**). Auf der Werkzeugrolltasche ist eine deutliche Aufschrift bezüglich ihrer Verwendung und Handhabung angebracht (**Bild 2.3.1.3 E**).

2.3.1.4 Normblätter (Stand: Januar 1996)

DIN 7434 (12.95)	Isolierte Werkzeuge bis 1000 V, Verlängerungen mit Innen- und Außenvierkant
DIN 7436 (12.95)	Isolierte Werkzeuge bis 1000 V, Quergriffe mit Außenvierkant
DIN 7437 (12.95)	Isolierte Werkzeuge bis 1000 V, Schraubendreher für Schrauben mit Schlitz
DIN 7438 (12.95)	Isolierte Werkzeuge bis 1000 V, Schraubendreher für Schrauben mit Kreuzschlitz
DIN 7439 (12.95)	Isolierte Werkzeuge bis 1000 V, Schraubendreher für Schrauben mit Innensechskant
DIN 7440 (12.95)	Isolierte Werkzeuge bis 1000 V, Steckschlüssel mit festem T-Griff
DIN 7445 (12.95)	Isolierte Werkzeuge bis 1000 V, Steckschlüssel mit Griff
DIN 7446 (12.95)	Isolierte Werkzeuge bis 1000 V, Einmaulschlüssel
DIN 7447 (12.95)	Isolierte Werkzeuge bis 1000 V, Einringschlüssel, gekröpft
DIN 7448 (12.95)	Isolierte Werkzeuge bis 1000 V, Steckschlüsseleinsätze mit Innenvierkant für Schrauben mit Sechskant, handbetätigt
DIN 7449 (12.95)	Isolierte Werkzeuge bis 1000 V, Knarren mit Außenvierkant

2.3.1.5 Übergangsfrist

Für DIN VDE 0680 Teil 2 gilt unter bestimmten Voraussetzungen (siehe Abschnitt 2.3.2) eine Übergangsfrist bis 01.08.1999.

2.3.2 Handwerkzeuge zum Arbeiten an unter Spannung stehenden Teilen bis AC 1000 V und DC 1500 V – VDE 0682 Teil 201

Die EN 60900 gilt seit 6. Juli 1993, VDE 0682 Teil 201 wurde im August 1994 veröffentlicht.

Das Cenelec-Fragebogenverfahren zur unveränderten Annahme der internationalen Norm IEC 900:1987 ergab, daß für die Annahme als europäische Norm einige Abänderungen notwendig waren.

Das Referenzdokument, mit den vom Cenelec Technischen Komitee TC 78 ausgearbeiteten gemeinsamen Abänderungen, wurde danach den Cenelec-Mitgliedern zur formellen Abstimmung vorgelegt und wurde am 06. Juli 1993 als EN 60900 genehmigt.

In dieser europäischen Norm sind die gemeinsamen Abänderungen zu der internationalen Norm durch eine senkrechte Linie am linken Seitenrand gekennzeichnet.
Nachstehende Daten wurden festgelegt:
- spätestes Datum der Veröffentlichung einer identischen nationalen Norm 1. August 1994,
- spätestes Datum für die Zurückziehung entgegenstehender nationaler Normen 1. August 1995.

Für Erzeugnisse, die vor dem 1. August 1995 der einschlägigen nationalen Norm entsprochen haben, wie durch den Hersteller oder durch eine Zertifizierungsstelle nachgewiesen, darf diese vorhergehende Norm für die Fertigung bis zum 1. August 1999 noch weiter angewendet werden.

Anhänge, die als „normativ" bezeichnet sind, gehören zum Norminhalt; Anhänge, die als „informativ" bezeichnet sind, enthalten nur Informationen. In dieser Norm sind die Anhänge A, B und ZB informativ und die Anhänge ZA und ZC normativ.

Gegenüber DIN 57680-2 /VDE 0680 Teil 2:1978-03 wurde folgende wesentliche Änderung vorgenommen:

Die zusammengesetzten Werkzeuge sind nicht aufgenommen. Die Prüfspannung wurde von 5 kV auf 10 kV heraufgesetzt.

2.4 Betätigungsstangen – DIN VDE 0680 Teil 3

2.4.1 Aufbau, Begriffe

Diese VDE-Bestimmung wurde als Weißdruck im September 1977 veröffentlicht. Die Betätigungsstange zum Einsatz in Anlagen bis 1000 V ist ein von Hand zu benutzendes Gerät zum Bedienen von und zum Arbeiten an unter Spannung stehenden Betriebsmitteln (**Bild 2.4.1 A**).

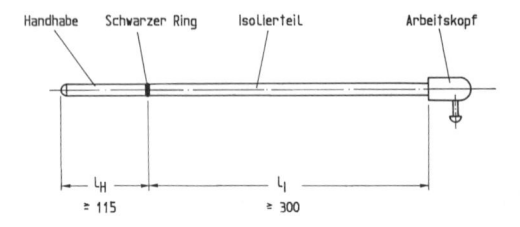

Bild 2.4.1 A Betätigungsstange nach DIN VDE 0680 Teil 3

Eine Stromentnahmestange ist eine Betätigungsstange mit einer Vorrichtung zur Stromentnahme aus Freileitungen oder Oberleitungen elektrischer Bahnen, die auch zum längeren Verbleib an den Einbaustellen (z. B. Baustellen) geeignet ist und die allen Witterungseinflüssen ausgesetzt werden kann (**Bild 2.4.1 B** und **Bild 2.4.1 C**).
Eine Bahnstromabnehmer-Abziehstange ist eine Betätigungsstange, mit der Bahnstromabnehmer elektrischer Triebfahrzeuge von der Fahrleitung getrennt werden können.
Der Arbeitskopf ist der Teil der Betätigungsstange, der das Betätigungselement enthält.
Der Isolierteil ist der Teil der Betätigungsstange zwischen dem Schwarzen Ring (Begrenzung der Handhabe) und dem Beginn des außen liegenden leitenden Teils

Bild 2.4.1 B Einbringen von Stromentnahmestangen

Bild 2.4.1 C Stromentnahmestangen fertig montiert

des Arbeitskopfs oder dem Betätigungselement bei Arbeitsköpfen aus isolierendem Material. Er gibt dem Benutzer den notwendigen Schutzabstand und ausreichende Isolation für sichere Handhabung.
Der Schwarze Ring stellt bei Betätigungsstangen zum Einsatz in Anlagen bis 1000 V eine deutlich sichtbare Begrenzung der Handhabe zum Isolierteil dar.

2.4.2 Anforderungen

Ausreichendes Isoliervermögen
Betätigungsstangen müssen so gebaut und bemessen sein, daß sie bei bestimmungsgemäßem Gebrauch keine Gefahr für Benutzer und Anlage bilden. Betätigungsstangen müssen mindestens aus Handhabe, Isolierteil und Arbeitskopf bestehen. Der Isolierteil und die Handhabe müssen so bemessen sein, daß bei bestimmungsgemäßem Gebrauch ausreichendes Isoliervermögen vorhanden ist.
Holz darf als Material für Isolierteil und Handhabe nur bei Betätigungsstangen verwendet werden, die zum kurzzeitigen Einsatz, z. B. als Schaltstangen, vorgesehen sind. Die Länge des Isolierteils muß mindestens 300 mm betragen, ausgenommen bei Holz: Besteht der Isolierteil aus Holz, so muß die Länge l_I (Bild 2.4.1 A) bei Betätigungsstangen zum Einsatz in Anlagen bis 250 V gegen Erde mindestens 600 mm und Betätigungsstangen zum Einsatz in Anlagen über 250 V gegen Erde mindestens 1500 mm betragen.

Hohe mechanische Belastbarkeit
Die Handhabe darf nicht kürzer als 115 mm sein. Sie muß ein sicheres Arbeiten bei zumutbarem Kraftaufwand gewährleisten.
Betätigungsstangen müssen den bei bestimmungsgemäßem Gebrauch auftretenden Zug-, Biege- und Verdrehungs-Beanspruchungen standhalten.

Übersichtlicher Aufbau, eindeutige Aufschriften, Gebrauchsanweisung
Auf der Handhabe, angrenzend an den Isolierteil, muß ein mindestens 20 mm breiter, nicht verschiebbarer Schwarzer Ring angebracht sein.
Bauteile und Aufschriften müssen nach Form und Farbe so gewählt werden, daß keine Verwechslung mit dem Schwarzen Ring möglich ist.
In der Mindestlänge des Isolierteils dürfen außen liegende leitende Bauteile von höchstens 50 mm Länge für die Befestigung des Arbeitskopfs bzw. einer Kupplung zur Aufnahme des Arbeitskopfs vorhanden sein.
Bei Stromentnahmestangen darf der Nennstrom höchstens 100 A betragen.
Der Arbeitskopf muß so ausgebildet sein, daß eine mechanisch und elektrisch einwandfreie Verbindung mit der Freileitung bzw. Oberleitung elektrischer Bahnen hergestellt werden kann. Die Klemmenverbindung muß den Anforderungen und Prüfungen nach DIN VDE 0212 entsprechen.
Bei Stromentnahmestangen zum Einsatz an Oberleitungen elektrischer Bahnen darf bis zu einem Nennstrom von 16 A der Kontakt durch Eigengewicht – bis zu einem Nennstrom von 63 A durch Federklemmen – gegeben werden.
Neben Herkunftzeichen und Angabe der Nennspannung ist bei Stromentnahmestangen zusätzlich der Nennstrom anzugeben.
Die jeder Betätigungsstange beizugebende Gebrauchsanweisung muß unter anderem alle für Gebrauch und Instandhaltung erforderlichen Hinweise enthalten, insbesondere auch Hinweise zur Aufbewahrung, Pflege und gegebenenfalls Vorbehandlung.

2.4.3 Prüfungen

Der Hersteller von Betätigungsstangen muß die Fertigung durch Typ-, Stichproben und Stückprüfungen sowohl an Probestücken als auch an fertigen Geräten überwachen. Die durchzuführenden Prüfungen sind nach Art, Reihenfolge und Umfang in **Tabelle 2.4.3 A** angegeben.

2.4.4 Einsatz von Betätigungsstangen an Niederspannungs-Freileitungen

Da in Niederspannungsfreileitungsnetzen, vor allem bei der Dachständerbauweise, die Handhabung der Betätigungsstange meist vom selben Standort aus zu allen Leitern des Systems vorgenommen werden muß, ist zum Erreichen des entfernt gelegenen Leiters nicht zu umgehen, daß die Betätigungsstange über den Bereich des Iso-

Prüfling	Art der Prüfung	Prüfumfang
Probestück	Elektrische Prüfung der Isolierstoffe	Typ- und Stichprobenprüfung
fertiges Gerät	Prüfung des Aufbaues, der Maße, des Zusammenbaues, der Aufschriften und der Gebrauchsanweisung	Typ- und Stückprüfung
	Prüfung auf Zug	Typ- und Stichprobenprüfung
	Prüfung auf Durchbiegung	Typprüfung
	Prüfung auf Verdrehung	Typ- und Stichprobenprüfung

Tabelle 2.4.3 A Zusammenstellung der Prüfungen und des Prüfumfangs an Betätigungsstangen

lierteils, also mit dem Schwarzen Ring, in das Freileitungssystem hineinreichen muß.
Um auch hierbei eine sichere Handhabung zu gewährleisten, hat es sich in der Praxis als zweckmäßig erwiesen, zwischen der Hand des Benutzers und dem nächstgelegenen, unter Spannung stehenden Teil einen Abstand von etwa der Länge des Isolierteils einzuhalten.

2.5 NH-Sicherungsaufsteckgriffe – DIN VDE 0680 Teil 4

2.5.1 Aufbau, Begriffe

Der NH-Sicherungsaufsteckgriff ist ein Gerät zum ortsveränderlichen Einsatz, mit dem man NH-Sicherungseinsätze bei Verwendung von NH-Sicherungsunterteilen und NH-Sicherungsleisten einsetzen bzw. herausnehmen kann. Er besteht aus dem Griffbügel, der Begrenzungsscheibe und dem Aufsetzteil (**Bild 2.5.1 A** und **Bild 2.5.1 B**).
Die Stulpe ist ein Ergänzungsteil des NH-Sicherungsaufsteckgriffs, das fest oder lösbar mit diesem verbunden werden kann. Die Stulpe dient dem Schutz von Hand und Unterarm vor den Auswirkungen von Störlichtbögen.
In DIN VDE 0680 Teil 4:1980-11 ist nur ein Sicherungsaufsteckgriff genormt worden, der sowohl für Sicherungseinsätze der Größe 00 als auch der Größen 0 bis 3 paßt. NH-Sicherungsaufsteckgriffe sind geeignet, neben Sicherungseinsätzen auch andere Vorrichtungen, die anstelle der Sicherungseinsätze in NH-Sicherungsunter-

a) ohne Stulpe
b) mit Stulpe

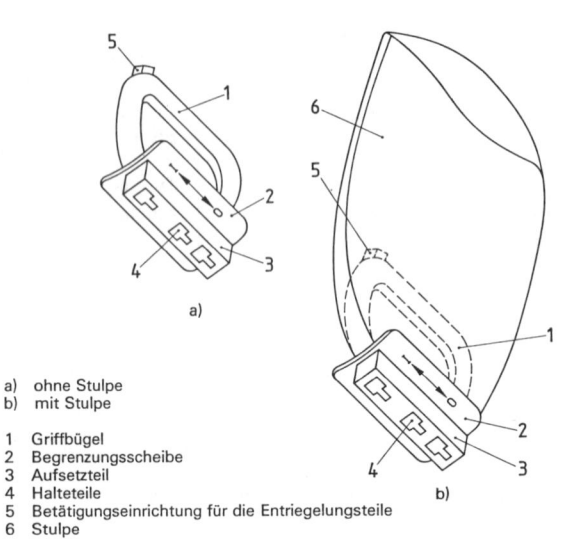

1 Griffbügel
2 Begrenzungsscheibe
3 Aufsetzteil
4 Halteteile
5 Betätigungseinrichtung für die Entriegelungsteile
6 Stulpe

Bild 2.5.1 A Beispiel eines NH-Sicherungsaufsteckgriffs (Quelle: DIN VDE 0680 Teil 4)

Bild 2.5.1 B NH-Sicherungsaufsteckgriff mit Stulpe

teilen verwendet werden, wie Einsätze von Erdungs- und Kurzschließvorrichtungen, Blindsicherungselemente als Sicherungen gegen Wiedereinschalten oder Abdeckungen, einzusetzen und herauszunehmen.

2.5.2 Anforderungen

Die Begrenzungsscheibe muß fest mit dem Griff verbunden sein und übernimmt neben ihren mechanischen Aufgaben zum einen den Schutz gegen elektrische Durchströmung, zum anderen den Schutz der Hand vor der Einwirkung von Lichtbögen. Das aus der Begrenzungsscheibe mit einer Mindesthöhe von 15 mm hervorstehende Aufsetzteil soll ein Benutzen des Griffs auch in eng gebauten Anlagen oder bei maximal zulässiger Trennhöhe zwischen den Unterteilen zulassen.
Wie Unfälle beim Betätigen mit Aufsteckgriffen zeigten, ist neben der Hand auch der Unterarm durch Verbrennungen infolge von Lichtbogeneinwirkung gefährdet. Daher waren auch Festlegungen für eine Stulpe als ergänzender Bestandteil zum Aufsteckgriff zu treffen. Stulpen können mit dem Aufsteckgriff fest verbunden oder lösbar sein, wobei sich zum Nachrüsten bereits vorhandener Aufsteckgriffe anknöpfbare Stulpen bewährt haben.
Bei Aufsteckgriffen mit Stulpe muß die Begrenzungsscheibe stets vor dieser in Richtung Sicherungseinsatz liegen (Bild 2.5.1 B).
Weder für den Aufsteckgriff noch für die Stulpe sind bestimmte Werkstoffe vorgeschrieben. Werkstoffe, die alle geforderten Prüfungen bestehen, sind geeignet.
Auf die Verwendung von Metallteilen in und an Aufsteckgriffen konnte im Hinblick auf die Alterung vieler Kunststoffe sowie ihres Verhaltens bei Wärmebeanspruchung nicht verzichtet werden. Daher dürfen an bestimmten Stellen und in festgelegten Maßgrenzen Metallteile vorhanden sein, ohne daß dadurch die Sicherheit unzulässig gemindert wird.
Die Maße für den Griffbügel und seinen Abstand zur Begrenzungsscheibe wurden festgelegt unter Berücksichtigung der Einsatzmöglichkeit des Griffs in Anlagen mit NH-Sicherungseinsätzen der Größe 00 sowie des zur sicheren Handhabung notwendigen Raums für die Hand des Benutzers (DIN 33402 „Körpermaße von Erwachsenen" wurde berücksichtigt).
Die Aufschriften sind auf der Begrenzungsscheibe anzubringen, damit sie auch bei angebrachter Stulpe und eingekuppeltem Sicherungseinsatz gut lesbar sind. Neben den üblichen Aufschriften muß der Sicherungsaufsteckgriff mit dem Sonderkennzeichen (siehe Abschnitt 6.1) versehen sein.
NH-Sicherungsaufsteckgriffe sind nicht für den dauernden Verbleib auf eingesetzten Sicherungseinsätzen geeignet; die langzeitig wirkende thermische Beanspruchung kann zu Materialversprödungen führen, die ein Zerbrechen des Aufsetzteils zur Folge haben kann.

2.5.3 Prüfungen

NH-Sicherungsaufsteckgriffe müssen folgende Prüfungen bestehen:
- Prüfung des Aufbaus, der mechanischen Eigenschaften, der Maße, der Kraft, der Aufschriften und der Gebrauchsanleitung,
- Prüfung der Formbeständigkeit,
- Prüfung der Kältebeständigkeit,
- Prüfung der Spannungsfestigkeit,
- Prüfung der Widerstandsfähigkeit gegen Rosten,
- Prüfung der Verriegelung,
- Prüfung der Brennbarkeit der Stulpe.

2.6 Zweipolige Spannungsprüfer
– DIN VDE 0680 Teil 5
– VDE 0682 Teil 551

2.6.1 DIN VDE 0680 Teil 5

2.6.1.1 Aufbau, Begriffe

DIN VDE 0680 Teil 5 ist im September 1988 als Weißdruck erschienen; die Übergangsfrist für die bis dahin geltende Bestimmung vom Mai 1985 lief am 31. August 1989 aus.
DIN VDE 0680 Teil 5 gilt für zweipolige Spannungsprüfer (**Bild 2.6.1.1 A**) zum Feststellen, ob Spannung an Teilen elektrischer Anlagen mit Nennspannungen bis 1 000 V und Nennfrequenzen von 0 Hz bis 500 Hz vorhanden ist oder nicht.
Die Bestimmung gilt für Spannungsprüfer mit sichtbarer und/oder hörbarer Anzeige. Sie umfaßt auch Spannungsprüfer mit elektronischen Bauteilen, mit eigener Energiequelle und mit eigener Prüfeinrichtung.

2.6.1.2 Anforderungen

Spannungsprüfer mit eigener Energiequelle müssen eine eigene Prüfeinrichtung haben.
Erfaßt die Eigenprüfeinrichtung nicht alle die Anzeige beeinflussenden Teile, dann muß eine Prüfeinrichtung für die Funktionsbereitschaft der eigenen Energiequelle und ein redundantes, nicht abschaltbares Anzeigesystem ohne eigene Energiequelle vorhanden sein.
Als Ergänzungseinrichtungen sind nur zuschaltbare Einrichtungen zur Ermittlung von Außenleitern, zum Durchgangsprüfen, zur Eigenprüfung und zur Belastungser-

Bild 2.6.1.1 A Zweipolige Spannungsprüfer
links: für Anlagen allgemein
rechts: mit Verlängerungen für Einsatz an Niederspannungsfreileitungen

höhung (wegen Rest- oder Beeinflussungsspannungen auf freigeschalteten Leitungen) zulässig.
Bei Spannungsprüfern mit Anzeige in mehreren Stufen müssen neben der Stufe der angelegten Spannung auch alle Stufen niedrigerer Spannung das Signal „Spannung vorhanden" anzeigen. Beginnt der Nennspannungsbereich unterhalb 50 V Wechselspannung bzw. 120 V Gleichspannung, dann muß auch für diese beiden Werte eine Anzeige vorhanden sein.
Spannungsprüfer müssen 30 s ununterbrochen an Spannung angelegt werden können.
Bei Spannungsprüfern mit eigener Energiequelle darf der durch den Spannungsprufer fließende Strom bei einer angelegten Spannung von 1000 V nicht größer als 5 mA sein. Sind Spannungsprüfer mit einer Berührungselektrode versehen, so muß der Strombegrenzungswiderstand so bemessen sein, daß beim Anlegen von 1000 V Wechsel- oder Gleichspannung der Strom zwischen Prüf- und Berührungselektrode nicht größer als 0,5 mA ist.

Art der Prüfung	Typ-prüfung	Stichproben-prüfung	Stück-prüfung
Prüfung des Aufbaues	X	X	X
Prüfung der Maße	X	X	
Prüfung des Berührungsschutzes	X		
Prüfung des Strombegrenzungswiderstandes	X		
Prüfung des Batterieraumes	X	X	
Prüfung der Aufschriften	X		X
Prüfung der Gebrauchsanleitung	X		X
Prüfung des Schaltplanes	X		
Prüfung auf Alterungsbeständigkeit	X		
Prüfung auf Haltbarkeit durch Fall und Schlag	X		
Prüfung auf Spannungssicherheit	X		X
Prüfung auf Wirksamkeit des Strombegrenzungswiderstandes	X		X
Prüfung auf Wahrnehmbarkeit der optischen Anzeige	X		X
Prüfung auf Wahrnehmbarkeit der akustischen Anzeige	X		X
Prüfung von Übertemperaturen der Griffe und Gehäuse	X		
Prüfung auf Stoßspannungsfestigkeit	X		
Prüfung auf Sicherheit gegen innere Überbrückung	X		
Prüfung der Eigenprüfeinrichtung	X	X	
Prüfung auf Sicherheit bei Verwechslung des Spannungsbereiches	X		
Prüfung auf Zugentlastung	X		
Prüfung auf Verdrehungssicherheit	X		
Prüfung auf feste Verbindung der Isolierung der Prüfelektroden	X		
Prüfung der Schalter auf Funktionsfähigkeit	X		
Prüfung auf Wärmebeständigkeit der Isolierteile	X		
Prüfung auf Funktionsfähigkeit bei Vorhandensein von Durchgangsprüfern	X		
Prüfung auf Funk-Entstörung	X		
Prüfung der Schutzart	X		

Tabelle 2.6.1.3 A Prüfungen an zweipoligen Spannungsprüfern

2.6.1.3 Prüfungen

Zweipolige Spannungsprüfer sind weit verbreitete Geräte. Um dem Benutzer die notwendige Sicherheit zu geben, ist das Einhalten zahlreicher Anforderungen durch bestandene Prüfungen zu belegen. Einen Überblick gibt ein Auszug aus der Prüftabelle dieser Bestimmung (**Tabelle 2.6.1.3 A**).
Wiederholungsprüfungen werden in DIN VDE 0680 Teil 5 nicht vorgeschrieben. Es genügt, wenn sich der Benutzer (entsprechend DIN VDE 0105 und VBG 4) vor jeder Benutzung des Geräts überzeugt, daß keine augenfälligen Mängel vorhanden sind und daß das Gerät einwandfrei funktioniert.

2.6.1.4 Erdungs- und Kurzschließgeräte, kombiniert mit Spannungsprüfern

Für Erdungs- und Kurzschließgeräte, kombiniert mit Spannungsprüfern zur Verwendung in Freileitungen, besteht nach Meinung der zuständigen Komitees 214 und 215 kein Grund zur Normung. Hersteller und Anwender handeln in Eigenverantwortung.
Diese Geräte sollten jedoch sinngemäß DIN VDE 0683 Teil 1 und DIN VDE 0680 Teil 5 entsprechen.

2.6.2 Zweipoliger Spannungsprüfer zur Verwendung in Niederspannungsnetzen bis AC 1000 V/DC 1500 V – VDE 0682 Teil 551

Das internationale Schriftstück IEC 78 (Sec) 129: 1993-11 ist unverändert in den Normentwurf E DIN VDE 0682 Teil 551: 1994-08 übernommen worden. Ergänzungseinrichtungen sind:
- Phasenanzeige,
- Belastungsfunktion und
- Durchgangsprüfung,

wie bereits in DIN VDE 0680 Teil 5 enthalten, des weiteren noch eine Drehfeldrichtungsanzeige.
Das zwischenzeitlich überarbeitete internationale Schriftstück wurde im April 1996 als IEC 78/194/CDV [Normentwurf auf Komitee-Ebene] zur Stellungnahme und Abstimmung verteilt.

2.7 Einpolige Spannungsprüfer bis 250 V Wechselspannung – DIN VDE 0680 Teil 6

2.7.1 Aufbau

Der Teil 6 von DIN VDE 0680 ist seit 1. April 1977 in Kraft. Der Geltungsbereich wurde festgelegt für Nennspannungen von 110 V bis 250 V Wechselspannung und für Nennfrequenzen von 50 Hz bis 500 Hz.
Einpolige Spannungsprüfer (**Bild 2.7.1 A**) dürfen nicht bei Niederschlägen verwendet werden.

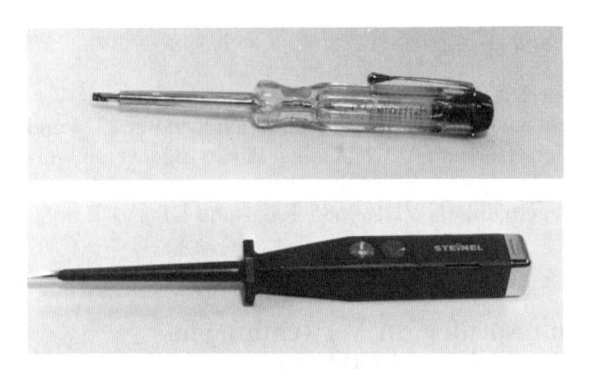

Bild 2.7.1 A Einpolige Spannungsprüfer

2.7.2 Anforderungen

Die Anforderungen an die mechanische Festigkeit sowie an die thermische Beanspruchbarkeit sind gegenüber der Vorläufernorm VDE 0426/07.62 wesentlich erhöht worden. Ferner wurde festgelegt, daß Spannungsprüfer so gebaut sein müssen, daß sie ohne Zerstörung nicht zerlegt werden können. Damit ist verhindert, daß durch Einbau nicht passender Ersatzteile eine Gefährdung des Bedienenden eintreten kann. Die Anforderungen an die Wahrnehmbarkeit der Anzeige wurden wesentlich erhöht. Der Umfang der auf den Spannungsprüfern geforderten Aufschriften wurde erweitert, ebenso die Aussagen in der Gebrauchsanweisung.
Lange diskutiert wurde, ob die Prüfelektrode als Spitze ausgebildet sein muß oder ob es auch eine Schraubendreherklinge sein darf. Zu letzterem hat man sich dann „durchgerungen", wobei eine Schraubendreherklinge maximal 3,5 mm breit sein darf. In der Gebrauchsanweisung muß jedoch darauf hingewiesen werden, daß derartige Spannungsprüfer keine Werkzeuge zum Arbeiten an unter Spannung stehenden Teilen im Sinne von DIN VDE 0680 Teil 2 sind; als Schraubendreher darf das Gerät nur an spannungsfreien Teilen benutzt werden.

In die Gebrauchsanweisung muß ferner folgender wesentlicher Satz mit aufgenommen werden:
„Die Wahrnehmbarkeit der Anzeige kann beeinträchtigt sein bei ungünstigen Beleuchtungsverhältnissen, z. B. bei Sonnenlicht, bei ungünstigen Standorten, z. B. bei Holztrittleitern oder isolierenden Fußbodenbelägen, und in nicht betriebsmäßig geerdeten Wechselspannungsnetzen."
Der Innenwiderstand des Spannungsprüfers muß so bemessen sein, daß der Strom zwischen Prüfelektrode und Berührungselektrode bei Nennspannung nicht größer als 0,5 mA ist.

2.7.3 Prüfungen

Neben der Prüfung der Aufschriften und der Gebrauchsanweisung wird als Stückprüfung die Prüfung auf Wahrnehmbarkeit der Anzeige, die Prüfung der Spannungssicherheit und die Prüfung auf Begrenzung des Stroms verlangt.

2.8 Paßeinsatzschlüssel
– DIN VDE 0680 Teil 7

Die sicherheitstechnischen Anforderungen an Paßeinsatzschlüssel (**Bild 2.8 A**) sind in DIN VDE 0680 Teil 7 festgelegt. Die Norm gilt seit Februar 1984. Die Funktionsmaße enthält die Norm für die zugehörigen Paßeinsätze.
Paßeinsatzschlüssel sind handgeführte isolierte Geräte, mit denen durch eine Dreh- oder Längsbewegung ein Paßeinsatz in einen Sicherungssockel eingebracht oder aus ihm herausgenommen werden kann. Je nach der Art des Paßeinsatzes kann das Ge-

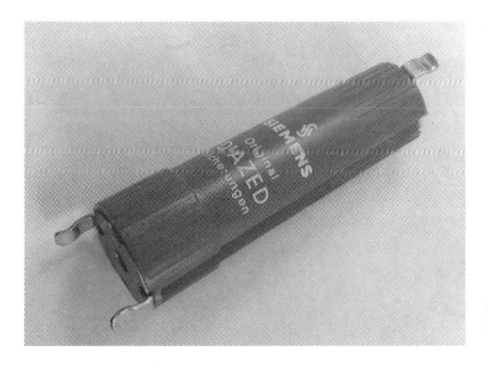

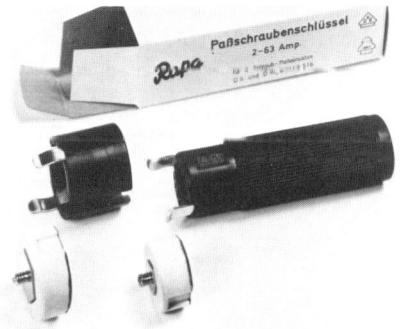

Bild 2.8 A Beispiele für Paßeinsatzschlüssel

rät in Einstielform als Schlüssel oder in Ein- oder Zweistielform als Zange gestaltet sein. Paßeinsatzschlüssel werden einer elektrischen Spannungsprüfung über 5 min mit einer Spannung von 5 kV unterzogen.
Paßeinsatzschlüssel nach dieser Norm gelten als Hilfsmittel zum Arbeiten an unter Spannung stehenden Teilen. Sie müssen daher nach DIN 48699 als zum Arbeiten an unter Spannung stehenden Teilen mit dem Isolator-Symbol gekennzeichnet sein.

3 Geräte zum Betätigen, Prüfen und Abschranken unter Spannung stehender Teile mit Nennspannungen über 1 kV
– DIN VDE 0681 und DIN VDE 0682

3.1 Überblick

3.1.1 DIN VDE 0681

Die Norm DIN VDE 0681 hat den Titel „Geräte zum Betätigen, Prüfen und Abschranken unter Spannung stehender Teile mit Nennspannungen über 1 kV" und besteht aus folgenden Teilen:
Teil 1: 1986-10   Allgemeine Festlegungen für DIN VDE 0681 Teil 2 bis Teil 4
Teil 2: 1977-03   Schaltstangen
Teil 3: 1977-03   Sicherungszangen
Teil 4: 1986-10   Spannungsprüfer für Wechselspannung
Teil 5: 1985-06   Phasenvergleicher
Teil 6: 1985-06   Spannungsprüfer für Oberleitungsanlagen elektrischer Bahnen 15 kV, 16 2/3 Hz
Teil 7: 1991-03   Spannungsanzeigesysteme (Entwurf ermächtigt zur Verwendung als Grundlage für Konformitätsnachweise)
Teil 8: 1988-05   Isolierende Schutzplatten
Teil 8 A1: 1992-09   Änderung 1 (Entwurf)

Teil 1 von DIN VDE 0681 enthält nur grundsätzliche Festlegungen, die für Schaltstangen, Sicherungszangen und Spannungsprüfer für Wechselspannung mit Nennspannungen über 1 kV bis 380 kV gelten.
Die Teile 2 bis 4 enthalten, bezogen auf die jeweilige Geräteart, eine zusammenfassende Darstellung der für diese Geräteart zu beachtenden Normen. Sie sind nur zusammen mit Teil 1 anwendbar. Ab Teil 5 sind die Folgeteile jeweils in sich geschlossene Normen für die jeweiligen Geräte.

3.1.2 DIN VDE 0682

In diesem Kapitel 3 werden isolierende Arbeitsstangen (mit zugehörigen Arbeitsköpfen) und Spannungsprüfer vorgestellt, so wie sie in DIN VDE 0682 „Geräte und Ausrüstungen zum Arbeiten an unter Spannung stehenden Teilen" genormt sind:
Teil 211: 1992-11   Isolierende Arbeitsstangen und zugehörige Arbeitsköpfe zum Arbeiten unter Spannung über 1 kV (identisch mit IEC 832: 1988)

Teil 411: 1995-12   Arbeiten unter Spannung, Spannungsprüfer. Teil 1: Kapazitive Ausführung für Wechselspannungen über 1 kV (Entwurf, ermächtigt zur Verwendung als Grundlage für Konformitätsnachweise, IEC 1243-1: 1993, modifiziert)

Teil 421: 1992-12   Spannungsprüfer, resistive (ohmsche) Ausführung für Wechselspannungen über 1 kV (Entwurf, identisch mit IEC 78(Sec)60 und IEC 78(Sec)60A)

Die anderen in DIN VDE 0682 genormten (im Abschnitt 1.2.2 aufgeführten) Geräte und Ausrüstungen zum Arbeiten unter Spannung, wie z. B. Handwerkzeuge, Handschuhe, Ärmel, Abdecktücher, Matten, starre Schutzabdeckungen, zweipolige Spannungsprüfer oder Mastsättel, Stangenschellen, Hubarbeitsbühnen werden im Kapitel 2 oder im Kapitel 6 behandelt.

3.2 Allgemeine Festlegungen, Betätigungsstangen – DIN VDE 0681 Teile 1 bis 4

Die **Betätigungsstange** (Bild 3.2 A) ist ein von Hand zu benutzendes Gerät zum Betätigen und Prüfen unter Spannung stehender Teile. Sie besteht im wesentlichen aus

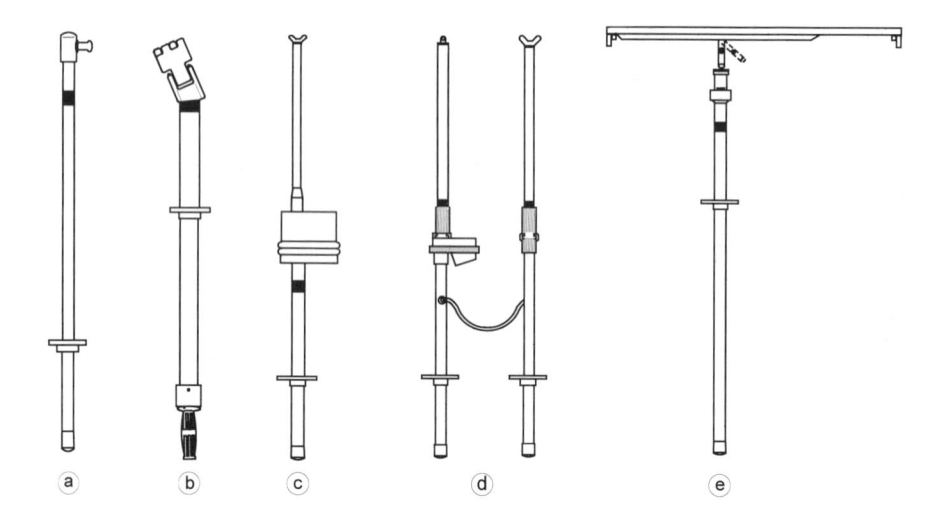

Bild 3.2 A Betätigungsstangen nach DIN VDE 0681
a) Schaltstange
b) Sicherungszange
c) Spannungsprüfer
d) Phasenvergleicher
e) Isolierende Schutzplatte

der Handhabe mit Begrenzungsscheibe, dem Isolierteil (gegebenenfalls mit Verlängerungsteil), der Roten-Ring-Kennzeichnung und dem Arbeitskopf (Bild 3.2.1 C).

3.2.1 Bauformen

Man unterscheidet zwei Bauformen:
- Betätigungsstangen der Bauform „Bei Niederschlägen nicht verwenden!", verwendbar in Innenanlagen und im Freien, jedoch nicht bei Niederschlägen (**Bild 3.2.1 A a** und **Bild 3.2.1 A b**).

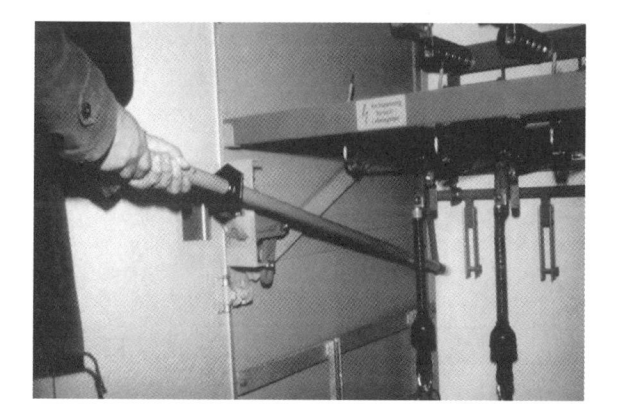

Bild 3.2.1 A a Betätigungsstange der Bauform: „Bei Niederschlägen nicht verwenden!" – Schaltstange

Bild 3.2.1 A b Betätigungsstange der Bauform: „Bei Niederschlägen nicht verwenden!" – Oberteil der Schaltstange mit Rotem Ring und Arbeitskopf

- Betätigungsstangen der Bauform „Auch bei Niederschlägen verwendbar", verwendbar in Innenanlagen und im Freien bei allen Witterungseinflüssen, durch die die Betätigungsstange befeuchtet wird (**Bild 3.2.1 B a** und **Bild 3.2.1 B b**).
Eine Betätigungsstange (**Bild 3.2.1 C**) besteht aus der Handhabe, dem Isolierteil und einem Arbeitskopf.
Der **Arbeitskopf** (**Bild 3.2.1 D a**) ist der Teil der Betätigungsstange, der das Betätigungselement enthält, z. B. Schaltstangenkopf, Anzeigegerät.

Bild 3.2.1 B a Betätigungsstange der Bauform: „Auch bei Niederschlägen verwendbar" – Schaltstange

Bild 3.2.1 B b Betätigungsstange der Bauform: „Auch bei Niederschlägen verwendbar" – Oberteil der Schaltstange mit Rotem Ring, Arbeitskopf und wasserweisendem Schirm

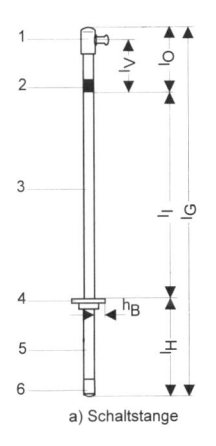

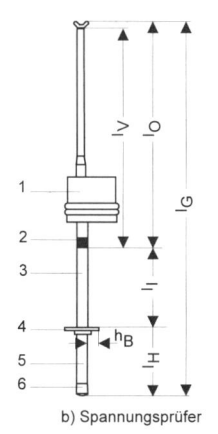

Bild 3.2.1 C Aufbau von Betätigungsstangen
1 Arbeitskopf l_V Länge der Verlängerungsteils
2 Roter Ring l_O Länge des Oberteils
3 Isolierteil mit Länge l_I l_G Gesamtlänge der Betätigungsstange
4 Begrenzungsscheibe mit Höhe h_B
5 Handhabe mit Länge l_H
6 Abschlußteil

Der **Isolierteil** (**Bild 3.2.1 D b**) ist der Teil der Betätigungsstange zwischen Begrenzungsscheibe und Rotem Ring. Er gibt dem Benutzer Schutzabstand und ausreichende Isolation für die sichere Handhabung.

Der **Oberteil** ist der Teil der Betätigungsstange zwischen Isolierteil und dem äußeren Ende des Arbeitskopfs.

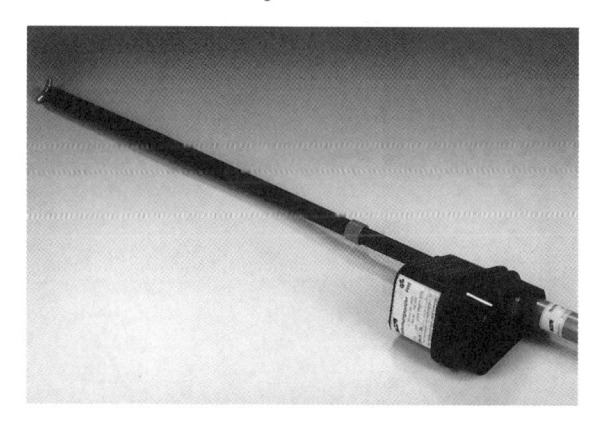

Bild 3.2.1 D a Bestandteile einer Betätigungsstange – Verlängerungsteil

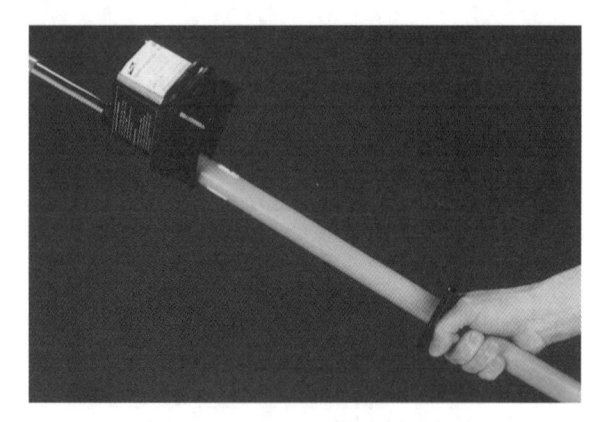

Bild 3.2.1 D b Bestandteile einer Betätigungsstange – Isolierteil

Der **Verlängerungsteil** ist der Teil der Betätigungsstange zwischen Isolierteil und dem Betätigungselement des Arbeitskopfs. Er gestattet, entfernte Anlageteile zu erreichen und den Arbeitskopf an unter Spannung stehenden Anlageteilen vorbeizuführen.
Die **Begrenzungsscheibe (Bild 3.2.1 D c)** bei Betätigungsstangen ist eine deutlich sichtbare und fühlbare Begrenzung der Handhabe zum Isolierteil. Sie soll das Abrutschen oder Übergreifen der Hand von der Handhabe in den Isolierteil verhindern.
Im Aufbau der Betätigungsstangen werden zwei Grundformen unterschieden: einteilige (**Bild 3.2.1 E**) und mehrteilige (**Bild 3.2.1 F**), solche, mit einem fest, also

Bild 3.2.1 D c Bestandteile einer Betätigungsstange – Handhabe

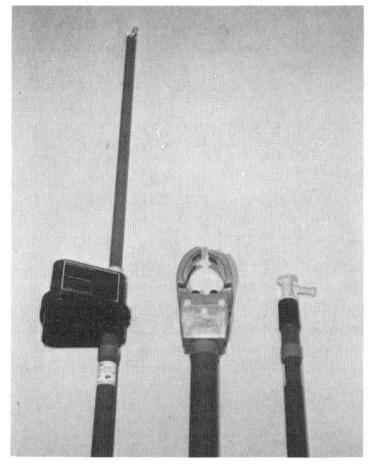

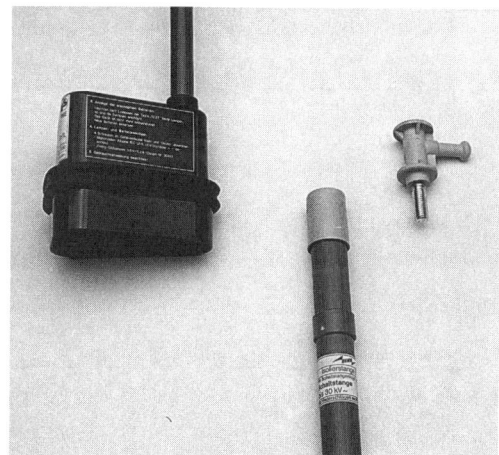

Bild 3.2.1 E Einteilige Betätigungsstangen   **Bild 3.2.1 F** Mehrteilige Betätigungsstangen

unlöslich mit der Stange verbundenen Arbeitskopf und solche, bei denen der Arbeitskopf lösbar und gegebenenfalls gegen andere Arbeitsköpfe austauschbar über eine Kupplung mit der Stange verbunden ist.
In jedem Fall ist aber der Arbeitskopf Bestandteil der Betätigungsstange, und alle mechanischen und elektrischen Anforderungen werden an die gesamte Betätigungsstange, also einschließlich des Arbeitskopfs, oder, wenn die Verwendung mehrerer Arbeitsköpfe vorgesehen ist, an jede der möglichen Kombinationen gestellt.
Weiterhin gibt es Betätigungsstangen, deren Isolierstangen zerlegt werden können.
Betätigungsstangen nach DIN VDE 0681 sind so gebaut und bemessen, daß sie bei bestimmungsgemäßem Gebrauch keine Gefahr für Benutzer oder Anlage bilden.

3.2.2 Anforderungen, Prüfungen

3.2.2.1 Zusammenstellung der wichtigsten Anforderungen

Keine gefährlichen Ableitströme
Der Isolierteil von Betätigungsstangen muß so bemessen sein, daß bei bestimmungsgemäßem Gebrauch keine gefährlichen Ableitströme auftreten. Die Länge des Isolierteils der Betätigungsstange ist somit von der Nennspannung der Anlage, in der sie benutzt werden soll, abhängig.
In **Tabelle 3.2.2.1 A** sind die Mindestlängen für Isolierteile angegeben.
Werden mit dem Oberteil von Betätigungsstangen nach DIN VDE 0681 spannungsführende Anlageteile berührt, so fließen Ableitströme über den Benutzer, die im trockenen Zustand der Stange kleiner als 0,2 mA sind. Bei Niederschlägen (auch

Nennspannung U_n *) kV	Bemessungsspannung U_r kV	Mindestlänge des Isolierteils $l_{l\,min}$ mm
bis 20	24,0	500
30	36,0	525
45	52,0	720
60	72,5	900
110	123,0	1 300
150	170,0	1 750
220	245,0	2 400
380	420,0	3 200
*) Bei Nennspannungen, die außerhalb der hier aufgeführten Vorzugswerte der Nennspannung liegen, ist die der Nennspannung nächsthöhere Bemessungsspannung anzuwenden. Im Grenzfall ist die Nennspannung gleich der Bemessungsspannung.		

Tabelle 3.2.2.1 A Mindestlängen des Isolierteils von Betätigungsstangen

mit niedrigem spezifischen Widerstand, z. B. 10 m) sind die Ableitströme geringer als 0,5 mA.

Hohes Isoliervermögen
Der Isolierteil von Betätigungsstangen muß so bemessen sein, daß bei bestimmungsgemäßem Gebrauch keine Über- oder Durchschläge zum Benutzer hin auftreten können.

Große Überbrückungssicherheit
Die Betätigungsstange muß Sicherheit gegen Über- oder Durchschlag bieten, wenn mit ihrem Oberteil spannungsführende Anlageteile gegeneinander oder gegen Erde ganz oder teilweise überbrückt werden (**Bild 3.2.2.1 A**) oder die Betätigungsstange mit dem Isolierteil auf geerdete Anlageteile aufgelegt wird.

Hohe mechanische Belastbarkeit
Mit Betätigungsstangen muß ein sicheres Arbeiten bei zumutbarem Kraftaufwand möglich sein. Sie müssen den bei bestimmungsgemäßem Gebrauch auftretenden Zug-, Biege- und Verdrehungsbeanspruchungen (z. B. beim Einsatz von Schaltstangen und Sicherungszangen) standhalten. Außerdem müssen sie den beim Transport auftretenden Rüttelbeanspruchungen gewachsen sein.

Übersichtlicher Aufbau, eindeutige Aufschriften
Auf der Handhabe, angrenzend an den Isolierteil, muß eine mindestens 20 mm hohe, nicht verschiebbare Begrenzungsscheibe angebracht sein. Auf dem Isolierteil muß in Richtung Arbeitskopf anschließend ein Roter Ring von etwa 20 mm Breite dauerhaft, unverschiebbar und für die Benutzer beim Gebrauch deutlich erkennbar angebracht sein. Außerdem dürfen innerhalb der Mindestlänge ($l_{l\,min}$) des Isolier-

Bild 3.2.2.1 A Oberteil des Spannungsprüfers überbrückt Anlagenteile verschiedenen Potentials

teils nur auf einer Strecke von 200 mm, vom Roten Ring aus in Richtung Handhabe gemessen, leitende Bauteile vorhanden sein, sofern sie nach außen isoliert sind.
An der Oberfläche des Isolierteils dürfen sich nur leitende Bauteile von insgesamt 2 % der Mindestlänge des Isolierteils befinden.
Hohle Betätigungsstangen müssen allseitig verschlossen sein; ausgenommen sind Öffnungen zur Vermeidung von Kondenswasseransammlungen. Der Isolierteil von Betätigungsstangen der Bauform „Auch bei Niederschlägen verwendbar" muß aus massiven oder schaumgefüllten Stangen bestehen.
Außen liegende elektrische Leitungen oder Anschlußmöglichkeiten für solche Leitungen sind an Betätigungsstangen verboten (Ausnahmen: zweipolige Spannungsprüfer, siehe Abschnitt 3.6, und Phasenvergleicher, siehe Abschnitt 3.10).

Auf Betätigungsstangen müssen mindestens folgende Aufschriften angebracht sein (**Bild 3.2.2.1 B**):
- Herkunftszeichen (Name oder Warenzeichen des Herstellers),
- Angabe der Nennspannung bzw. der Nennspannungen oder des Nennspannungsbereichs und der Spannungsart, in Form der Kennzeichnung nach DIN 48699,
- „Bei Niederschlägen nicht verwenden!" oder „Auch bei Niederschlagen verwendbar",
- „Nur für Netze mit wirksamer Sternpunkterdung" hinter der Spannungsangabe bei Betätigungsstangen zur ausschließlichen Verwendung in Netzen mit wirksamer Sternpunkterdung (starr geerdete Netze) über 110 kV Nennspannung,
- Kennzeichnung an zusammensetzbaren, ausziehbaren oder klappbaren Betätigungsstangen durch Schilder oder Markierungen, so daß der richtige Zusammenbau eindeutig erkennbar ist.

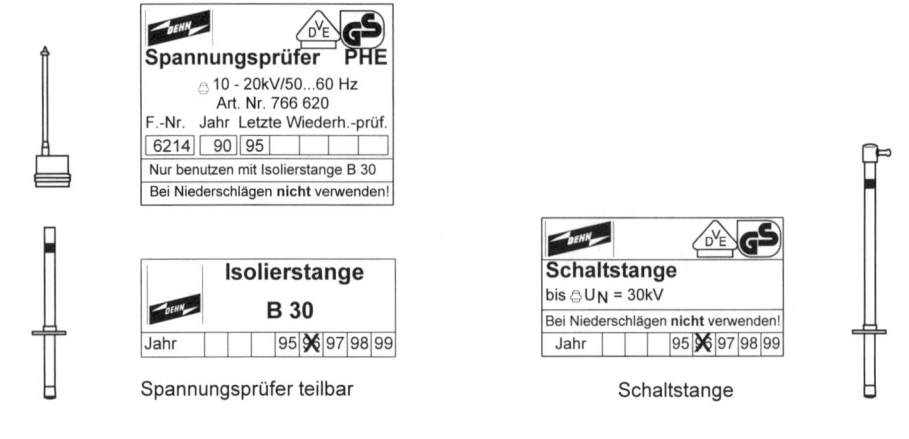

Bild 3.2.2.1 B Aufschriften von Betätigungsstangen

Bei Spannungsprüfern muß zusätzlich angegeben sein:
- Baujahr,
- Typenbezeichnung,
- Fertigungsnummer,
- Wiederholungsprüfung (Datum).

3.2.2.2 Zusammenstellung der wichtigsten Prüfungen

Der Hersteller von Betätigungsstangen muß die Fertigung durch Typ-, Stichproben- und Stückprüfungen sowohl an Probestücken als auch an fertigen Geräten überwachen. Die durchzuführenden Prüfungen sind nach Art, Reihenfolge und Umfang der **Tabelle 3.2.2.2 A** zu entnehmen.

Elektrische Prüfung der Isolierstoffe
Bereits das Ausgangsmaterial der Isolierstoffe wird kontrolliert. Aus Rohren, Stangen und Formteilen werden im Anlieferungszustand Probestücke entnommen, und diese werden nach Wasserlagerung elektrischen Prüfungen unterworfen.

Mechanische Prüfungen
Je nach den in der Praxis auftretenden mechanischen Beanspruchungen bei Schaltstangen, Sicherungszangen und Spannungsprüfern werden diese Geräte auf Zug, Durchbiegung und Verdrehung geprüft. Ob ein sicheres Arbeiten bei zumutbarem Kraftaufwand möglich ist, wird in der Prüfung auf Griffkraft kontrolliert.

Kenn-zahl	Prüfling	Art der Prüfungen	Prüfumfang nach Bauform	
			„Bei Niederschlägen nicht verwenden!"	„Auch bei Niederschlägen verwendbar"
1	Probestück	elektrische Prüfung der Isolierstoffe	Typ- und Stichprobenprüfung	Typ- und Stichprobenprüfung
2	fertiges Gerät	Prüfung des Aufbaus, der Masse, des Zusammenbaus, der Aufschriften und der Gebrauchsanweisung	Typ- und Stückprüfung	Typ- und Stückprüfung
3		Prüfung auf Zug	Typ- und Stichprobenprüfung	Typ- und Stichprobenprüfung
4		Prüfung der Griffkraft	Typprüfung	Typprüfung
5		Prüfung auf Durchbiegung	Typprüfung	Typprüfung
6		Prüfung auf Verdrehung	Typ und Stichprobenprüfung	Typ- und Stichprobenprüfung
7		Prüfung auf Ableitstrom	Typ- und Stückprüfung	Typ- und Stückprüfung
8		Prüfung auf Isoliervermögen	Typprüfung	Typ- und Stichprobenprüfung
9		Prüfung auf Überbrückungssicherheits	Typprüfung	Typprüfung

Tabelle 3.2.2.2 A Zusammenstellung der Prüfungen und des Prüfumfangs an Betätigungsstangen

Elektrische Prüfungen an fertigen Geräten
Allen elektrischen Prüfungen bezüglich der Spannungsfestigkeit ist die Bemessungsspannung U_r zugrunde gelegt (Tabelle 3.2.2.1 A).

Prüfung auf Ableitstrom
In dieser Prüfung wird kontrolliert, ob der Isolierteil von Betätigungsstangen so bemessen ist, daß bei bestimmungsgemäßem Gebrauch keine gefährlichen Ableitströme auftreten können. Die Betätigungsstange wird im Prüfaufbau entsprechend **Bild 3.2.2.2 A** getestet.
Bei der Prüfspannung von $1,2 \cdot U_r$ darf während 1 min der Ableitstrom über die trockene Stange nicht größer als 0,2 mA werden. Für Betätigungsstangen der Bauform „Auch bei Niederschlägen verwendbar" wird diese Prüfung auch unter Beregnung durchgeführt. Der Regen hat dabei einen spezifischen Widerstand von 10 Ωm. Nach einer Vorberegnung über 5 min wird die Prüfspannung $1,2 \cdot U_r$ angelegt, und in der Lage des größten Ableitstroms darf dieser unter Weiterberegnung über 1 min nicht größer als 0,5 mA werden.

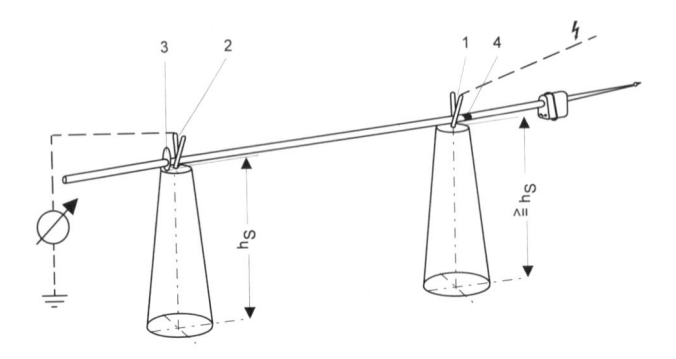

Bild 3.2.2.2 A Aufbau der Prüfung auf Ableitstrom
1   Hochspannungselektrode
2   Erdelektrode
3   Begrenzungsscheibe
4   Roter Ring
h_S Höhe des Isolierteils des Stützers ≥ 800 mm

Prüfung auf Isoliervermögen
In dieser Prüfung wird kontrolliert, ob der Isolierteil so bemessen ist, daß bei bestimmungsgemäßem Gebrauch keine Über- oder Durchschläge zum Benutzer hin auftreten. Es wird ebenfalls der Prüfaufbau nach Bild 3.2.2.2 A verwendet.
Die Prüfspannung wird in Abhängigkeit von der Bemessungsspannung U_r (z. B. beträgt bei U_r = 123 kV die Prüfspannung 230 kV) im trockenen Zustand für 1 min angelegt. Die Prüfung gilt als bestanden, wenn kein Überschlag auftritt und keine bleibenden Entladungsspuren an der Betätigungsstange erkennbar sind, ausgenommen solche, die das Isoliervermögen offensichtlich nicht mindern.
Auch hier wird bei Betätigungsstangen, die auch bei Niederschlägen verwendet werden dürfen, eine Prüfung unter Beregnung durchgeführt (**Bild 3.2.2.2 B**): Bei einer Prüfspannung 1,5 · U_r dürfen nach 5 min Vorberegnungszeit bei 1 min Weiterberegnung kein Überschlag und keine bleibenden Entladungsspuren, die das Isolationsvermögen mindern, auftreten.

Prüfung auf Überbrückungssicherheit
Im Prüfaufbau wird nach **Bild 3.2.2.2 C a** kontrolliert, ob das Oberteil der Betätigungsstange überbrückungssicher ist.
Das Maß a_1 für den Engstellenabstand der Schienen ist in der **Tabelle 3.2.2.2 B** entsprechend der Bemessungsspannung U_r sowohl für die Prüfung im trockenen Zustand (**Bild 3.2.2.2 C b** und **Bild 3.2.2.2 C c**) als auch für die Prüfung unter Beregnung (**Bild 3.2.2.2 D**) angegeben. Das Maß a_2 wird wie folgt ermittelt:

Bild 3.2.2.2 B Prüfung auf Isoliervermögen unter Beregnung (zum Vergleich: links eine Betätigungsstange der Bauform „Bei Niederschlägen nicht verwendbar!", rechts eine Betätigungsstange der Bauform „Auch bei Niederschlägen verwendbar")

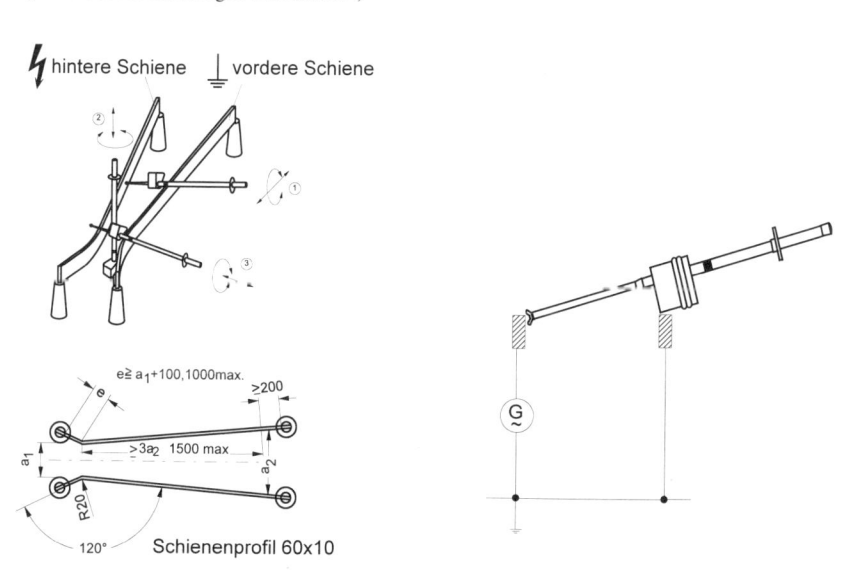

Bild 3.2.2.2 C a Prüfung auf Überbrückungssicherheit: Prüfaufbau mit Schienen

Bild 3.2.2.2 C b Prüfung auf Überbrückungssicherheit: Prüfung von der Engstelle der Schienen (a_1) bis zum Schienenabstand a_2 (Prüfung der Überbrückungssicherheit über den Roten Ring hinaus)

Bild 3.2.2.2 C c Prüfung auf Überbrückungssicherheit: Prüfung von der Engstelle der Schienen (a_1) bis zum Schienenabstand a_2 (Prüfung der Überbrückungssicherheit über den Roten Ring hinaus)

Bild 3.2.2.2 D Abschnittsweise Prüfung auf Überbrückungssicherheit unter Beregnung

1	2	3	4
Bemessungs-spannung U_r kV	Engstellenabstand a_1 für Prüfung		Bemerkung
	im trockenen Zustand mm[*)]	unter Beregnung mm[**)]	
bis 7,2	50	150	für Betätigungsstangen zur Verwendung in allen Netzen bis 110 kV Nennspannung
12,0	60	150	
24,0	115	215	
36,0	180	325	
52,0	240	520	
72,5	330	700	
123,0	650	1 100	
170	1 350	1 350	zur Verwendung in Netzen über 110 kV Nennspannung mit wirksam geerdetem Sternpunkt[***)]
245	1 850	1 850	
420	2 900	2 900	
170	1 550	1 550	zur Verwendung in Netzen über 110 kV Nennspannung mit nicht wirksam geerdetem Sternpunkt[***)]
245	2 200	2 200	

[*)] Die Abstände in Spalte 2 entsprechen über 123 kV DIN VDE 0101/11.80, Tabelle 5
[**)] Die Abstände in Spalte 3 entsprechen DIN VDE 0101/11.80, Tabelle 5. Bis 36 kV Bemessungsspannung sind die nicht herabgesetzten Werte für Freiluft zugrundegelegt.
[***)] Wirksam geerdeter Sternpunkt entspricht Erdfehlerfaktor < 1,4. Nicht wirksam geerdeter Sternpunkt entspricht Erdfehlerfaktor > 1,4.

Tabelle 3.2.2.2 B Engstellenabstände a_1 für die Prüfung der Überbrückungssicherheit

$a_2 = a_1 + l_0 + l_I - l_{Imin} + 200$, alle Maße in mm,

(l_0 und l_I siehe Bild 3.2.1 C, l_{Imin} aus Tabelle 3.2.2.1 A).

3.2.3 Anwendungshinweise

Betätigungsstangen mit der Aufschrift „Bei Niederschlägen nicht verwenden!" dürfen in Innenanlagen und im Freien, jedoch nicht bei Niederschlägen, verwendet werden, also auch nicht in Nebel. Betätigungsstangen mit der Aufschrift „Auch bei Niederschlägen verwendbar!" dürfen in Innenanlagen und im Freien bei allen Witterungseinflüssen, durch die die Betätigungsstange befeuchtet wird (z. B. Regen, Schnee, Nebel oder Tau), verwendet werden. Bei Benutzung dieser Betätigungsstangen bei Niederschlägen ist aber zu beachten, daß die Spannung höchstens für die Dauer von 1 min anstehen darf. Diese Zeit genügt im allgemeinen für das Betätigen eines Schaltgeräts, für das Auswechseln einer Sicherung und für das Prüfen auf Spannungsfreiheit.

Betätigungsstangen dürfen nur bei der angegebenen Nennspannung oder dem angegebenen Nennspannungsbereich verwendet werden. Nicht nur ihr Einsatz in Anla-

Bild 3.2.3 A Einsatz eines Spannungsprüfers in einer typgeprüften Schaltanlage

gen höherer Spannung ist gefährlich, auch in Anlagen kleinerer Nennspannung kann durch die kleineren Abstände die Überbrückungssicherheit nicht mehr gegeben sein.

Betätigungsstangen nach DIN VDE 0681 sind nur bedingt in fabrikfertigen (typgeprüften) Anlagen einsetzbar (**Bild 3.2.3 A**).
In solchen Anlagen mit kleinstmöglichen Abständen könnte das Hereinführen eines Gegenstands, selbst wenn er ein Isolator ist, zum Überschlag führen. Daher wird gefordert, daß sich der Benutzer der Betätigungsstange bzw. der Betreiber der Schaltanlage beim Hersteller seiner fabrikfertigen Anlage erkundigt, ob, wo und welche Betätigungsstangen eingesetzt werden dürfen (**Tabelle 3.2.3 A**).

Wiederholt wird die Frage gestellt, ob bei fabrikfertigen Schaltanlagen mit schmalen Bedienungsgängen Betätigungsstangen mit kürzeren Isolierteilen, als in DIN VDE 0681 Teil 1 gefordert, eingesetzt werden dürfen.
Das ist aus folgendem Grund nicht zulässig: Der Isolierteil hat sowohl die Aufgabe, den Benutzer durch seine Isolation vor gefährlichen Ableitströmen zu schützen als auch ihm durch seine Länge den notwendigen Schutzabstand gegen Berühren unter Spannung stehender Teile zu geben. Dieser Schutzabstand ist unabhängig von der Bauweise der Anlage notwendig, denn beim Hantieren mit Betätigungsstangen steht

Schaltanlage/ Fabrikat	Typ	Nennspannungen U_N	geeignete Spannungsprüfer
ABB	BA-/BB-Systeme, BAX-Systeme, BD-Systeme	10 ... 30 kV	PHE, PHG II und PHV
	BC-Systeme		PHE (Ausführungen N) und PHG II
AEG	GS 10, GSD 10, GSH 10	10 ... 30 kV	PHE, PHG II und PHV
Calor Emag	ZE3/4, ZE7/8, ZK4/5, ZK8 L7.6, ZS 1	10 ... 30 kV	PHE, PHG II und PHV
	ZW1		PHE (Ausführungen N)
	Isopond	10 kV	PHE mit Prüfsonde Art.-Nr. 766 916
Concordia Sprecher + Schuh	PN 304, PN 306	10 ... 20 kV	PHE, PHG II und PHV
Driescher	Mipak, Minor, Minex, RKL, ZLDT, TSL, TSLG, FT600, FT750, FL, FK600, FK750, SK400, BS600, HS24, LDTC	10 ... 20 kV	PHE, PHG II und PHV bzw. PHE-Prüfsonde Art.-Nr. 766 916 oder PHV-Spitzen Art.-Nr. 759 111 bei Typ Mipak
	W600, W750, F600, KS400/475 D600, BS 600, D1200, A, B, C, E	10 ... 30 kV	PHE, PHG II und PHV
Eimers (Hamminkeln)	EKS 10 N...	10 kV	PHE, PHG II und PHV
F & G	HGKN, EA, MA, KE, EF, WA, K-HGK	10 ... 20 kV	PHE, PHG II und PHV
Holec-Hazemeyer	Magnefix, MD4, MF und MY	10 kV	PHE und Prüfsonde Art.-Nr. 766 919
Pfisterer	MAG	10 kV	PHE mit Prüfspitze P2/10
Klöpper	KMG	10 ... 20 kV	PHE, PHG II und PHV
Krone	KH10, KHS10d, KHS10dp, KHS17I, KHS17II, KHS20, KHS30	10 ... 30 kV	PHE, PHG II und PHV
	KES10		PHE mit Prüfsonde Art.-Nr. 766 919 PHV mit Prüfspitzen Art.-Nr. 759 111
Miebach	AS, HUK, TE, TSE, DSS, ASR	10 ... 20 kV	PHE, PHG II und PHV
Ritter	GT1, GT3	6 ... 30 kV	PHE, PHG II und PHV
Sachsenwerk/AEG	FK (A, C, E, F), WZK, FRA, WK (A, B, C, E), WDS, R, WBA, FC	6 ... 30 kV	PHE, PHG II und PHV
Siemens Bei Anlagen mit Leistungsschalter muß zum Prüfen der Leistungsschalter herausgefahren werden.	8 BD, 8 CK	6 ... 30 kV	PHE mit abgeänderter Tastelektrode (8 BD: Art.-Nr. 076 153, 8 CK: Art.-Nr. 076 339) PHG II und PHV auf Anfrage
	8 BK 20, 8 BJ 20, 8 BK 30, 8 AA 10	6 ... 20 kV	PHE, PHG II und PHV
Wickmann	DZ-Schaltschrank	20 kV	PHE, PHG II und PHV
Ziegler	AZ-Zellen	10 ... 20 kV	PHE, PHG II und PHV

Tabelle 3.2.3 A Verwendungsmöglichkeiten von Betätigungsstangen der Firma Dehn in typgeprüften fabrikfertigen Schaltanlagen

der Mensch meist vor ungeschützten Anlageteilen, z. B. ist die Tür der Anlage offen, oder der Schaltwagen ist ausgefahren (Bild 3.2.3 A).

Betätigungsstangen nur zur Verwendung in Netzen über 110 kV Wechselspannung mit wirksam geerdeten Sternpunkten sind besonders gekennzeichnet, da hierfür die Prüfspannungen niedriger angesetzt sind.

3.2.4 Aufbewahrung, Pflege, Vorbehandlung

Betätigungsstangen nach DIN VDE 0681 werden im Neuzustand vom Hersteller geprüft. Da mit diesen Stangen aber direkt an Spannung gearbeitet wird, sind der Aufbewahrung und der Pflege besondere Beachtung zu schenken.
Von den Herstellern werden meist Behälter für die Aufbewahrung von Betätigungsstangen angeboten, und in den Gebrauchsanweisungen findet man Hinweise zur Pflege und gegebenenfalls zur Vorbehandlung. Besonders Betätigungsstangen der Bauform „Auch bei Niederschlägen verwendbar" bedürfen je nach Fabrikat mitunter einer speziellen Vorbehandlung, z. B. Einreiben mit Silikonpaste. Die Bilder verdeutlichen den Sachverhalt.

Bild 3.2.4 A zeigt einen Wassertropfen auf der Oberfläche einer durchaus hochwertigen Betätigungsstange, die aber ohne Vorbehandlung nicht bei Niederschlägen eingesetzt werden darf: Tropfen laufen pfützenartig auseinander, und man kann sich leicht vorstellen, daß bei gleichmäßigem Regen schnell eine durchgehende Wasserbahn entstehen würde, die dann zum Überschlag führen könnte.
Anders sieht es bei der im **Bild 3.2.4 B** gezeigten Silikonelastomeroberfläche aus: Die Wassertropfen nehmen nahezu Kugelform an und lassen sich leicht abschütteln;

Bild 3.2.4 A Wassertropfen auf der Oberfläche einer Betätigungsstange aus Epoxydharz

Bild 3.2.4 B Wassertropfen auf der Oberfläche einer Betätigungsstange mit Silikonelastomeroberfläche

ein durchgehender Wasserfaden kann sich auch bei starkem Regen kaum ausbilden. Stangenoberflächen aus diesem Material brauchen nicht vorbehandelt zu werden. Vor dem Verwenden einer Betätigungsstange muß sich der Benutzer von deren einwandfreiem Zustand überzeugen.

Für eine Reihe von Eigenschaften, die für die Gebrauchssicherheit besonders wichtig sind, sind Wiederholungsprüfungen festgelegt (siehe Abschnitt 6.2). Ob und mit welchen Fristen diese Wiederholungsprüfungen durchzuführen sind, wird von Unfallverhütungsvorschriften und Betriebsbestimmungen festgelegt oder liegt im Er-

Bild 3.2.4 C Querschnitt durch eine wartungsfreie Betätigungsstange der Bauform „Auch bei Niederschlägen verwendbar"

messen des Anwenders. Die Beanspruchung der Betätigungsstangen in der Praxis ist außerordentlich: z. B. können Betätigungsstangen, die geschlossenen Schaltanlagen zugeordnet sind und wenig benutzt werden, nach Jahren noch neuwertig sein. Betätigungsstangen hingegen, die täglich bei allen Witterungen benutzt werden, werden sehr schnell verschlissen sein. Diese Überlegungen haben in der Praxis zu nahezu wartungsfreien Isolierstangen für Betätigungsstangen der Bauform „Auch bei Niederschlägen verwendbar" geführt, die etwa wie im **Bild 3.2.4 C** gezeigt aufgebaut sind:

- Das Stangeninnere ist mit Polyurethan dicht ausgeschäumt – der Schaum haftet auch bei starker Biegebeanspruchung oder bei Temperaturschwankung fest an der Rohrinnenwand – Schmutz und Feuchtigkeit können in das Stangeninnere also nicht eindringen.
- Außen wird die Stange von einem wasserabweisenden Silikonelastomer-Mantel umhüllt, auf den Schirme aufgebracht sind.

3.2.5 Isolierstangen und isolierende Arbeitsstangen

3.2.5.1 Isolierstangen
 – DIN VDE 0105 Teil 1

Isolierstangen sind nach DIN VDE 0105 Teil 1/07.83, Abschnitt 2.6.3, Stangen, deren Handhabe und Isolierteil DIN VDE 0681 Teil 1 entsprechen. An ihnen können Arbeitsköpfe in Form von Werkzeugen, Isolierenden Schutzplatten, Abschrankvorrichtungen oder Prüfgeräten angebracht werden. Diese Arbeitsköpfe brauchen im Unterschied zu Arbeitsköpfen von Betätigungsstangen **nicht überbrückungssicher** zu sein.

3.2.5.2 Isolierende Arbeitsstangen
 – DIN VDE 0682 Teil 211

Isolierende Arbeitsstangen sind Arbeitsstangen und zugehörige Arbeitsköpfe zum Arbeiten unter Spannung über 1 kV, sie sind in DIN VDE 0682 Teil 211: 1992-11 (identisch mit IEC 832: 1988) genormt.
Es werden dort Arbeitsstangen mit fest montierten Kupplungsteilen und eine große Anzahl von Arbeitsköpfen beschrieben. Solche Arbeitsköpfe können z. B. Universalzange, Ölkanne, Leiterseil-Reinigungsbürsten, Splint-Zieher und -Setzer oder Bügelsägen sein. Die Unfallverhütungsvorschrift VBG 4: 1979-04 (siehe Kapitel 1) gestattet Arbeiten an unter Spannung stehenden Teilen über 1 kV unter Berücksichtigung der notwendigen Sicherheitsmaßnahmen. Auf dieser Grundlage wurden in DIN VDE 0105 Teil 1: 1983-07 (im Abschnitt 12.4 i) dafür unter der Bezeichnung „sonstige Arbeiten" entsprechende Festlegungen getroffen. DIN VDE 0682 Teil 211:1992-11 (identisch mit IEC 832: 1988) enthält Anforderungen und Prüfungen für isolierende Arbeitsstangen und zugehörige Arbeitsköpfe, die für diese „sonsti-

gen Arbeiten" an unter Spannung stehenden Teilen mit Nennspannungen über 1 kV verwendet werden können – im Ausland sind diese „sonstigen Arbeiten" an unter Spannung stehenden elektrischen Anlageteilen seit vielen Jahren zugelassen und werden von speziell ausgebildeten Elektrofachkräften und elektrotechnisch unterwiesenen Personen (siehe E DIN EN 50110-1 (VDE 0105 Teil 1): 1995-02, Abschnitt 7.3.2) auch angewendet (siehe auch Kapitel 7).

3.2.5.3 Anwendungshinweise

Beim Arbeiten mit Isolierstangen oder isolierenden Arbeitsstangen mit nicht überbrückungssicheren Arbeitsköpfen ist nicht nur auf einen sicheren Standort (wobei der Benutzer so weit von unter Spannung stehenden Teilen entfernt sein muß, daß er durch diese nicht gefährdet wird) zu achten, sondern es ist darüber hinaus Überbrückungsgefahr zu vermeiden.
Zum Feststellen der Spannungsfreiheit an der Arbeitsstelle von Freileitungen mit Nennspannungen über 1 kV ist nach DIN VDE 0105 Teil 1: 1983-07 auch das Heranführen von Erdungsseilen mit einem Mindestquerschnitt von 25 mm^2 Kupfer mit Hilfe von Isolierstangen zulässig. Weiterhin ist das Abklopfen von Rauhreif mit Hilfe von geeigneten Isolierstangen erlaubt. Isolierstangen dürfen beim Benutzen nur an der Handhabe gefaßt werden.

3.3 Schaltstangen – DIN VDE 0681 Teil 2

Die Schaltstange (**Bild 3.3 A**) ist eine Betätigungsstange, deren Arbeitskopf ein Schaltstangenkopf ist. In DIN VDE 0681 Teil 2: 1970-03 sind die Maße des Betätigungsbolzens (des Schaltstangenkopfes) festgelegt (**Bild 3.3 B**).

Bild 3.3 A Schaltstange

Maße des Betätigungsbolzens

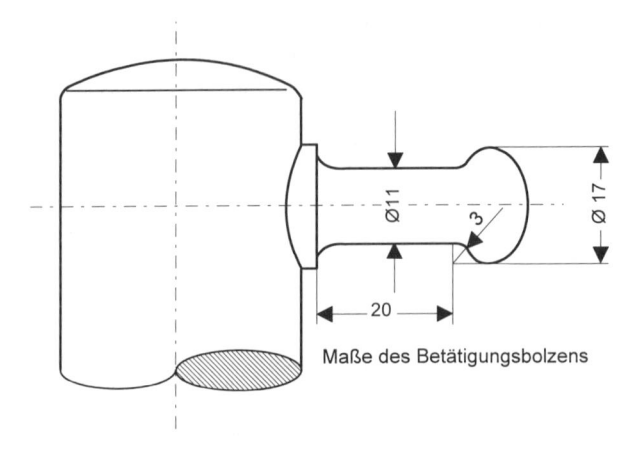

Bild 3.3 B Kopf einer Schaltstange

An diesen Betätigungsbolzen werden besondere Anforderungen hinsichtlich der Zugfestigkeit gestellt. Die Prüfkraft, die 1 min gehalten werden muß, beträgt 1500 N.

3.4 Sicherungszangen – DIN VDE 0681 Teil 3

Die Sicherungszange (**Bild 3.4 A a** und **Bild 3.4 A b**) ist eine Betätigungsstange, deren Arbeitskopf zum Einsetzen und Herausnehmen von Hochspannungs-Hochleistungs-Sicherungen (HH-Sicherungen) geeignet ist.
Zusätzlich zu DIN VDE 0681 Teil 1 werden im Teil 3: 1977-03 folgende Anforderungen an Sicherungszangen (**Bild 3.4 B**) gestellt:
- Sicherungszangen müssen einschenklig sein,
- sie dürfen mit Ausnahme des Arbeitskopfs nicht zerlegbar, ausziehbar oder klappbar sein,
- die Einspannvorrichtung muß von der Handhabe aus betätigt werden können.

Der Gebrauchsanweisung ist zu entnehmen, welcher kleinste und welcher größte Durchmesser der Sicherung vom Arbeitskopf (**Bild 3.4 C**) noch sicher gehalten werden kann und bis zu welchem Gewicht der HH-Sicherung die Sicherungszange benutzt werden darf.

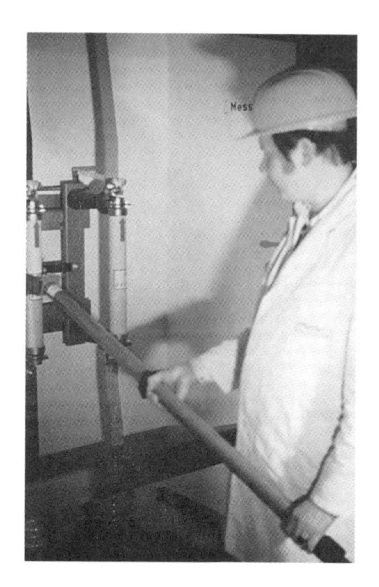

Bild 3.4 A a Sicherungszange im Einsatz: Betätigung der Einspannvorrichtung von der Handhabe aus

Bild 3.4 A b Sicherungszange im Einsatz: Arbeitskopf (Einspannvorrichtung)

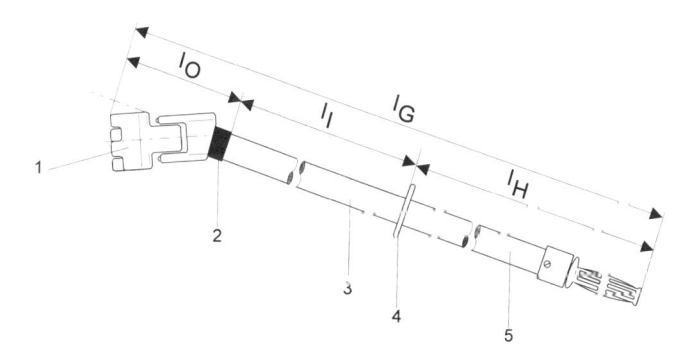

Bild 3.4 B Sicherungszange
1 Arbeitskopf
2 Roter Ring
3 Isolierteil mit Länge l_I
4 Begrenzungsscheibe
5 Handhabe mit Länge l_H

l_O Länge des Oberteils
l_G Gesamtlänge

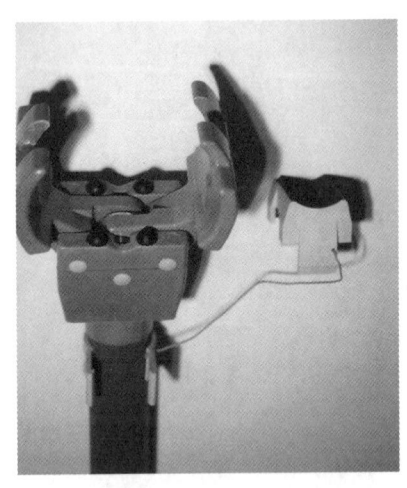

Bild 3.4 C Arbeitskopf für HH-Sicherungsdurchmesser 50 mm bis 90 mm, dessen Klemmenbereich mit dem (rechts gezeigten) aufsteckbaren Einsatz auf 30 mm bis 90 mm erweitert werden kann

3.5 Spannungsprüfer für Wechselspannung – DIN VDE 0681 Teil 4 und solche nach E DIN VDE 0682 Teil 411 (IEC 1243-1, modifiziert)

3.5.1 Spannungsprüfer – DIN VDE 0681 Teil 4

Diese Spannungsprüfer für Wechselspannung müssen nach DIN VDE 0681 Teil 1: 1986-10 und Teil 4: 1986-10 gebaut und geprüft werden.

3.5.1.1 Kennzeichen

Der Spannungsprüfer (**Bild 3.5.1.1 A**) ist eine einpolig an den zu prüfenden Anlageteil anzulegende Betätigungsstange, deren Arbeitskopf ein Anzeigegerät ist und mit dem festgestellt werden kann, ob Anlageteile unter Betriebsspannung stehen oder nicht.
Anmerkung: Zweipolig anzulegende Prüfgeräte (mit Nennspannungen über 1 kV) gibt es als Spannungsprüfer nach E DIN VDE 0682 Teil 421: 1992-12 (siehe Abschnitt 3.5.2) und als Phasenvergleicher nach DIN VDE 0681 Teil 5: 1995-06 (siehe Abschnitt 3.10).
Die Prüfelektrode (**Bild 3.5.1.1 B**) ist der Teil des Anzeigegeräts, der bei Gebrauch des Spannungsprüfers an den zu prüfenden Anlageteil angelegt wird. Sie ist das Betätigungselement des Spannungsprüfers.

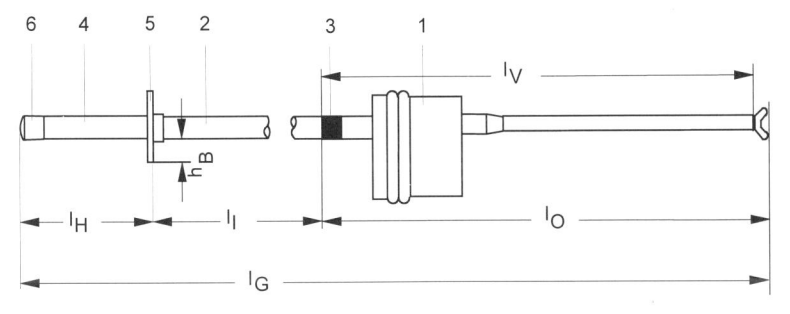

Bild 3.5.1.1 A Aufbau des Spannungsprüfers PHE
1 Anzeigegerät
2 Isolierteil mit der Länge l_I
3 Roter Ring
4 Handhabe mit der Länge l_H
5 Begrenzungsscheibe mit der Höhe h_B
6 Abschlußteil

l_V Länge des Verlängerungsteils
l_O Länge der Oberteils
l_G Gesamtlänge des Spannungsprüfers

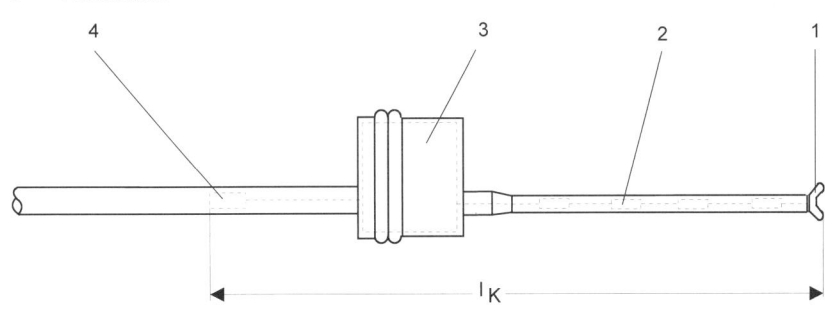

Bild 3.5.1.1 B Anzeigegerät eines Spannungsprüfers
1 Prüfelektrode
2 vorgeschaltete Impedanz
3 signalverarbeitende Schaltung mit Anzeige
4 nachgeschaltete Impedanz
l_K Länge des Anzeigegeräts

Das Anzeigegerät (**Bild 3.5.1.1 C**) ist der Teil des Spannungsprüfers, der den Spannungszustand erfaßt und anzeigt. Der Verlängerungsteil gestattet, den Einfluß von Störfeldern auf die Anzeige auszuschalten.

Drei Spannungsprüfer-Bauformen werden unterschieden:
- Spannungsprüfer „Nur in Innenanlagen verwenden!" (**Bild 3.5.1.1 D a**):
  Verwendbar in Innenanlagen mit Beleuchtungsstärken bis 1 000 lx.
- Spannungsprüfer „Bei Niederschlägen nicht verwenden!" (**Bild 3.5.1.1 D b**):
  Verwendbar in Innenanlagen und im Freien, jedoch nicht bei Niederschlägen.

Bild 3.5.1.1 C Anzeigegeräte von Spannungsprüfern

Bild 3.5.1.1 D a Spannungsprüfer nach DIN VDE 0681
Teile 1 und 4: Bauform „Nur in Innenanlagen verwenden!"

Bild 3.5.1.1 D b Spannungsprüfer nach DIN VDE 0681
Teile 1 und 4: Bauform „Bei Niederschlägen nicht verwenden!"

- Spannungsprüfer „Auch bei Niederschlägen verwendbar" (**Bild 3.5.1.1 D c**):
Verwendbar in Innenanlagen und im Freien bei allen Witterungseinflüssen, durch die der Spannungsprüfer befeuchtet wird.
Ein Spannungsprüfer muß wesentlich härtere Anforderungen als die übrigen Betätigungsstangen erfüllen, da er ein vergleichsweise komplexes Gerät ist (**Bild 3.5.1,1 E**):
- er ist ein **Meßinstrument** mit eindeutiger Ja/Nein-Aussage,
- er ist ein **Sender**, der das Meßergebnis über einige Meter zu übertragen hat,
- er ist ein **Betriebsisolator**, der gegen Überschläge infolge Überbrückung bei jedem Wetter gefeit sein muß, und
- er ist ein **Schutzisolator**, der den Benutzer vor gefährlichen Ableitströmen schützen muß.

Weiterhin ist er ein Werkzeug, das einfach und handlich sein soll. Er muß seine Zuverlässigkeit bei Straßentransport, bei Temperaturwechsel und bei unvermeidlichen Stößen behalten.

Entsprechend hart sind die Anforderungen an Spannungsprüfer in DIN VDE 0681 Teil 4:1986-10 formuliert, und entsprechend hart sind auch die Prüfungen, mit deren Bestehen die Erfüllung dieser Anforderungen nachgewiesen werden muß. Im folgenden werden die wichtigsten Merkmale der Spannungsprüfer nach DIN VDE 0681 Teil 4:1986-10 anhand der Anforderungen, die sie erfüllen, beschrieben.

Bild 3.5.1.1 D c Spannungsprüfer nach DIN VDE 0681 Teile 1 und 4: Bauform „Auch bei Niederschlägen verwendbar"

Bild 3.5.1.1 E Prüfen auf Spannungsfreiheit an der Oberleitungsanlage einer elektrischen Bahn (Gesamtlänge des Spannungsprüfers: 4,8 m)

Eindeutige Anzeige und zweifelsfreie Wahrnehmbarkeit

Die eindeutige Anzeige „Spannung vorhanden" ist sichergestellt, wenn die Leiter-Erd-Spannung des zu prüfenden Anlageteils bei Spannungsprüfern zum Einsatz in Drehstromanlagen mindestens 40 %, bei Spannungsprüfern zum Einsatz in einseitig geerdeten Einphasenanlagen mindestens 70 % und bei Spannungsprüfern zum Einsatz an mittig geerdeten Einphasenanlagen mindestens 35 % der Nennspannung des Spannungsprüfers beträgt.

Fremdspannungen, die auf dem zu prüfenden Anlageteil auf vielfältige Weise influenziert oder induziert werden können, werden nicht angezeigt (**Bild 3.5.1.1 F**).

Desgleichen werden **Gleichspannungen** nicht angezeigt, die auf Kabeln oder anderen kapazitiven Betriebsmitteln nach dem Freischalten bestehen bleiben.

Gegenphasige Störfelder (also Feldverstärkungen) treten z. B. an freigeschalteten Anlageteilen in der Nachbarschaft unter Spannung stehender Teile auf. Dies ist z. B. an offenen Schaltern der Fall (**Bild 3.5.1.1 G**). Der obere angetastete Schalterteil ist „spannungsfrei", die geöffneten Messer stehen jedoch unter Spannung.

Das Anzeigegerät des Spannungsprüfers ist über den Benutzer kapazitiv an Erde gekoppelt. Wird nun durch Störfeldeinflüsse der Benutzer durch die unter Spannung stehenden Schaltermesser elektrisch abgekoppelt (**Bild 3.5.1.1 H**), so würde der

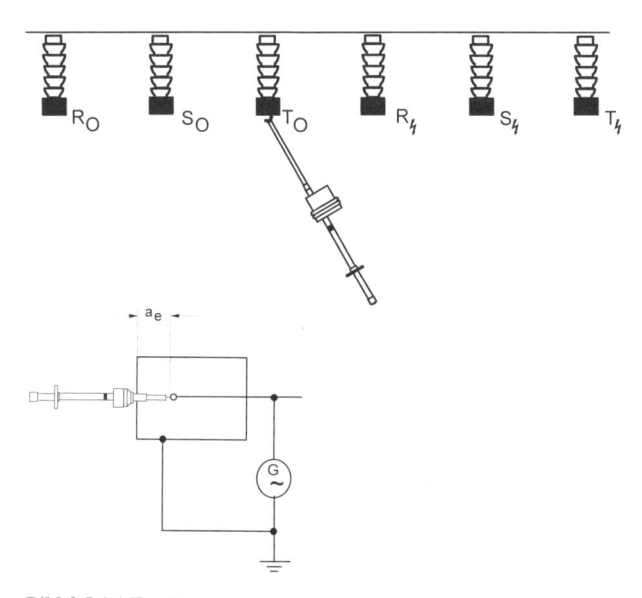

Bild 3.5.1.1 F a Fremdspannung
oben im freigeschalteten System induzierte bzw. influenzierte Spannungen dürfen die Anzeige nicht beeinflussen
unten Prüfaufbau: $a_e = f(U_r)$, $U_{pr} = 0{,}13 \dots 0{,}25 \cdot U_N$ (je nach Verwendungszweck);
Forderung: Anzeige: „Spannung nicht vorhanden"

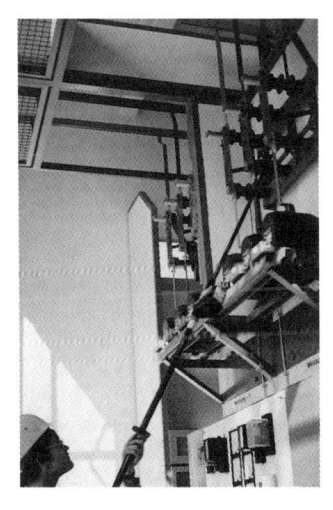

Bild 3.5.1.1 F b Fremdspannung – in freigeschaltetem System induzierte bzw. influenzierte Spannungen dürfen die Anzeige nicht beeinflussen

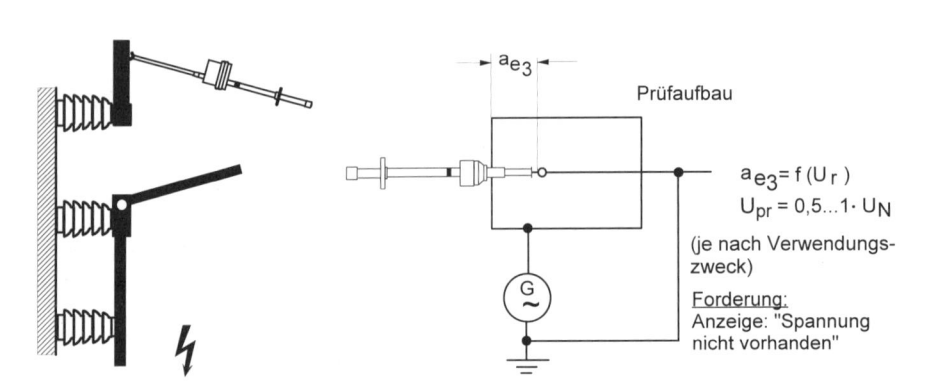

Bild 3.5.1.1 G a Gegenphasige Störfelder: Ungleiches Potential im Einkopplungsbereich darf die Anzeige nicht beeinflussen

Bild 3.5.1.1 G b Gegenphasige Störfelder: Ungleiches Potential im Einkopplungsbereich darf die Anzeige nicht beeinflussen

Spannungsprüfer „Spannung vorhanden" anzeigen, wenn sein Meßgerät nicht aus diesem Störfeld mit einer ausreichend langen Prüfspitze herausgezogen worden wäre.

In **Bild 3.5.1.1 I a** und **Bild 3.5.1.1 I b** ist der prinzipielle Aufbau für die Prüfung auf Störfeldsicherheit dargestellt. Der Spannungsprüfer tastet den in einem Käfig

ohne Störfeld	Gegenphasiges Störfeld	Gleichphasiges Störfeld
$\Delta u = U$	$\Delta u = U$	$\Delta u = 0$

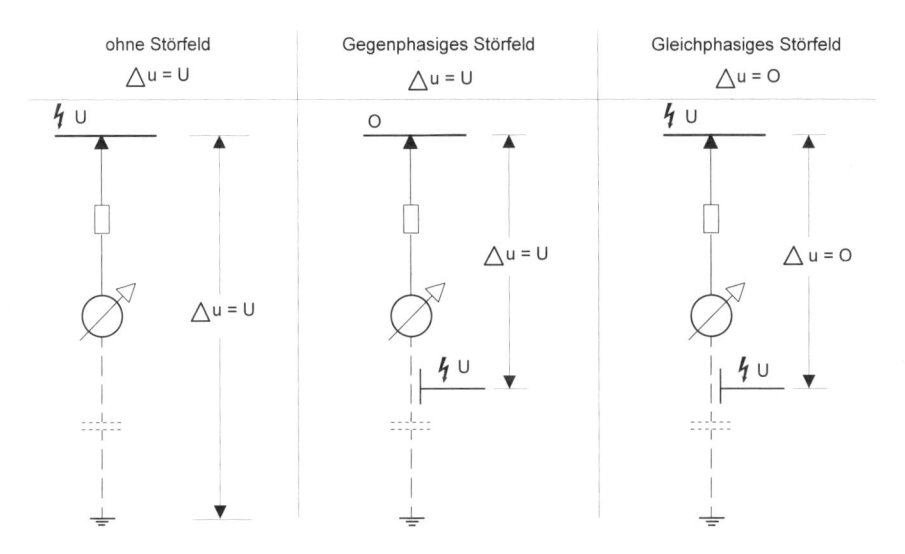

Bild 3.5.1.1 H Einfluß von Störfeldern auf die Anzeige von Spannungsprüfern

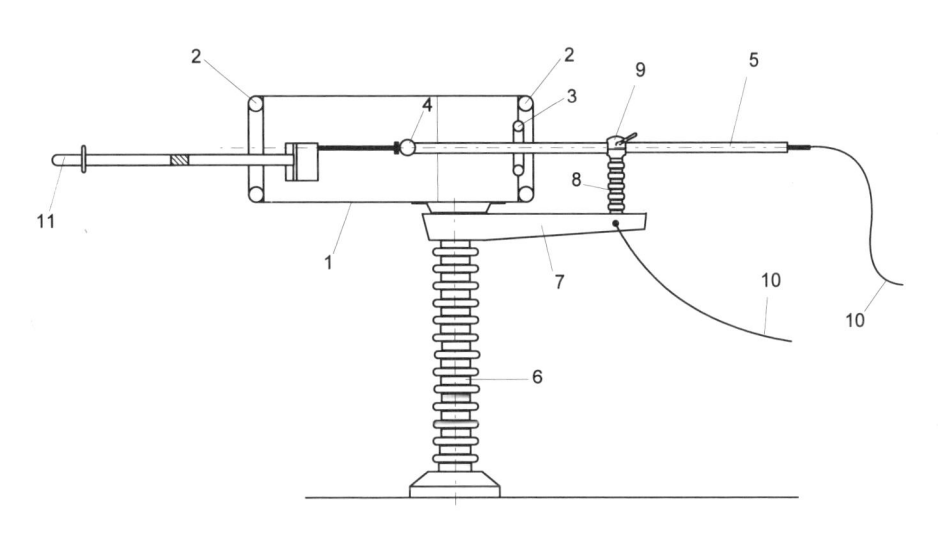

Bild 3.5.1.1 I a Prüfung auf eindeutige Anzeige – Prüfaufbau mit Käfig

1 Käfig
2 äußerer Schirmring
3 innerer Schirmring
4 Kugelelektrode
5 Stange
6 Bodenisolator
7 Arm
8 Hilfsisolator
9 Spannschelle
10 Leitung
11 Prüfling

Bild 3.5.1.1 I b Prüfung auf eindeutige Anzeige – Prüfung der Anzeige unter Fremdspannung

(Reuse) befindlichen Gegenpol an; er taucht also tief in das Störfeld ein und muß dann noch richtig anzeigen.

Gleichphasige Störfelder (also Feldschwächungen) werden durch spannungsführende Anlageteile gleichen Potentials wie das des zu prüfenden verursacht. Solche Verhältnisse sind wiederum an offenen Schaltern (**Bild 3.5.1.1 J**), an breiten, gewinkelten und Mehrfachschienen und ganz allgemein bei allen größeren leitenden Teilen zu finden. Man spricht hierbei auch vom „Zwickeleffekt".

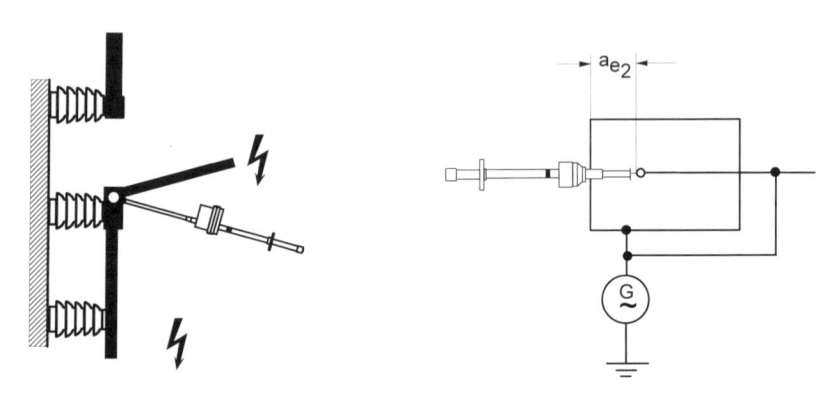

Bild 3.5.1.1 J a Gleichphasiges Störfeld
links   gleiches Potential im Einkopplungsbereich darf die Anzeige nicht beeinflussen
rechts Prüfaufbau: $a_{e2} = f(U_r)$; $U_{pr} = 0{,}35 \ldots 0{,}7 \cdot U_N$ (je nach Verwendungszweck)
         Forderung: Anzeige: „Spannung vorhanden"

Bild 3.5.1.1 J b Gleiches Potential im Einkopplungsbereich darf die Anzeige nicht beeinflussen

Nennspannung U_n *) kV	Bemessungsspannung U_r kV	Mindestlänge des Isolierteils $l_{I\,min}$ mm	Mindestlänge des Verlängerungsteils $l_{V\,min}$ **) mm
bis 10	12,0	500	60
20	24,0	500	115
30	36,0	525	180
45	52,0	720	195
60	72,5	900	220
110	123,0	1 300	320
150	170,0	1 750	450
220	245,0	2 400	670
380	420,0	3 200	1 050

*) Bei Nennspannungen, die außerhalb der hier aufgeführten Vorzugswerte der Nennspannung liegen, ist die der Nennspannung nächsthöhere Bemessungsspannung anzuwenden. Im Grenzfall ist die Nennspannung gleich der Bemessungsspannung.

**) Die in der Tabelle angegebenen Werte für die Mindestlänge des Verlängerungsteils berücksichtigen den Störfeldeinfluß, der durch räumlich ausgedehnte oder eng benachbarte Anlageteile vorliegen kann. Sie berücksichtigen nicht die Verlängerung, die in Mehrleitersystemen beim Eintauchen oder Übergreifen notwendig wird.

Tabelle 3.5.1.1 A Mindestlänge des Verlängerungsteils von Spannungsprüfern nach DIN VDE 0681 Teile 1 und 4

Um diesen Störfeldern mit dem Anzeigegerät des Spannungsprüfers auszuweichen, werden in der Norm DIN VDE 0681 Teil 4 Mindestlängen (l_{Vmin}) für den Verlängerungsteil vorgeschrieben (**Tabelle 3.5.1.1 A**).

Die Anzeige des Spannungsprüfers muß dem Benutzer zweifelsfrei wahrnehmbar sein, und das auch bei Freileitungen (**Bild 3.5.1.1 K**), Transformatoren und Schaltanlagen, die sich im Freien, also unter Umständen auch im hellen Sonnenlicht, befinden.

Entsprechend hart sind die Prüfungen bei Gegen- und Mitlicht (**Bild 3.5.1.1 L**).

Bei **Spannungsprüfern mit Lichtsignalen** wird unterschieden zwischen solchen, die nur in Innenräumen, und solchen, die auch im Freien benutzt werden dürfen. Bei den „Freiluft-Prüfern" muß die Anzeige auch bei direktem Sonneneinfall zweifelsfrei wahrnehmbar sein, während die „Innenraum-Prüfer" nur bei üblichem Kunst- oder Tageslicht eingesetzt werden; sie sind in der Verwendung auf Innenräume mit Leuchtstärken bis zu 1 000 lx beschränkt.

Bei **Spannungsprüfern mit Tonsignalen** wird nicht zwischen Außen- und Innenräumen unterschieden, jedoch sind die Signallautstärken nach der Nennspannung abgestuft:

Bild 3.5.1.1 K Prüfen auf Spannungsfreiheit an einer 380-kV-Freileitung (Spannungsprüfer wird von der linken oberen Traverse aus zum Leiterseil herabgeführt)

Bild 3.5.1.1 L Prüfung auf zweifelsfreie Wahrnehmbarkeit unter Gegenlicht

- In Anlagen mit kleinen Nennspannungen sind hohe Signallautstärken erforderlich. In diesen Anlagen kann starker Umgebungslärm herrschen, z. B. bei Netz- und Schwerpunktstationen in Werkshallen oder im Straßenverkehr.
- In Anlagen mittlerer Nennspannung sind nicht so hohe Signallautstärken erforderlich, da hier die Umgebungsgeräusche durch die räumliche Ausdehnung der Innen- oder Freiluftanlagen gemindert werden.

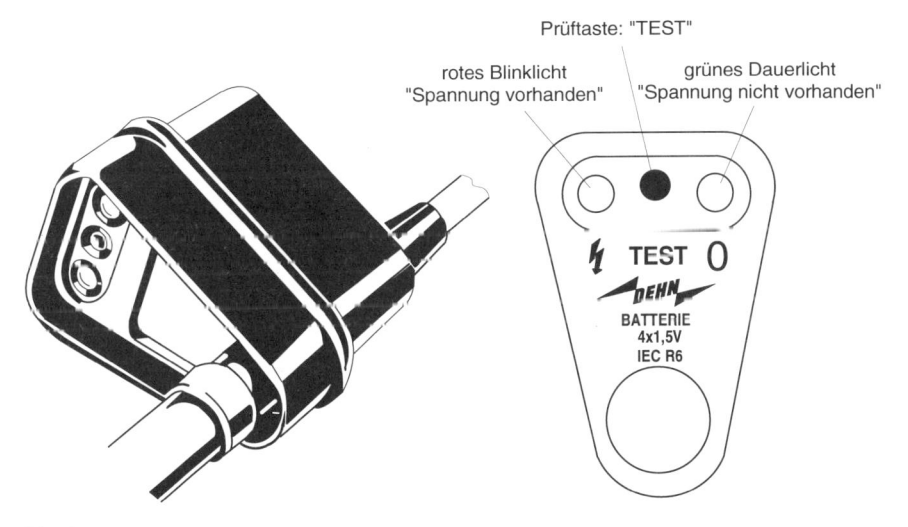

Bild 3.5.1.1 M a Anzeigen beim Spannungsprüfer PHE

Bild 3.5.1.1 M b Anzeigen beim Spannungsprüfer PHE

- Anlagen mit hohen Nennspannungen erfordern nur niedrige Signallautstärken, denn in ausgedehnten Schaltanlagen oder Freileitungen mit großem Bodenabstand ist der Einfluß von Umgebungsgeräuschen stark herabgesetzt.

Bei Spannungsprüfern mit eingebauter Energiequelle muß für die beiden Prüffälle „Spannung vorhanden" und „Spannung nicht vorhanden" je ein aktives Signal vorhanden sein (bei nur einem Signal würde sonst dessen Ausfall den anderen Prüffall vortäuschen). Die optische Anzeige darf nicht allein durch Licht verschiedener Farben wahrnehmbar gemacht werden. Zusätzliche Merkmale, wie z. B. räumliche Trennung der Lichtquellen oder Blinklicht, müssen verwendet werden (**Bild 3.5.1.1 M**).

Überbrückungssicherheit

Die Spannungsprüfer nach DIN VDE 0681 Teil 4:1986-10 haben volle Überbrückungssicherheit und erlauben Durch- und Übergreifen von der Prüfelektrode bis hin zum Roten Ring sowie das Auflegen des Geräts auf geerdete Anlageteile auch im Bereich seines Isolierteils (zwischen Rotem Ring und Begrenzungsscheibe) (**Bild 3.5.1.1 N**).

Dies ist besonders wichtig: Der Benutzer wird zwar in DIN VDE 0105 Teil 1:1983-07 darauf hingewiesen, daß beim Anlegen der Prüfelektrode diese von anderen, unter Spannung stehenden oder geerdeten Anlageteilen soweit wie möglich entfernt bleiben muß, oft kann aber nicht anders geprüft werden, als unter Spannung stehende Anlagenteile gegeneinander oder gegen Erde zu überbrücken (**Bild 3.5.1.1 O**).

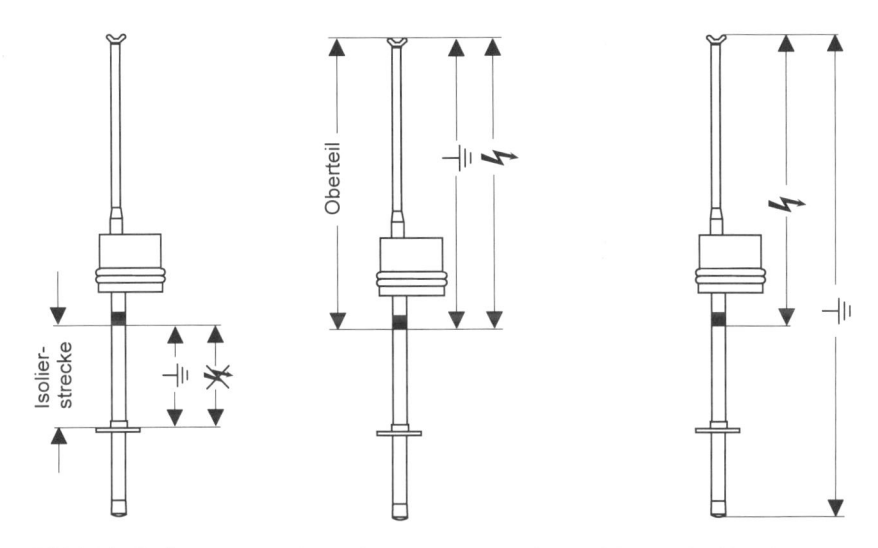

Bild 3.5.1.1 N Überbrückungssicherheit von Spannungsprüfern nach DIN VDE 0681 Teile 1 und 4

Besonders beim Feststellen der Spannungsfreiheit auf Hochspannungsfreileitungen ist es oft unumgänglich, den Spannungsprüfer mit seinem Isolierteil auf (geerdeten) Mastteilen abzustützen (**Bild 3.5.1.1 P**).

Überbrückungsgefahr tritt auf:
- überall bei enger Bauweise (vor allem im Mittelspannungsbereich),

Bild 3.5.1.1 O Spannungsprüfer überbrückt spannungsführende Anlagenteile

Bild 3.5.1.1 P Spannungsprüfer wird auf der Traverse abgestützt

Bild 3.5.1.1 Q Überbrückungsgefahr beim Prüfen auf Spannungsfreiheit

- beim Über- und Durchgreifen von blanken oder teilisolierten Anlageteilen (**Bild 3.5.1.1 Q**).

Die Überbrückungssicherheit findet ihre Grenze in solchen fabrikfertigen Schaltanlagen, in denen die Isolation so knapp bemessen ist, daß schon das Einführen eines Isolators die Zündquelle eines Durchschlags wird.

3.5.1.2 Hinweise für die Benutzung

a) Funktionskontrolle

DIN VDE 0105 Teil 1:1983-07 fordert, daß Spannungsprüfer kurz vor dem Benutzen auf einwandfreie Funktion zu überprüfen sind.
Bei Spannungsprüfern **ohne** Eigenprüfvorrichtung hat die Prüfung auf einwandfreie Funktion stets durch Anlegen an ein unter Betriebsspannung stehendes Anlageteil zu geschehen.
Bei Spannungsprüfern **mit** Eigenprüfvorrichtung (**Bild 3.5.1.2 A**) kann dies durch Einschalten der Funktionskontrolle erfolgen, sofern dabei alle die Anzeige beein-

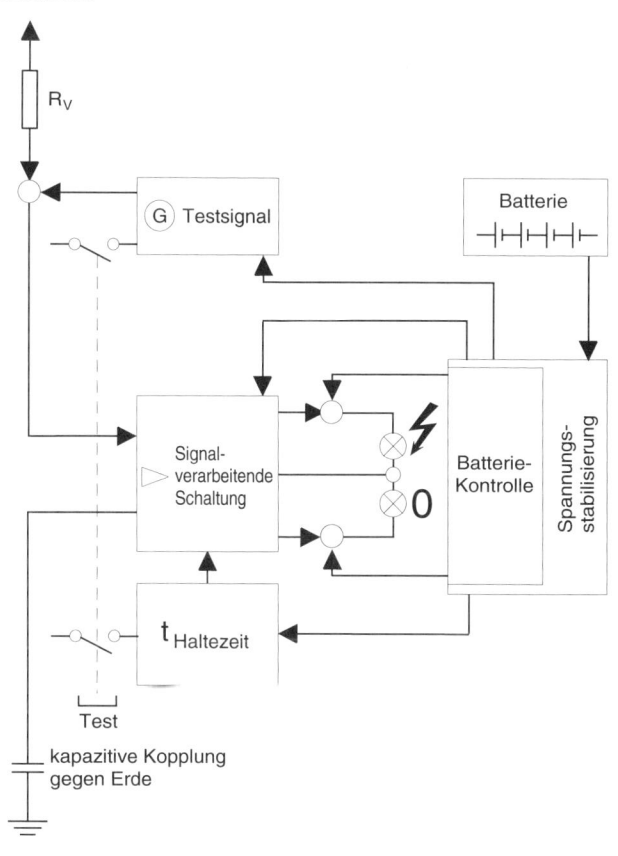

Bild 3.5.1.2 A Blockschaltbild der Schaltung eines Spannungsprüfers nach DIN VDE 0681 Teil 4 und IEC 1243-1 am Beispiel des Spannungsprüfers PHE

flussenden Teile erfaßt werden oder wenn Bauteile, die hierbei nicht überprüft werden, so bemessen und angeordnet sind, daß ein Ausfall nicht zu erwarten ist. Dies muß aus der Gebrauchsanleitung eindeutig hervorgehen bzw. bei im Betrieb vorhandenen Geräten vom Hersteller bestätigt sein. Ist das nicht der Fall, müssen auch Spannungsprüfer mit Eigenprüfvorrichtung möglichst vor jedem Gebrauch an Betriebsspannung auf einwandfreie Funktion der Anzeige geprüft werden.

b) Eindeutige Anzeige bis zur Erschöpfung der Energiequelle
Spannungsprüfer mit eingebauter Energiequelle müssen bis zur Erschöpfung der Batterien eindeutig anzeigen, es sei denn, ihr Gebrauch wird durch Anzeige der Nichtbetriebsbereitschaft oder durch selbsttätiges Ausschalten begrenzt. Solch eine Anzeige der Nichtbetriebsbereitschaft kann z. B. so verwirklicht werden, daß bei Prüfern mit optischer Anzeige nach dem Einschalten des Anzeigegeräts beide Lampen zugleich brennen. Der Benutzer weiß dann, daß (entsprechend der Gebrauchsanleitung) jetzt die Batterien kurz vor ihrer Erschöpfung stehen und sieht auch gleichzeitig, daß beide Lampen noch intakt sind – was er beim selbsttätigen Abschalten nicht erkennen könnte, denn er weiß dann nicht, ob lediglich die Batterien erschöpft, die Lampen defekt oder sogar Teile der Elektronik beschädigt sind.

Bild 3.5.1.2 B Spannungsprüfer in Kurzausführung (Roter Ring auf Verlängerungsteil)

c) **Einsatz von Spannungsprüfern in geschlossenen Kompaktstationen im Freien**
Bei diesen Stationen handelt es sich um typgeprüfte Innenanlagen mit äußerst geringen Abständen. Sie stehen zudem oft auch noch dicht an Häuserwänden, so daß hier der Wunsch nach besonders kurzen Prüfern laut wird.
Als Lösungsmöglichkeit bieten sich Spannungsprüfer in Kurzausführung an, die mit Mindestlängen gebaut sind und bei denen sich der Rote Ring auf dem Verlängerungsteil befindet (**Bild 3.5.1.2 B**).
Allerdings ist beim Prüfen auf Spannungsfreiheit in solchen Kompaktanlagen im Freien daran zu denken, daß es sich hierbei um typgeprüfte Innenraumanlagen handelt. Es dürfen also nur solche Spannungsprüfer eingesetzt werden, die dafür auch zugelassen sind. Vor allen Dingen dürfen sie nur im trockenen Zustand in die Anlage eingeführt werden, auch wenn sie der Bauart „Auch bei Niederschlägen verwendbar" entsprechen. Denn bei der Prüfung unter Beregnung sind die Abstände (a_1) wesentlich größer als bei der Prüfung im trockenen Zustand.

3.5.2 Einpolige Spannungsprüfer für Wechselspannung über 1 kV – E DIN VDE 0682 Teil 411 (IEC 1243-1, modifiziert)

Vor einiger Zeit wurde vom zuständigen IEC-Komitee TC 78 die Arbeit an einer internationalen Norm für Spannungsprüfer begonnen. Basis für diese Arbeit war die deutsche Norm DIN VDE 0681 Teil 4. Das Arbeitsergebnis liegt nun in Form von IEC 1243-1 (E DIN VDE 0682 Teil 411) vor. Nach Durchführung des Harmonisierungsverfahrens wird diese Norm später DIN VDE 0681 Teil 4 ersetzen. Dieser Norm-Entwurf E DIN VDE 0682 Teil 411:1995-12 „Arbeiten unter Spannung, Spannungsprüfer. Teil 1 Kapazitive Ausführung für Wechselspannungen über 1 kV" enthält die internationale Norm IEC 1243-1:1993 und die darin eingearbeiteten europäischen Änderungen; er ist ermächtigt zur Verwendung als Grundlage für Konformitätsnachweise.

3.5.2.1 Aufbau

Wie der Spannungsprüfer nach DIN VDE 0681 Teil 4, so ist auch der Spannungsprüfer nach E DIN VDE 0682 Teil 411 ein einpolig an den zu prüfenden Anlagenteil auszulegendes Gerät (**Bild 3.5.2.1 A a** und **Bild 3.5.2.1 A b**).
Nach E DIN VDE 0682 Teil 411 werden jedoch zwei mechanisch unterschiedliche Bauarten unterschieden (**Bild 3.5.2.1 B**):
- Spannungsprüfer als **zusammengehörige Bauart**
  Diese Spannungsprüfer sind mit ihrem Aufbau mit denjenigen nach DIN VDE 0681 Teil 4 vergleichbar.
- Spannungsprüfer als **getrennte Bauart**
  Diese Spannungsprüfer müssen mit einer passenden Isolierstange ergänzt werden.

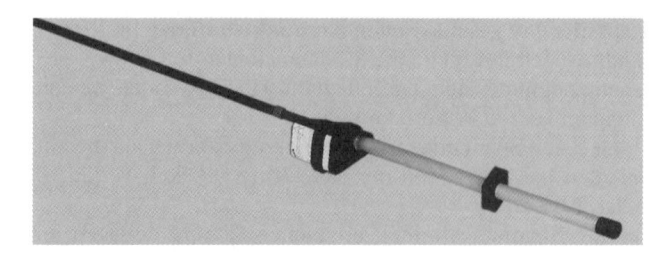

Bild 3.5.2.1 A a Spannungsprüfer nach E DIN VDE 0682 Teil 411: kompletter Spannungsprüfer

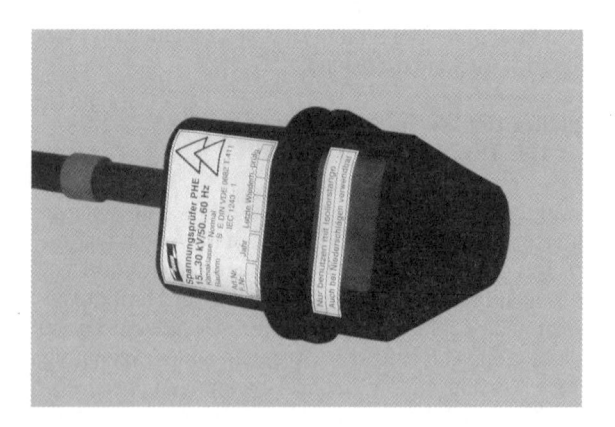

Bild 3.5.2.1 A b Spannungsprüfer nach E DIN VDE 0682 Teil 411: Anzeigegerät

Im wesentlichen finden sich alle Bestandteile eines Spannungsprüfers nach DIN VDE 0681 Teil 4 an einem Spannungsprüfer nach E DIN VDE 0682 Teil 411 wieder. Geringe Unterschiede ergeben sich bei den Längen des Isolierteils (**Tabelle 3.5.2.1 A**).
Nach E DIN VDE 0682 Teil 411 ist es auch möglich, Spannungsprüfer ohne Kontaktelektrodenverlängerung (Verlängerungsteil) zu bauen. Diese Spannungsprüfer müssen mit der **Kategorie**-Aufschrift „L" (= Line) versehen sein. Sie werden hauptsächlich an Freileitungen eingesetzt. Spannungsprüfer ohne Kontaktelektrodenverlängerung haben grundsätzlich eine wesentlich geringere Störfeldsicherheit als solche Geräte nach DIN VDE 0681 Teil 4.
Spannungsprüfer mit Kontaktelektrodenverlängerung müssen mit der Kategorie-Aufschrift „S" (= Switch) versehen sein. Sie werden hauptsächlich in Innenraum-Schaltanlagen eingesetzt, da hier erhöhte Anforderungen an die Störfeldsicherheit bestehen.

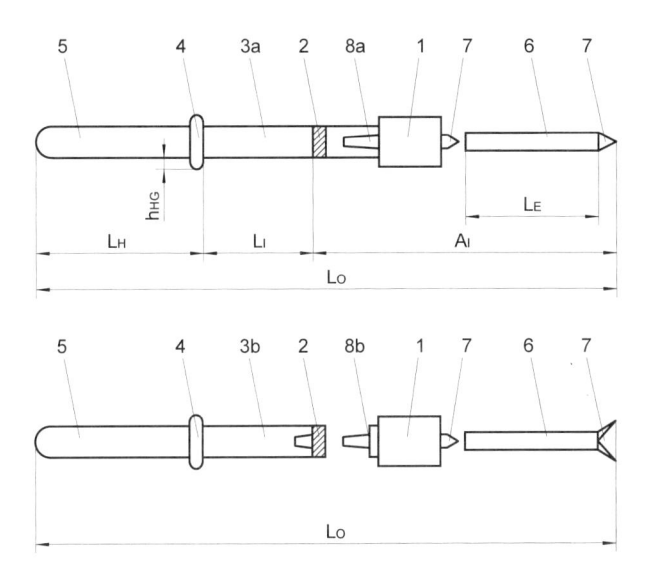

Bild 3.5.2.1 B Bauarten von Spannungsprüfern nach E DIN VDE 0682 Teil 411/IEC 1243-1
oben: Spannungsprüfer als zusammengehörige Bauart
unten: Spannungsprüfer als getrennte Bauart mit passender Isolierstange

1	Anzeigegerät (jeglicher Art)	h_{HG}	Höhe der Begrenzungsscheibe
2	Grenzmarke	L_H	Länge der Handhabe
3a	Isolierteil	L_I	Länge des Isolierteils
3b	Isolierstange	L_E	Länge der Kontaktelektrodenverlängerung
4	Begrenzungsscheibe	L_O	Gesamtlänge des Spannungsprüfers
5	Handhabe	A_I	Eintauchtiefe (Länge)
6	Kontaktelektrodenverlängerung		
7	Kontaktelektrode		
8a	Adapter		
8b	Adapter (kann die Grenzmarke ersetzen)		

U_r kV	L_I mm
bis 36	525
$36 < U_r \leq 72{,}5$	900
$72{,}5 < U_r \leq 123$	1 300
$123 < U_r \leq 170$	1 750
$170 < U_r \leq 245$	2 400
$245 < U_r \leq 420$	3 200

Tabelle 3.5.2.1 A Mindestlängen L_I des Isolierteils für Spannungsprüfer nach E DIN VDE 0682 Teil 411/ IEC 1243-1

Klimaklasse	klimatische Betriebs- und Lagerungsbedingungen	
	Temperatur °C	Feuchtebedingungen %
kalt (C)	– 40 bis + 55	20 bis 96
normal (N)	– 25 bis + 55	20 bis 96
warm (W)	– 5 bis + 70	12 bis 96

Tabelle 3.5.2.1 B Klimaklassen für Spannungsprüfer nach E DIN VDE 0682 Teil 411/IEC 1243-1

Je nach Einsatzbereich werden die Geräte in drei **Klimaklassen** eingeteilt (**Tabelle 3.5.2.1 B**).

Wie Spannungsprüfer nach DIN VDE 0681 Teil 4 können auch Spannungsprüfer nach E DIN VDE 0682 Teil 411/IEC 1243-1 (unabhängig von der Klimaklasse) zum Einsatz unter trockenen Bedingungen (Bauform für den Innenraum) oder nassen Bedingungen (Bauform für den Außenraum) ausgeführt werden. Spannungsprüfer zum Einsatz in Freiluft müssen also „regensicher" sein.
Je nach ihrer Nennspannung bzw. ihrem Nennspannungsbereich werden die Prüfer in **vier Klassen** aufgeteilt (**Tabelle 3.5.2.1 C**).
Spannungsprüfer nach E DIN VDE 0682 Teil 411/IEC 1243-1 werden mit einem Doppeldreieck (**Bild 3.5.2.1 C**) gekennzeichnet.

3.5.2.2 Prüfungen

In E DIN VDE 0682 Teil 411 sind (wie in DIN VDE 0681 Teil 4) auch die den Anforderungen an die Geräte entsprechenden Prüfungen enthalten. Der Prüfumfang in beiden Normen ist etwa vergleichbar, z. B. Prüfung der (des):
- zweifelsfreien Wahrnehmbarkeit der optischen und/oder akustischen Anzeige,
- Rüttelsicherheit,
- Fall- und Stoßfestigkeit,
- Isolierstoffe,
- Funkenfestigkeit,

Klasse	Nennspannung/Nennspannungsbereich U_n	Ansprechspannung U_t
A	eine einzige Nennspannung (oder mehrere umschaltbare Nennspannungen)	$0{,}15 \cdot U_n \leq U_t \leq 0{,}40 \cdot U_n$
B	enger Nennspannungsbereich $U_{n\,max} \cong 2 \cdot U_{n\,min}$	$0{,}15 \cdot U_{n\,max} \leq U_t \leq 0{,}40 \cdot U_{n\,min}$
C	weiter Nennspannungsbereich $U_{n\,max} \cong 3 \cdot U_{n\,min}$	$0{,}10 \cdot U_{n\,max} \leq U_t \leq 0{,}45 \cdot U_{n\,min}$
D	Vereinbarung zwischen Hersteller und Kunden (aufgrund des Aufbaus der elektrischen Anlage im Hinblick auf Störfelder)	

Tabelle 3.5.2.1 C Klassen von Spannungsprüfern nach E DIN VDE 0682 Teil 411/IEC 1243-1

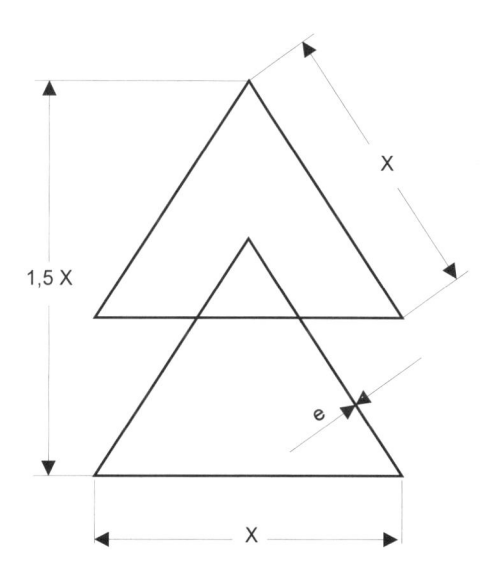

Bild 3.5.2.1 C Kennzeichnung für Spannungsprüfer nach E DIN VDE 0682 Teil 411/IEC 1243-1
X kann 16, 25 oder 40 mm betragen; e ist die Mindeststrichstärke: 1 mm

- Ableitstroms,
- Isoliervermögens.

Unterschiede bestehen jedoch in der Durchführung der Prüfungen und in ihrer Schärfe. Nur geringe Unterschiede bestehen bei der Prüfung der Überbrückungssicherheit: Geprüft wird mit demselben Schienenaufbau wie nach DIN VDE 0681 Teil 1 (**Tabelle 3.5.2.1 D**).

Wesentliche Unterschiede bestehen jedoch bei den Prüfungen:
- des Ableitstroms und der Überbrückungssicherheit unter Beregnung,
- der Störfeldsicherheit.

Die Prüfung unter Beregnung wird mit einem spezifischen Widerstand des Regens von nur 100 Ωm durchgeführt, während 10 Ωm in DIN VDE 0681 Teil 1 vorgeschrieben sind. Das bedeutet, daß Spannungsprüfer nach E DIN VDE 0682 Teil 411/ IEC 1243-1 mit wesentlich weniger Aufwand (Schirme, Rohroberflachen usw.) gebaut werden können, allerdings dann auch nicht so sicher sind wie die Geräte nach DIN VDE 0681 Teile 1 und 4.
Die Störfeldsicherheit wird in einem Prüfaufbau, bestehend aus einer ringförmigen und einer kugelförmigen Elektrode, geprüft (**Bild 3.5.2.1 D a** und **Bild 3.5.2.1 D b**). Die in diesem IEC-Prüfaufbau auf den Spannungsprüfer einwirkenden elektrischen Störfelder sind schwächer als diejenigen im Prüfaufbau nach DIN VDE 0681 Teil 4. Spannungsprüfer der Kategorie „L" (ohne Kontaktelektrodenverlängerung) werden mit negativer Eintauchtiefe ($-a_0$) geprüft.

U_n kV	d_1 Engstellenabsstand Innenraum mm	d_3 Engstellenabstand Außenraum mm	Bemerkungen
$U_n \leq$ 7,2	50		Spannungsprüfer zur Verwendung in allen Netzen
7,2 < $U_n \leq$ 12,0	60	150	
12,0 < $U_n \leq$ 17,5	85	180	
17,5 < $U_n \leq$ 24,0	115	215	
24,0 < $U_n \leq$ 36,0	180	325	
36,0 < $U_n \leq$ 52,0	240	520	
52,0 < $U_n \leq$ 72,5	330	700	
72,5 < $U_n \leq$ 123,0	650	1 100	
123,0 < $U_n \leq$ 145,0	1 100	1 200	
145,0 < $U_n \leq$ 170,0	1 350	1 550	
123,0 < $U_n \leq$ 145,0	950	1 100	Spannungsprüfer zur Verwendung in Netzen mit Erdfehlerfaktor < 1,4
145,0 < $U_n \leq$ 170,0	1 100	1 350	
170,0 < $U_n \leq$ 245,0	1 500	1 850	
245,0 < $U_n \leq$ 300,0	1 700	2 100	
300,0 < $U_n \leq$ 362,0	1 900	2 500	
362,0 < $U_n \leq$ 420,0	2 200	2 900	

Tabelle 3.5.2.1 D Engstellenabstände für Prüfung auf Überbrückungssicherheit nach E DIN VDE 0682 Teil 411

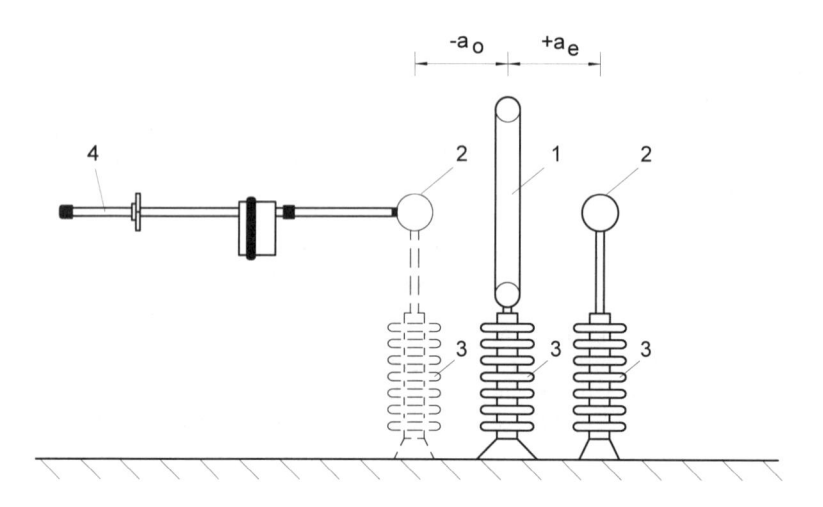

Bild 3.5.2.1 D a Aufbau für die Prüfung auf eindeutige Anzeige nach E DIN VDE 0682 Teil 411/IEC 1243-1
1 Ringelektrode
2 Kugelelektrode
3 Bodenisolator
4 Prüfling

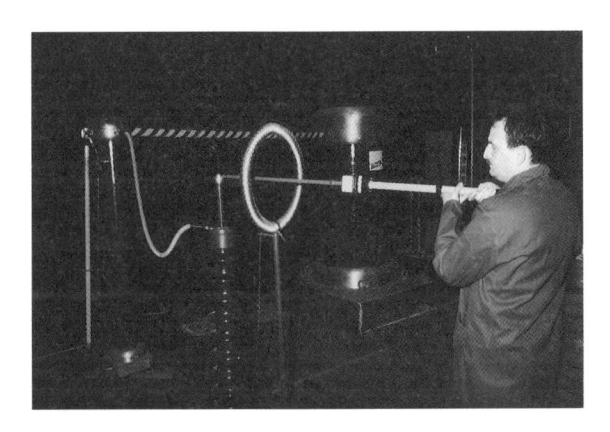

Bild 3.5.2.1 D b Aufbau für die Prüfung auf eindeutige Anzeige nach E DIN VDE 0682 Teil 411/IEC 1243-1

Die Eintauchtiefen a_e und a_0 richten sich nach den Nennspannungen der Spannungsprüfer (**Bild 3.5.2.1 E a** und **Bild 3.5.2.1 E b**).

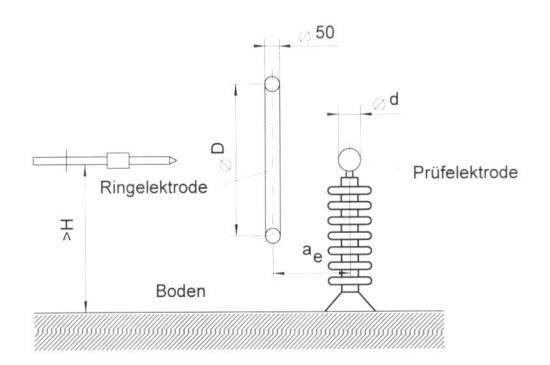

U_n kV	a_0 Elektrodenabstand mm	H mm	D Ring-Durchmesser mm	d Kugel-Durchmesser mm
$1 < U_n \leq 12$	100	> 1 500	550	60
$12 < U_n \leq 24$	270			
$24 < U_n \leq 52$	430			
$52 < U_n \leq 170$	650	> 2 500	1 050	100
$170 < U_n \leq 420$	850			

Bild 3.5.2.1 E a Maße des Prüfaufbaus nach Bild 3.5.2.1 D und Eintauchtiefen: Spannungsprüfer der Kategorie „S"

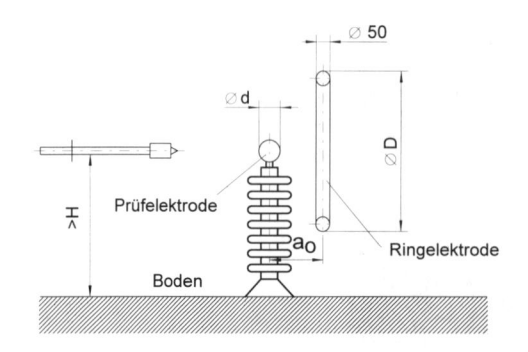

U_n kV	a_0 Elektrodenabstand mm	H mm	D Ring-Durchmesser mm	d Kugel-Durchmesser mm
$1 < U_n \leq 12$ $12 < U_n \leq 24$ $24 < U_n \leq 52$	300	> 1 500	550	60
$52 < U_n \leq 170$ $170 < U_n \leq 420$	1 000	> 2 500	1 050	100

Bild 3.5.2.1 E b Maße des Prüfaufbaus nach Bild 3.5.2.1 D und Eintauchtiefen: Spannungsprüfer der Kategorie „L"

Wie in DIN VDE 0681 Teil 4 wird die eindeutige Anzeige unter gleichphasigem und gegenphasigem Störfeld sowie unter Einfluß von Fremdspannungen geprüft (**Bild 3.5.2.1 F**).

3.5.3 Vergleich der Spannungsprüfer nach DIN VDE 0681 Teile 1 und 4 mit solchen nach E DIN VDE 0682 Teil 411 (IEC 1243-1, modifiziert)

Die **Tabelle 3.5.2.1 E** zeigt die wichtigsten Unterschiede zwischen Spannungsprüfern nach diesen Normen.

Der Norm-Entwurf E DIN VDE 0682 Teil 421:1992-12 „Geräte und Ausrüstungen zum Arbeiten an unter Spannung stehenden Teilen. Spannungsprüfer, resistive (ohmsche) Ausführung für Wechselspannungen über 1 kV" ist identisch mit den internationalen Norm-Entwürfen IEC (Sec)60 und IEC (Sec)60A.

Spannungsprüfer

mit Verlängerung (Kategorie "S")   ohne Verlängerung (Kategorie "L")

gleichphasiges Störfeld

gegenphasiges Störfeld

Fremdspannung

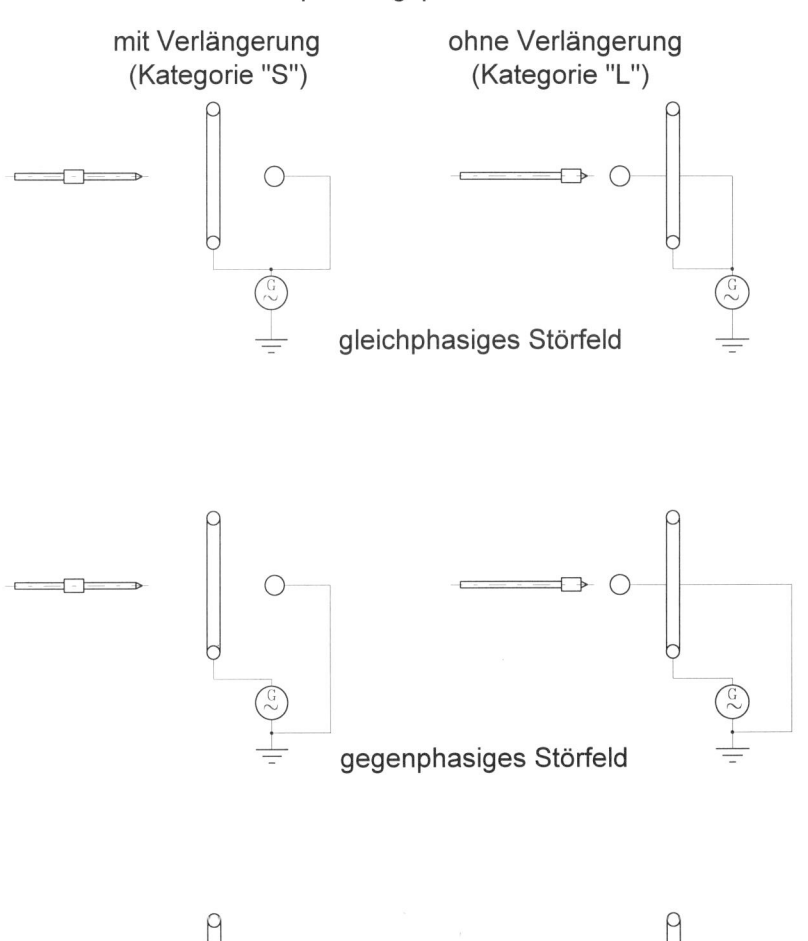

Bild 3.5.2.1 F Aufbau für Prüfung der eindeutigen Anzeige nach E DIN VDE 0682 Teil 411/IEC 1243-1

Anforderungen	DIN VDE 0681 Teile 1 und 4:1986-10	E DIN VDE 0682 Teil 411: 1995-12 (IEC 1243-1, modifiziert)	Bemerkung
Spannung	von 1 kV bis 380 kV	von 1 kV bis 420 kV	
Frequenz	von 16 2/3 Hz bis 60 Hz	von 15 Kz bis 60 Hz	
Bauform	eine Einheit	Unterscheidung zwischen Spannungsprüfern als Einheit (einschließlich Isolierteil) und Spannungsprüfern, die mit einer Isolierstange ergänzt werden	gesonderte Prüfungen für beide E DIN VDE 0682-Bauformen auf Isoliervermögen und Ableitstrom
Nennspannung	zwei Gerätetypen a) für nur eine Nennspannung b) für einen Nennspannungsbereich 1 : 2 (ggf. Umschaltbarkeit)	drei Gerätetypen a) für nur eine Nennspannung oder umschaltbar b) für kleinen Nennspannungsbereich 1 : 2 c) für großen Nennspannungsbereich 1 : 3	
Temperaturklassen	zwei Klimaklassen – 5 °C bis + 50 °C (Innenraumprüfer) – 25 °C bis + 50 °C	drei Klimaklassen C: – 40 °C bis + 55 °C N: – 25 °C bis + 55 °C W: – 5 °C bis + 70 °C	
Verlängerungsteile	Tabelle mit Mindestlängen für Verlängerungsteile in Abhängigkeit von der Nennspannung	zwei Prüferklassen: S: für Schaltanlagen (lange Prüfspitze) L: frei Freileitungen (kurze Prüfspitze)	unterschiedliche Störfeldsicherheit
Prüfelektrode	keine Vorgabe	Vorgabe einer maximal zulässigen Länge des nicht isolierten Teils der Kontaktelektrode in Abhängigkeit von der Nennspannung	
mechanische Stoßfestigkeit	keine Anforderung, keine Prüfung	Anforderung und Prüfung	
Anzeige	Anzeigen durch zwei aktive Signale (zwei räumlich getrennte optische Anzeigen/zwei akustische Signale)	Anzeigen durch zwei aktive Signale oder nur über ein aktives Signal	Für Geräte, die mit einem aktiven Signal ausgerüstet sind, ist in E DIN VDE 0682 Teil 411 geregelt, wie die Geräte in Betrieb zu nehmen sind (zwangsweises Einschalten von Hand bei Anzeigen, die an Spannung verlöschen/Standby bei Anzeigen, die an Spannung leuchten).

Tabelle 3.5.2.1 E Vergleich zwischen Spannungsprüfern nach DIN VDE 0681 Teile 1 und 4 und solchen nach E DIN VDE 0682 Teil 411 (IEC 1243-1, modifiziert)

Anforderungen	DIN VDE 0681 Teile 1 und 4:1986-10	E DIN VDE 0682 Teil 411: 1995-12 (IEC 1243-1, modifiziert)	Bemerkung
Anzeige	Anzeigen durch zwei aktive Signale (zwei räumlich getrennte optische Anzeigen(zwei akustische Signale)	Anzeigen durch zwei aktive Signale oder nur über ein aktives Signal	Anforderungen für akustische Anzeigen in E DIN VDE 0682 Teil 411, im Hinblick auf den Schalldruck gemindert.
eindeutige Anzeige	Messung im Reusenaufbau	Meßaufbau mit Ring- und Kugelelektrode. Prüfer der Kategorie „S" werden positiv (durch den Ring zur Kugelelektrode) eingetaucht, mit Eintauchtiefen, die DIN VDE 0681 Teil 1 entsprechen. Prüfer der Kategorie „L" werden negativ (Kugelelektrode steht vor Ring) eingetaucht (Eintauchtiefe – 300 mm bis 52 kV, ab 52 kV – 1000 mm).	Nach bisherigen Erfahrungen mit dem Kugel/Ring-Aufbau nach E DIN VDE 0682 Teil 411 besteht hierbei ein etwas geringeres Störfeld für „S"-Prüfer als im Reusenaufbau nach DIN VDE 0681 Teil 4. Bei „L"-Prüfern können die Verlängerungsteile reduziert werden. Bei Prüfern mit weitem Nennspannungsbereich (1 : 3, z. B. 10 kV – 30 kV) sind aber noch Verlängerungsteile von ca. 250 mm erforderlich.
zweifelsfreie Wahrnehmbarkeit	Beleuchtungsstärke für: – „Freiluftprüfer": 100000 lx – „Innenraumprüfer": 1000 lx	Beleuchtungsstärke für: – „Freiluftprüfer": 50000 lx – „Innenraumprüfer": 1000 lx	einfacherer Prüfaufbau nach E DIN VDE 0682 Teil 411
Prüfung unter Beregnung	spezifischer Widerstand des Wassers: 10 Ωm	spezifischer Widerstand des Wassers: 100 Ωm	nach E DIN VDE 0682 Teil 411 reduzierte Anforderungen an Isolationsfestigkeit bei Beregnung
Nichtansprechend bei Gleichspannung	Prüfspannung $1,4 \times U_r$	Prüfspannung U_r	
Klimaprüfung	keine Anforderungen	drei Prüfzyklen mit Temperaturen entsprechend der Klimaklasse mit bis zu 96 % Luftfeuchte	
Anzeige	bei optischer und akustischer Anzeige müssen **beide** Anzeigen die Prüfung ohne Minderung bestehen	bei optischer und akustischer Anzeige wird die Prüfung für die akustische Anzeige gemindert [– 10 dB (A)]	

Tabelle 3.5.2.1 E Vergleich zwischen Spannungsprüfern nach DIN VDE 0681 Teile 1 und 4 und solchen nach E DIN VDE 0682 Teil 411 (IEC 1243-1, modifiziert) – Fortsetzung

3.6 Zweipolige Spannungsprüfer für Wechselspannung über 1 kV – E DIN VDE 0682 Teil 421 (identisch mit IEC 78 (Sec) 60 und IEC 78 (Sec) 60A)

Der Anwendungsbereich nach E DIN VDE 0682 Teil 421 reicht von 1 kV bis 170 kV; in weiteren Bearbeitungen des IEC-Norm-Entwurfs ist der Anwendungsbereich jedoch bereits auf 1 kV bis 36 kV beschränkt worden. Die Kopplung an Erde erfolgt bei diesen resistiven Spannungsprüfern nicht (wie bei den kapazitiven Geräten nach DIN VDE 0675 Teile 1 und 4 sowie E DIN VDE 0682 Teil 411) kapazitiv, sondern mit einer galvanischen Verbindung (Erdleitung). Der Abbau der Prüfspannung geschieht über ohmsche (resistive) Widerstände, die in der Kontaktelektroden-Verlängerung untergebracht sind.

Man unterscheidet **drei Bauformen** von resistiven (ohmschen) Spannungsprüfern:
- Spannungsprüfer als Einheit ohne Isolierteil (**Bild 3.6 A a**),
- Spannungsprüfer als Einheit mit Isolierteil (**Bild 3.6 A b**),
- Anzeigegerät als separate Einheit mit adaptierbarer Isolierstange (**Bild 3.6 A c**).

Anforderungen und Prüfungen an diese Spannungsprüfer wurden weitgehend aus IEC 1243-1 übernommen.
Die IEC-Norm befindet sich noch in Bearbeitung, sie wird unter der Nummer IEC 1243-2 veröffentlicht werden.

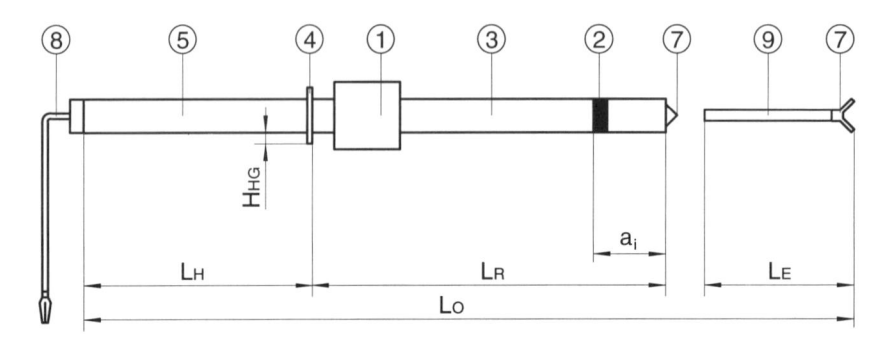

Bild 3.6 A a Spannungsprüfer nach E DIN VDE 0682 Teil 421: Bauformen – als Einheit ohne Isolierteil

1	Anzeigegerät	H_{HG} Höhe der Begrenzungsscheibe
2	Grenzmarke	L_H Länge der Handhabe
3	Widerstandselement	L_R Länge des Widerstandselements
4	Begrenzungsscheibe	L_E Länge der Kontaktelektrodenverlängerung
5	Handhabe	a_i Eintauchtiefe
7	Kontaktelektrode	L_O Gesamtlänge des Spannungsprüfers
8	Erdleitung	
9	Kontaktelektrodenverlängerung	

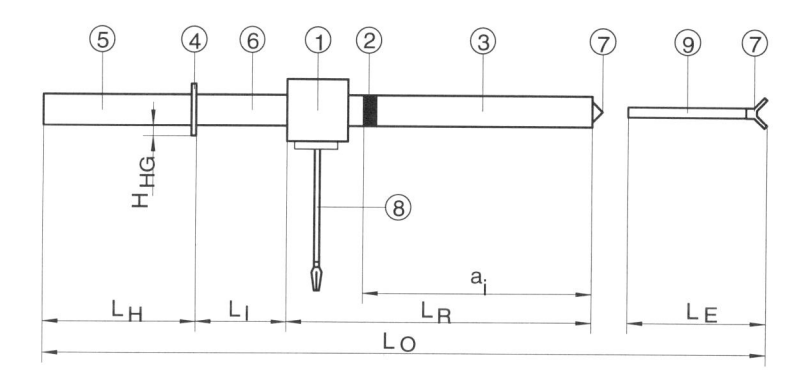

Bild 3.6 A b Spannungsprüfer nach E DIN VDE 0682 Teil 421: Bauformen – als Einheit mit Isolierteil
1 Anzeigegerät H_{HG} Höhe der Begrenzungsscheibe
2 Grenzmarke L_H Länge der Handhabe
3 Widerstandselement L_R Länge des Widerstandselements
4 Begrenzungsscheibe L_I Länge des Isolierteils
5 Handhabe L_E Länge der Kontaktelektrodenverlängerung
6 Isolierteil a_i Eintauchtiefe
7 Kontaktelektrode L_O Gesamtlänge des Spannungsprüfers
8 Erdleitung
9 Kontaktelektrodenverlängerung

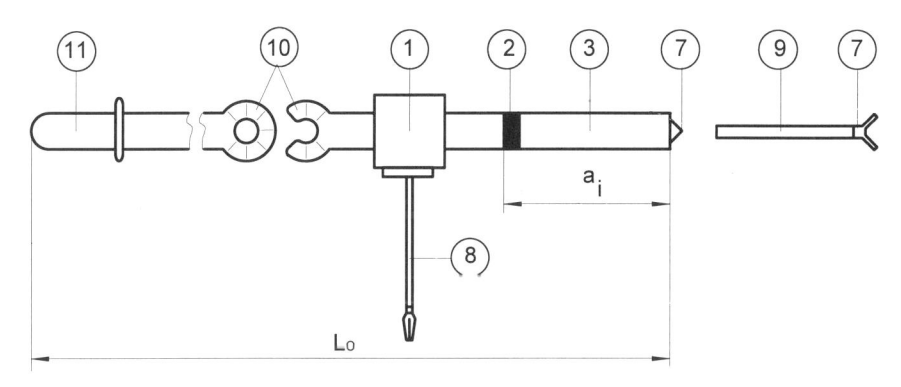

Bild 3.6 A c Spannungsprüfer nach E DIN VDE 0682 Teil 421: Bauformen – Anzeigegerät als separate Einheit mit adaptierbarer Isolierstange
1 Anzeigegerät 8 Erdleitung
2 Grenzmarke 9 Kontaktelektrodenverlängerung
3 Widerstandselement 10 Adapter
4 Begrenzungsscheibe 11 Isolierstange
5 Handhabe a_i Eintauchtiefe
7 Kontaktelektrode L_O Gesamtlänge des Spannungsprüfers

119

Auf dem deutschen Markt sind Spannungsprüfer dieser Bauart bisher nicht erhältlich. Sie werden wohl auch später keine nennenswerte Rolle spielen, da sie gegenüber den kapazitiv koppelnden Spannungsprüfern keine Vorteile bieten.

3.7 Spannungsprüfer für elektrische Bahnen

3.7.1 Spannungsprüfer für Oberleitungsanlagen 15 kV, 16 2/3 Hz – DIN VDE 0681 Teil 6

In DIN VDE 0681 Teil 6:1995-06 wurden (soweit zutreffend) Bestimmungen aus der DIN VDE 0681 Teil 1 übernommen. Somit liegt eine geschlossene VDE-Bestimmung vor, die für Spannungsprüfer zum Feststellen der Spannungsfreiheit nach DIN VDE 0105 Teil 1 und nach DIN VDE 0115 Teile 1 und 3 an Oberleitungsanlagen elektrischer Bahnen mit einer Nennspannung von 15 kV und einer Nennfrequenz von 16 2/3 Hz gilt.

Gegenüber Spannungsprüfern für Wechselspannung 50 Hz weisen Spannungsprüfer für Oberleitungsanlagen elektrischer Bahnen folgende deutliche Unterschiede auf:
- sie werden ausschließlich in Einphasen-Anlagen mit der Frequenz von 16 2/3 Hz verwendet;
- sie weisen eine wesentlich größere Baulänge (etwa 5 m) im selben Spannungsbereich auf;
- sie müssen auch bei großen, gleichphasigen Störfeldern und Fremdspannungen, die infolge des Parallelverlaufs von Oberleitungen in Bahnhöfen und auf der freien Strecke entstehen, eindeutig anzeigen.

In der fünfjährigen Erprobungsphase solcher Spannungsprüfer in den verschiedensten Oberleitungsanlagen der Deutschen Bundesbahn hat sich gezeigt, daß diese Geräte mit einem Verlängerungsteil von mindestens 1 600 mm Länge ausgestattet sein müssen.

Weiterhin erwies es sich als zweckmäßig, die Ansprechspannung auf etwa 50 % der Nennspannung (absolut: 8 kV) gegenüber 40 % bei Spannungsprüfern (für Drehstromanlagen 50 Hz) festzulegen.

Bild 3.7.1 A, **Bild 3.7.1 B** und **Bild 3.7.1 C** zeigen den Spannungsprüfer PHE für Oberleitungsanlagen elektrischer Bahnen: Dieses mit Hilfe einer Schnellkupplung zusammensteckbare Gerät ist mit einer Prüfelektrode ausgerüstet, die das Einhängen in die Oberleitung erlaubt. Es ist mit wasserabweisenden Isolationsschirmen versehen und darf auch bei Niederschlägen eingesetzt werden. Das elektronische Anzeigegerät hat zwei aktive, optische Lichtsignale, und zwar:
- rotes Licht für „Spannung vorhanden",
- grünes Licht für „Spannung nicht vorhanden".

Bild 3.7.1 A Feststellen der Spannungsfreiheit an der Oberleitungsanlage einer elektrischen Bahn: Antasten mit der Prüfelektrode

Bild 3.7.1 B Feststellen der Spannungsfreiheit an der Oberleitungsanlage einer elektrischen Bahn: in der Oberleitung eingehängter Spannungsprüfer PHE

Bild 3.7.1 C Feststellen der Spannungsfreiheit an der Oberleitungsanlage einer elektrischen Bahn: in der Oberleitung eingehängter Spannungsprüfer PHE

3.7.2 Spannungsprüfer für Gleichstromzwischenkreise elektrischer Triebfahrzeuge

Moderne E-Loks (**Bild 3.7.2 A**) werden mit Drehstrommotoren angetrieben, wobei für die Drehzahlregulierung Frequenzumrichter eingesetzt werden.

Bild 3.7.2 A ICE-Lok

Bild 3.7.2 B Gleichstrom-Zwischenstromkreis

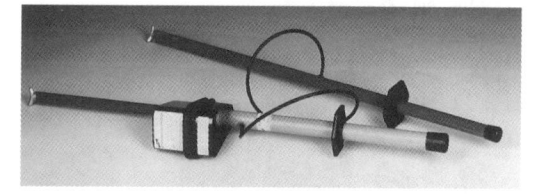

Bild 3.7.2 C Spannungsprüfer für Gleichstrom-Zwischenstromkreis

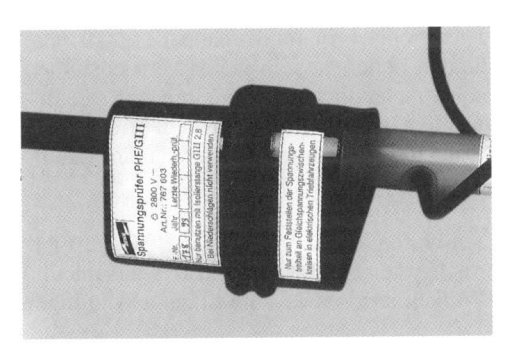

Bild 3.7.2 D Anzeigegerät eines Spannungsprüfers für Gleichstrom-Zwischenstromkreis

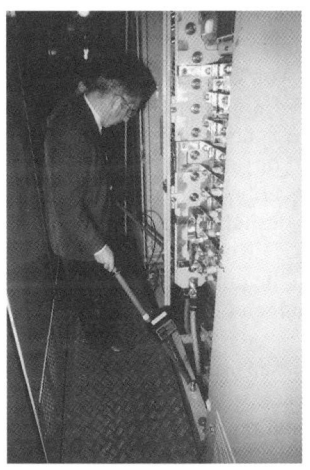

Bild 3.7.2 E Einsatz des Spannungsprüfers im ICE-Triebkopf

Die Fahrdrahtspannung (15 kV, 16 2/3 Hz) wird in einem Gleichstrom-Zwischenkreis, der durch eine Kondensatorbatterie gestützt wird, auf 2 800 V umgesetzt (**Bild 3.7.2 B**).
Für diesen Gleichstromzwischenkreis, der im Störfall seine Polarität ändern kann, wurden spezielle Gleichspannungsprüfer entwickelt, die eine polaritätsunabhängige Elektronik besitzen (**Bild 3.7.2 C**).
Da für Gleichspannungsprüfer über 1 kV Nennspannung keine Norm existiert, werden diese Geräte in enger Anlehnung an DIN VDE 0681 Teile 1, 4 und 5 gebaut (**Bild 3.7.2 D**).
Dieses Bild zeigt den Einsatz eines solchen Spannungsprüfers im ICE-Triebkopf (**Bild 3.7.2 E**).

3.8 Berührungslose Spannungsprüfer: Abstandsspannungsprüfer

3.8.1 Stand der Normung

Spannungsprüfer nach DIN VDE 0681 Teile 1 und 4 für Freileitungsanlagen mit Nennspannungen über 110 kV weisen Längen auf, die mitunter beim Antasten der Leiterseile von Traversen hoher Freileitungsmaste aus schwer zu handhaben sind. Für diese Anwendungsfälle wurden sogenannte Abstandsspannungsprüfer („Fern-

prüfer") entwickelt, die auf einfache Weise (ohne das Leiterseil zu kontaktieren) angewendet werden können.
Bereits vor einigen Jahren wurde deshalb vom zuständigen DKE-Unterkomitee UK 214.4 die Arbeit an einer entsprechenden Norm aufgenommen.
Abstandsspannungsprüfer zum Einsatz auf Masten von Freileitungen werten zur Anzeige das an der mastseitigen geerdeten Schutzarmatur vorhandene elektrische Feld des auf Spannungsfreiheit zu prüfenden Leiters aus. In vielen Versuchsreihen wurden deshalb die Feldverhältnisse der unterschiedlichsten Freileitungsmasten untersucht. Die gesammelten Erfahrungen sollten in einen Prüfaufbau übertragen werden, um die eindeutige Anzeige eines Abstandsspannungsprüfers auch unter Laborbedingungen (Typprüfung, Stückprüfung) nachweisen zu können.

Nach diesen zahlreichen Untersuchungen wurde jedoch erkannt, daß für die Vielzahl von existierenden Systemen (Mehrfachsysteme auf einem Mast, unterschiedliche Isolatoren und Schutzarmaturen, Winkelmaste usw.) kein allgemein gültiger Prüfaufbau realisierbar ist.
Derzeit wird deshalb untersucht, ob die eindeutige Anzeige an in der Praxis zukünftig vorkommenden Isolatoranordnungen in einem Prüffeld-Aufbau nachgewiesen werden kann. Nach Abschluß der Beratungen ist geplant, das Arbeitsergebnis in Form eines Norm-Entwurfs oder als VDE-Leitlinie*) zu veröffentlichen.

3.8.2 Aufbau

Abstandsspannungsprüfer (**Bild 3.8.2 A**) sind ähnlich aufgebaut wie Spannungsprüfer nach DIN VDE 0681 Teil 4. Anstelle des Verlängerungsteils besitzen diese Geräte jedoch eine Antenne (Eintauchteil), die als Feldmeßsonde dient. Ein grüner Ring markiert die Stelle, an der der Abstandsspannungsprüfer zur Erzielung der eindeutigen Anzeige an die erdseitige Schutzarmatur des Isolators anzulegen ist. Ein Roter Ring ist nicht vorhanden, da die Geräte nicht mit unter Spannung stehenden Teilen in Berührung kommen dürfen. Dennoch besitzen die Geräte eine Isolierstrecke von mindestens 500 mm, die es dem Benutzer ermöglicht, den Abstandsspannungsprüfer von sicherem Standort aus zu handhaben und die ihn vor Ableitströmen schützt.
Zum besseren Transport auf die Freileitungsmasten sind die Geräte zum Teil zerlegbar und mit Halteschlaufen ausgerüstet.

---

*) Eine VDE-Leitlinie stellt eine Empfehlung dar. Sie kann je nach Bedarf durch Hersteller-/Kundenvereinbarungen ergänzt werden.

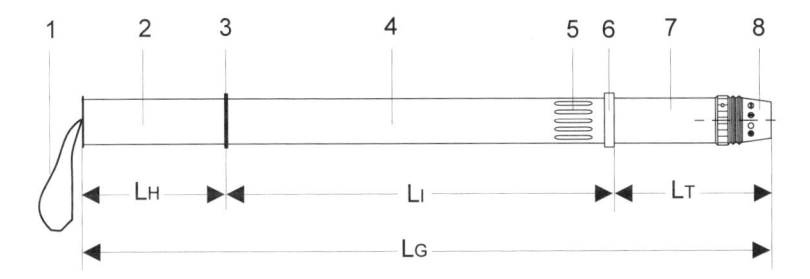

Bild 3.8.2 A Aufbau des Abstandsprüfers Typ HSA 194
1 Halteschlaufe
2 Handhabe mit Länge L_H = 170 mm
3 Begrenzungsscheibe für Handhabe
4 Isolierteil mit Länge L_I = 540 mm
5 Öffnung für akustisches Signal
6 Grüner Ring (Anlegemarkierung)
7 Eintauchteil mit Länge L_T = 230 mm
8 optische Anzeige

Spannung nicht vorhanden und Betriebsbereitschaft!	Spannung vorhanden!
Blinksignal grün und akustisches Signal (jeweils im Zwei-Sekunden-Takt)	Blinksignal rot und akustisches Signal (jeweils mit erhöhter Taktfrequenz)

3.8.3 Anwendungshinweise

Der Einsatz von Abstandsprüfern ist auf Anwendungen auf Freileitungsmasten ab U_N = 110 kV beschränkt (**Bild 3.8.3 A**). In den Gebrauchsanleitungen geben die Hersteller Hinweise, wo die Geräte eingesetzt werden dürfen und wie sie handzuhaben bzw. anzulegen sind. In der Regel sind die Geräte mit ihrer grünen Markierung an die dem aktiven Teil nächstgelegene, auf Erdpotential liegende Stelle der Isolatorenschutz-Armatur anzulegen (**Bild 3.8.3 B**).
In Zweifelsfällen und unter schwierigen Bedingungen empfiehlt es sich, die Geräte am gewünschten Einsatzort einer Erprobung zu unterziehen und dabei die Anzeigesicherheit im Vergleich mit Spannungsprüfern nach DIN VDE 0681 Teil 4 unter Beweis zu stellen.

Bild 3.8.3 A Einsatz des Abstandsprüfers auf dem Mast einer 110-kV-Freileitung

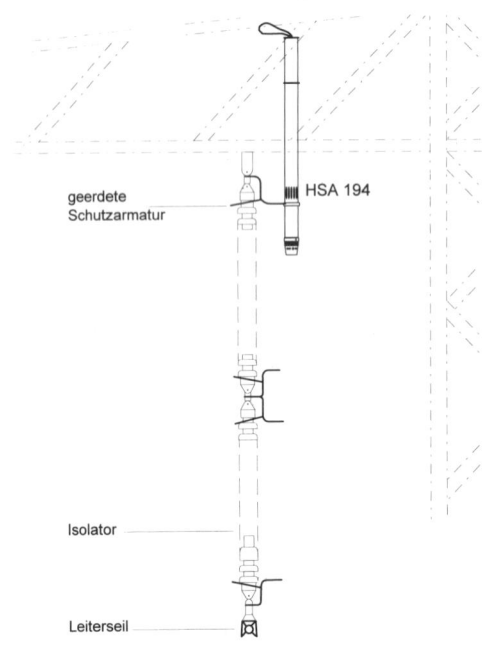

Bild 3.8.3 B Richtiges Anlegen des Abstandsspannungsprüfers HSA 194 an die geerdete Schutzarmatur

3.9 Spannungsanzeigesysteme
– E DIN VDE 0681 Teil 7
Spannungsprüfsysteme
– E VDE 0682 Teil 415

3.9.1 Stand der Normung

In den letzten Jahren hat sich im Schaltanlagenbau auch auf der Mittelspannungsebene mehr und mehr die metallgekapselte Bauform (DIN VDE 0670 Teil 6), zum Teil mit SF_6-Gasisolierung, durchgesetzt.
Das Prüfen auf Spannungsfreiheit mit herkömmlichen Spannungsprüfern nach DIN VDE 0681 Teil 4 erweist sich in solchen Anlagen oft als nahezu undurchführbar.
Für derartige Anlagen wurden deshalb kapazitive Spannungsanzeigesysteme entwickelt. Anforderungen und Prüfungen für diese Anzeigesysteme sind erstmalig in dem im März 1991 veröffentlichten Entwurf E DIN VDE 0681 Teil 7:1991-03 „Geräte zum Betätigen, Prüfen und Abschranken unter Spannung stehender Teile mit Nennspannungen über 1 kV, Spannungsanzeigesysteme" beschrieben worden. Dieser Norm-Entwurf ist zur Verwendung als Grundlage für Konformitätsnachweise ermächtigt worden.
Spannungsanzeigesysteme ermöglichen sowohl das Feststellen der Spannungsfreiheit und der Phasengleichheit (sofern dafür gebaut) von aktiven Teilen für Spannungen von 1 kV bis 52 kV und Nennfrequenzen von 16 2/3 Hz bis 60 Hz.
Zwischenzeitlich wurde auch international bei IEC und regional bei CENELEC, auf Basis von E DIN VDE 0681 Teil 7, die Normungsarbeit aufgenommen. Seit August 1995 liegt der internationale Norm-Entwurf IEC 78/183/CDV „Arbeiten unter Spannung, Spannungsprüfer. Teil 5: Spannungsprüfsysteme" vor. Es wurde also im Rahmen der internationalen Beratungen der Titel „Spannungsanzeigesysteme" in „Spannungsprüfsysteme (SPS)" geändert, was in Übereinstimmung mit der Normenreihe IEC 1243 ist. Bedingt durch unterschiedliche nationale Interessen wurde die Zahl der möglichen Systeme von 2 auf 5 erweitert.

3.9.2 Aufbau

Kapazitive Anzeigesysteme bestehen aus dem fest in der Anlage eingebauten einpoligen Koppelteil und dem transportablen Anzeigegerät (**Bild 3.9.2 A**).
Der Meßaufbau entspricht dem eines kapazitiven Spannungsteilers, der aufgrund der nur kleinen Koppelkapazitäten sehr hochohmig ist. Das Anzeigegerät wertet den Meßstrom aus.
Besondere Anforderungen werden an die Koppelteile im Hinblick auf die Erhaltung der guten Isolationseigenschaften von gekapselten Schaltanlagen und den Schutz des Bedienenden vor den Auswirkungen des elektrischen Stroms bei Isolationsversagen (spannungsbegrenzende Sollbruchstelle) gestellt.

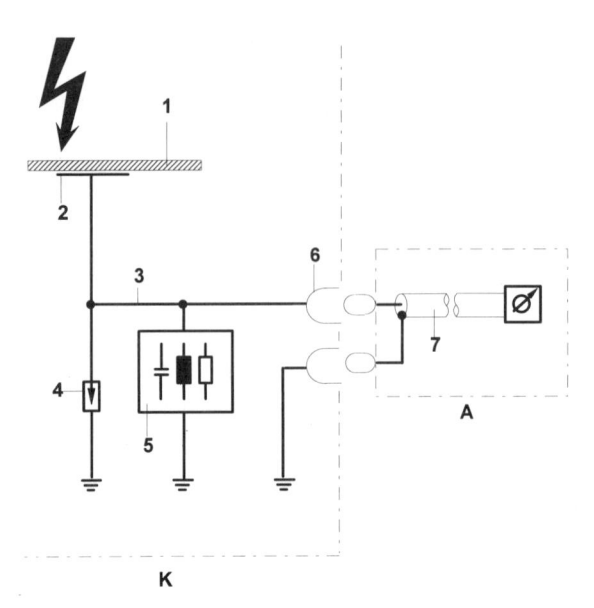

Bild 3.9.2 A Kapazitives Spannungsanzeigesystem für Hochspannungsanlagen, Prinzipschaltung
1 akitves Teil der Hochspannungsanlage
2 Koppelkapazität (Koppelelektrode
   mit Koppeldielektrikum)
3 Verbindungsleitung
4 spannunsbegrenzende Sollbruchstelle
5 Meßbeschaltung
6 Meßpunkt
7 Anschlußleitung
K Koppelteil
A Anzeigegerät

Als Betriebsmittel, die die Koppelkapazität enthalten, eignen sich zum Beispiel Durchführungen, Meßwandler oder Kabelstecker.

3.9.2.1 Spannungsanzeigesysteme
  – E DIN VDE 0681 Teil 7

Der deutsche Normentwurf E DIN VDE 0681 Teil 7 definiert zwei unterschiedliche Arten von Spannungsanzeigesystemen, das HO-System, benannt nach dem sehr hochohmigen Eingangswiderstand des Anzeigegeräts und das NO-System, benannt nach dem verhältnismäßig niederohmigen Eingangswiderstand des Anzeigegeräts. Der Anschluß der Anzeigegeräte an den Koppelteil erfolgt beim HO-System über zwei 4-mm-Buchsen (Lochabstand 19 mm), beim NO-System über einen zweipoligen 6,3-mm-Klinkenstecker.

Die Ansprechschwellen der Spannungsanzeigesysteme nach E DIN VDE 0681 Teil 7 weichen etwas von denjenigen nach IEC 78/183/CDV ab (**Tabelle 3.9.2.1 A**).

Netze	Anzeige „Spannung vorhanden" muß erscheinen bei einer Leiter-Erde-Spannung (in % der Nennspannung)		Anzeige „Spannung vorhanden" darf nicht erscheinen bei einer Leiter-Erde-Spannung (in % der Nennspannung)	
	nach E DIN VDE 0681 Teil 7	nach IEC 78/183/CDV	nach E DIN VDE 0681 Teil 7	nach IEC 78/183/CDV
Drehstromnetze	≥ 40 %	45 % bis 120 %	10 %	10 %
einseitig geerdete Einphasennetze	≥ 70 %	78 % bis 120 %	10 %	17 %
mittig geerdete Einphasennetze	≥ 35 %	39 % bis 60 %	10 %	9%

Tabelle 3.9.2.1 A Ansprechschwellen

Das **HO-System** arbeitet mit einer Ansprechschwelle für das Anzeigegerät von 90 V, dessen Eingangswiderstand 36 MΩ beträgt. Daraus ergibt sich ein Ansprechstrom von 2,5 µA.

Häufig wird bei diesem System mit passiven Anzeigegeräten gearbeitet, die ihren Energiebedarf aus dem Meßkreis decken. Deshalb besteht die Möglichkeit, sie als Dauerspannungsanzeiger zu verwenden (**Bild 3.9.2.1 A**).

Bild 3.9.2.1 A Hochohmige Anzeigegeräte, stationär in der Anlage eingebaut

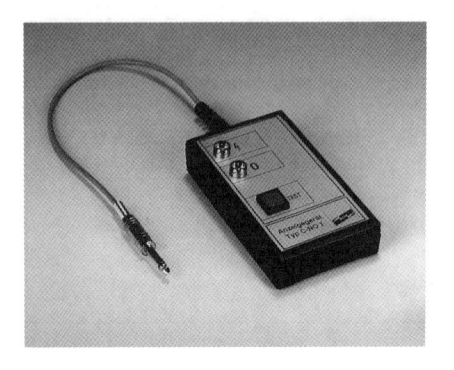

Bild 3.9.2.1 B Niederohmiges Anzeigegerät mit Eigenprüfeinrichtung und zwei aktiven Anzeigesignalen

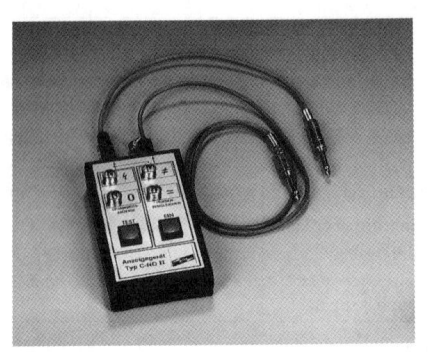

Bild 3.9.2.1 C Kombi-Anzeigegerät für Spannungsanzeige und Phasenvergleicher

Wegen der fehlenden Eigenprüfvorrichtung müssen derartige Anzeigegeräte in der Netzsteckdose überprüft werden, oder es werden dazu auch Testadaptergeräte benutzt, die die Testspannung von 230 V auf die Ansprechschwelle von 90 V senken. Das **NO-System** arbeitet mit einer Ansprechschwelle für das Anzeigegerät von 5 V, der Eingangswiderstand beträgt 2 MΩ. Daraus ergibt sich ebenfalls ein Ansprechstrom von 2,5 µA. Anzeigegeräte für das NO-System arbeiten in der Regel mit einer aktiven Elektronik (mit eingebauter Energiequelle); sie verfügen daher über eine Eigenprüfvorrichtung (**Bild 3.9.2.1 B**). Für das NO-System können auch kombinierte Anzeigegeräte – für Spannungsanzeige und Phasenvergleich – gebaut werden

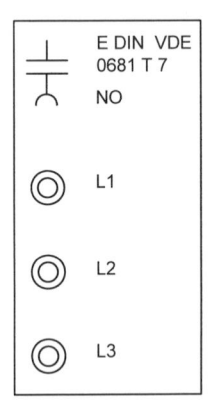

Bild 3.9.2.1 D Beispiele für die Kennzeichnung der Spannungsanzeigesysteme, links: NO, rechts: HO

(**Bild 3.9.2.1 C**). Die Koppelteile des NO- bzw. HO-Spannungsanzeigesystems müssen auf der Frontplatte der Schaltanlage entsprechend gekennzeichnet sein (**Bild 3.9.2.1 D**).

3.9.2.2 Spannungsprüfsysteme
– E VDE 0682 Teil 415

E VDE 0682 Teil 415: 1996-05 enthält die Übersetzung des internationalen Schriftstücks IEC 78/183/CDV ins Deutsche. Danach werden Spannungsprüfsysteme eingeteilt in:
- integrierte Systeme, die in Betriebsmittel fest eingebaut und Bestandteil dieser Betriebsmittel sind;
- steckbare Systeme, in denen ein ortsveränderliches Anzeigegerät über eine Schnittstelle mit einem fest eingebauten Koppelteil verbunden werden kann.

Bei den nicht integrierten Spannungsprüfsystemen sind fünf verschiedene Systeme definiert (**Tabelle 3.9.2.2 A**):
- HR-System: Höchste Ansprechspannung 90 V bei 2,5 µA und 50 Hz an der Schnittstelle.
- MR-System: Höchste Ansprechspannung 30 V bei 2,5 µA und 50 Hz an der Schnittstelle.
- LR-System: Höchste Ansprechspannung 5 V bei 2,5 µA und 50 Hz an der Schnittstelle.
- LRM-System: (Ansprechspannung wie LR-System, aber andere Abmessungen).
- LRP-System: Höchste Ansprechspannung 5 V bei 1 µA und 50 Hz an der Schnittstelle.

Bezeichnung des Spannungsprüf-systems	Eingangsimpedanz X_c des Anzeigegeräts		Lastkapazität C_s des Koppelteils		elektrische Ansprechbedingungen der Schnittstelle			
	X_{cmin} MΩ	X_{cmax} MΩ	C_{smin} pF	C_{smax} pF	I_{tmin} µA	I_{tmax} µA	U_{tmin} V	U_{tmax} V
hochohmig HR	36	43,2	74	88	1,62	2,5	70	90
mittelohmig MR	12	14,4	221	265	1,39	2,5	20	30
niederohmig LR	2	2,4	1 326	1 592	1,67	2,5	4	5
niederohmig, modifiziert LRM	2	2,4	1 326	1 592	1,67	2,5	4	5
niederohmig für Kabelgarnituren LRP	5	6,0	531	637	0,67	1	4	5
Anmerkung 1: Die Werte I_{tmin} und I_{tmax} sind aus den Gleichungen $I_{tmin} = U_{tmin}/X_{cmax}$ und $I_{tmax} = U_{tmax}/X_{cmax}$ abgeleitet.								
Anmerkung 2: Für andere Frequenzen als 50 Hz gelten für C_s und U_t die Werte nach Tabelle 1. Die Ansprechwerte für I_t sind entsprechend zu ändern.								

Tabelle 3.9.2.2 A Kenndaten von steckbaren Spannungsprüfsystemen (alle Werte gelten bei 50 Hz)

Die Schnittstellenmaße für Buchsen und Stecker dieser Systeme sind in **Tabelle 3.9.2.2 B** zusammengestellt.

Systembezeichnung	Buchsenanordnung und Mindestaussparung A für Anzeigegeräte oder Stecker	Steckeranordnung
HR Hochohmig		
MR Mittelohmig		
LR Niederohmig		Koaxialstecker
LRM Niederohmig, modifiziert		
LRP Niederohmig für Kabelgarnituren	P: Metallplatte	
MP Meßpunkt		

Tabelle 3.9.2.2 B Schnittstellenmaße für Buchsen und Stecker

3.9.3 Vergleich von passiven und aktiven Spannungsanzeigegeräten

3.9.3.1 Vor- und Nachteile passiver Anzeigegeräte

Vorteile:
- Dauerspannungsanzeige möglich, da Energie aus dem Meßkreis,
- günstiger Preis der Anzeigegeräte.

Nachteile:
- Wegen fehlender Eigenprüfmöglichkeit muß die zwingend vorgeschriebene Überprüfung unmittelbar vor dem Prüfen auf Spannungsfreiheit (entsprechend DIN VDE 0105:1983-07, Abschnitt 9.6.3.1) meist an einer Netzsteckdose durchgeführt werden. Diese ist nicht überall vorhanden (z. B. Betonkompaktstation vor Ort im Versorgungsgebiet), oder sie steht nicht unter Spannung (Netzstörung). Das Verfahren ermöglicht auch keine exakte Überwachung der Ansprechschwelle (Ansprechschwelle 90 V, Spannung an Netzsteckdose 230 V).
- Durch fehlende Anschlußleitung schlechter handhabbar.
- Meist geringe Helligkeit der Anzeige (Glimmlampe oder Leuchtdiode).

3.9.3.2 Vor- und Nachteile aktiver Anzeigegeräte

Vorteile:
- Eigenprüfvorrichtung eingebaut,
- Batterieüberwachung vorhanden,

a)   b)

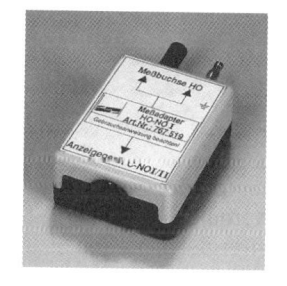

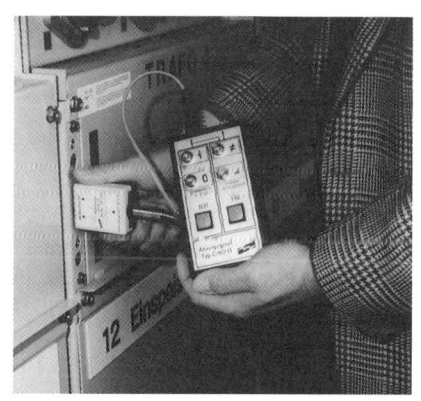

Bild 3.9.3.2 A Einsatz eines niederohmigen Anzeigegeräts mit HO-NO-Adapter
a) HO-NO-Adapter
b) Spannungsanzeige

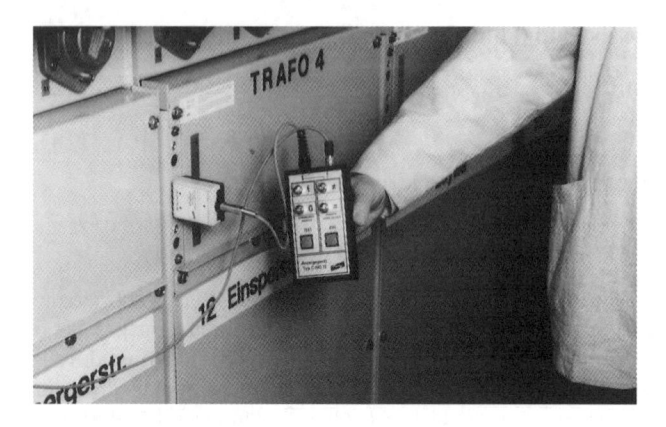

Bild 3.9.3.2 A Einsatz eines niederohmigen Anzeigegeräts mit HO-NO-Adapter
c) Phasenvergleicher

- gute Handhabbarkeit durch Anschlußleitung,
- Anzeige über helle, alterungsfreie Leuchtdioden,
- Spannungsanzeige und Phasenvergleich mit einem Kombigerät möglich,
- über HO-NO-Adapter Spannungsanzeige und Phasenvergleich im HO-System möglich (**Bild 3.9.3.2 A a, Bild 3.9.3.2 A b** und **Bild 3.9.3.2 A c**),
- Adapter zur Anpassung von LRM- auf NO-System erhältlich.

Nachteil:
- Höherer Preis der Anzeigegeräte.

3.10 Phasenvergleicher
– DIN VDE 0681 Teil 5

Ein Phasenvergleicher (**Bild 3.10 A**) ist ein von Hand zu benutzendes zweipoliges Gerät, mit dem in Drehstrom(Dreiphasen-)-Anlagen zu verbindende Teile auf Gleichphasigkeit geprüft werden können. Mit einem Phasenvergleicher kann also festgestellt werden, ob zwei Drehstromsysteme oder zwei Teile eines solchen Systems, die zusammengeschaltet werden sollen, dieselbe Phasenlage haben.
So kann z. B. überprüft werden, ob die gegenüberliegenden Pole eines Trenners jeweils mit denselben Außenleitern belegt sind (**Bild 3.10 B**). Fehler, wie vertauschte Leiteranschlüsse oder falsch geschaltete Transformatoren, können also erkannt werden.

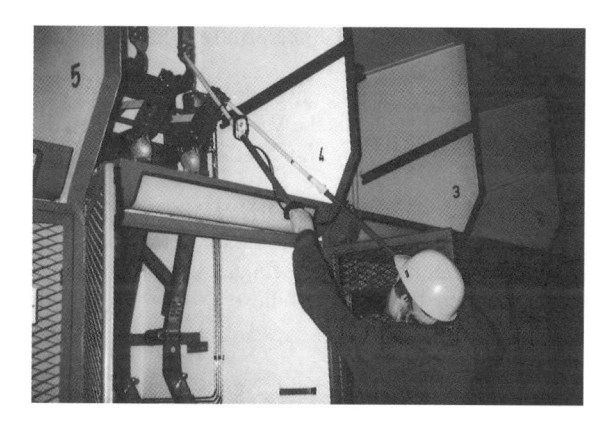

Bild 3.10 A Einsatz des Phasenvergleichers PHV

Bis zum Erscheinen von DIN VDE 0681 Teil 5:1985-06 „Geräte zum Betätigen, Prüfen und Abschranken unter Spannung stehender Teile mit Nennspannungen über 1 kV, Phasenvergleicher" gab es Phasenvergleicher verschiedenster Bauformen, und es existierten weder nationale noch internationale Normen für diese Geräte.

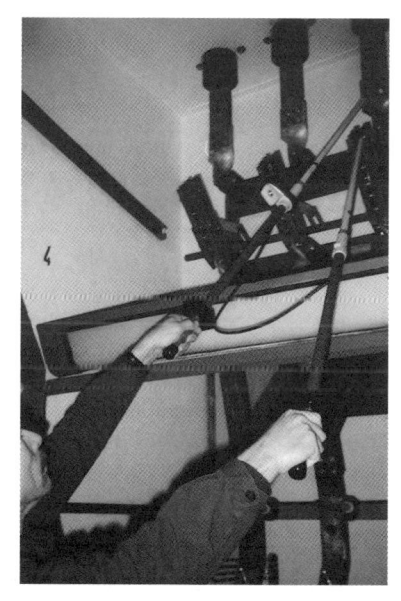

Bild 3.10 B Prüfen auf Gleichphasigkeit an den Polen eines Trenners

Das TC 78 der IEC hat die Arbeit an einer internationalen Norm für Phasenvergleicher auf Basis von DIN VDE 0681 Teil 5 aufgenommen.
Von der vorliegenden deutschen Norm werden nur Phasenvergleicher erfaßt, die optisch anzeigen, zweipolig anzulegen sind, eine galvanische Verbindung zwischen ihren Prüfelektroden haben und ihre Anzeigeenergie aus dem Meßkreis selbst entnehmen.
Die VDE-Bestimmung DIN VDE 0681 Teil 5 baut auf DIN VDE 0681 „VDE-Bestimmung für Geräte zum Betätigen, Prüfen und Abschranken unter Spannung stehender Betriebsmittel mit Nennspannungen über 1 kV, Teil 1: Allgemeine Festlegungen" auf, ist aber im Gegensatz zu den Teilen 2 bis 4 dieser Norm eine in sich geschlossene Bestimmung.
DIN VDE 0681 Teil 5 gilt für Phasenvergleicher:
- zur Verwendung an Drehstrom(Dreiphasen-)-Anlagen mit Nennspannungen über 1 kV bis 30 kV, mit Nennfrequenzen 50 Hz und 60 Hz,
- die zweipolig anzulegen sind,
- die eine galvanische Verbindung zwischen ihren Prüfelektroden herstellen,
- die ihre Anzeigeenergie dem Meßkreis entnehmen,
- die in Innenanlagen und im Freien, jedoch nicht bei Niederschlägen, verwendet werden.

Bedingt sind Phasenvergleicher nach dieser Norm auch in fabrikfertigen, typgeprüften Anlagen einsetzbar. Es sei besonders darauf hingewiesen, daß Phasenvergleicher keine zweipoligen Spannungsprüfer sind und auch nicht als Synchronisierungshilfe dienen.

3.10.1 Aufbau

Ein Phasenvergleicher (**Bild 3.10.1 A**) nach DIN VDE 0681 Teil 5 muß aus zwei Schenkeln, Verbindungsleitung und Anzeigeteil bestehen. Jeder Schenkel wiederum muß aus Handhabe, Isolierteil, Verlängerungsteil und Prüfelektrode bestehen.

3.10.2 Anforderungen

Wie alle Betätigungsstangen, so müssen auch Phasenvergleicher so gebaut und bemessen sein, daß sie bei bestimmungsgemäßem Gebrauch keine Gefahr für Benutzer oder Anlage bilden und den auftretenden elektrischen und mechanischen Beanspruchungen standhalten. Das wird im allgemeinen durch Erfüllung aller Anforderungen und das Bestehen aller Prüfungen erreicht, die in DIN VDE 0681 Teil 5 enthalten sind.

Nachfolgend sind einige wichtige Anforderungen an Phasenvergleicher zusammengestellt, deren Kenntnis auch für den Benutzer wichtig ist:
- Phasenvergleicher müssen so gebaut sein, daß sie von einer Person zu handhaben sind.

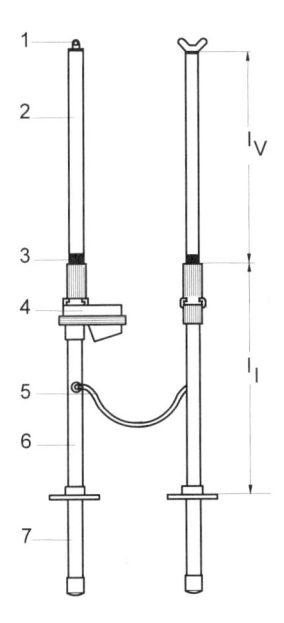

Bild 3.10.1 A Phasenvergleicher
1 Prüfelektrode
2 Verlängerungsteil
3 Roter Ring
4 Anzeigeteil
5 Verbindungsleitung
6 Isolierteil
7 Handhabe
l_V Länge des Verlängerungsteils
l_I Länge des Isolierteils

- Sie müssen so ausgelegt sein, daß sie bei Gegenphasigkeit mindestens eine Minute ununterbrochen an der ihrer höchsten Nennspannung zugeordneten Bemessungsspannung liegen können.
- Ihre Isolierteile müssen mindestens 525 mm lang und so bemessen sein, daß bei den auftretenden Beanspruchungen keine gefährlichen Ableitströme auftreten.
- Phasenvergleicher müssen so gebaut sein, daß bei bestimmungsgemäßem Gebrauch zwischen dem Benutzer und der Verbindungsleitung ein Abstand von mindestens 100 mm eingehalten werden kann.

Hinweis: Diese Anforderung, daß der Mindestabstand zwischen den Handhaben und den isolierten, unter Spannung stehenden Teilen des Phasenvergleichers nur 100 mm zu betragen braucht, ist getroffen worden, um eine einfache Handhabung des Geräts zu erreichen. Mit diesem Unterschied gegenüber üblichen Betätigungsstangen nach DIN VDE 0681 Teile 1 bis 4 ist jedoch keine Sicherheitsminderung eingetreten, denn im Teil 5 wird weiterhin gefordert, daß die in den Schenkeln des Phasenvergleichers isoliert eingebauten Wirkwiderstände so bemessen

sein müssen, daß bei einem Isolationsfehler der Verbindungsleitung kein gefährlicher Fehlerstrom gegen Erde fließen kann.
- Phasenvergleicher müssen Ungleichphasigkeit bei Phasenwinkeln zwischen 60° und 300° eindeutig anzeigen. Solche Phasenwinkel bzw. die dazugehörigen Spannungen treten beim Vertauschen von Leitern oder bei Transformatoren üblicher Schaltgruppen auf. Kleinere, beim Prüfen auf Gleichphasigkeit anstehende Spannungen fallen in den Bereich der üblichen Betriebsspannungsabweichungen, der Systemunsymmetrien und der Lastwinkel zwischen den Systemen; bei zu großer Ansprechempfindlichkeit des Phasenvergleichers würden auch sie sonst Ungleichphasigkeit vortäuschen.

Eine Spannung zwischen den Prüfelektroden, die größer oder gleich der 0,4-fachen Nennspannung bzw. unteren Nennspannung des Phasenvergleichers ist, muß als Ungleichphasigkeit angezeigt werden. Andererseits dürfen Phasenvergleicher Spannungen bis zu 15 % ihrer Nennspannung bzw. ihrer oberen Nennspannung nicht als Ungleichphasigkeit anzeigen.
- Phasenvergleicher nach DIN VDE 0681 Teil 5 zeigen in einem Temperaturbereich von – 25 °C bis + 50 °C eindeutig an.
- Besondere Anforderungen werden an die Verbindungsleitung gestellt:
 Sie muß so geführt und bemessen sein, daß sie den bei bestimmungsgemäßem Gebrauch auftretenden Kräften standhält; sie muß knickfest, alterungsbeständig und beweglich sein.
- Anforderungen an Funkenfestigkeit, Durchbiegung, Rüttelfestigkeit, Fall-, Stoß- und Verschleißfestigkeit stellen sicher, daß Phasenvergleicher den Belastungen des praktischen Einsatzes über lange Zeit hin gewachsen sind.

Die Überbrückungssicherheit von Phasenvergleichern wird in einer recht umständlich anmutenden Prüfung (**Bild 3.10.2 A**) nachgewiesen; sie ist aber notwendig,

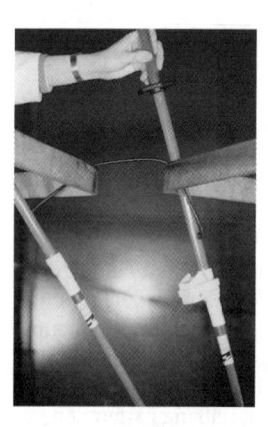

Bild 3.10.2 A Prüfung auf Überbrückungssicherheit

denn diese Prüfung auf Überbrückungssicherheit umfaßt sowohl die beiden Schenkel als auch die Verbindungsleitung.

Auf Phasenvergleichern müssen mindestens folgende Aufschriften angebracht sein (**Bild 3.10.2 B**):
- Herkunftszeichen (Name oder Markenzeichen des Herstellers),
- Baujahr,
- Typbezeichnung,
- Fertigungsnummer,
- Sonderkennzeichen mit der Nennspannung bzw. den Nennspannungen oder dem Nennspannungsbereich,
- Angabe des Nennfrequenzbereichs,
- „Bei Niederschlägen nicht verwenden!",
- Kennzeichnung der Zusammengehörigkeit bei zusammensetzbaren Geräten,
- „Nicht als Spannungsprüfer verwenden!".

Ein Phasenvergleicher, der allen Anforderungen von DIN VDE 0681 Teil 5 genügt und das VDE/GS-Zeichen trägt, ist der im **Bild 3.10.2 C** dargestellte Phasenvergleicher, Typ PHV. Das Grundgerät des PHV kann für die Nennspannungen 3 kV, 6 kV, 10 kV, 20 kV und 30 kV/50 Hz ... 60 Hz eingesetzt werden. Die jeweils gewünschte Nennspannung wird mit auswechselbaren Prüfspitzen eingestellt. Jeder Nennspannung ist ein Prüfspitzenpaar zugeordnet, das mit einem Bajonettverschluß auf einfache Weise auf das Grundgerät aufgesetzt werden kann. Da sich die Roten Ringe auf den Prüfspitzen befinden, zeichnet sich der PHV durch eine geringe Gesamtlän-

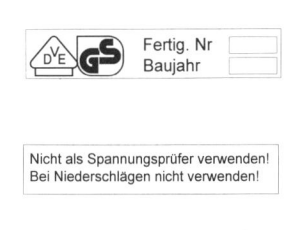

Bild 3.10.2 B Aufschriften, Phasenvergleicher PHE

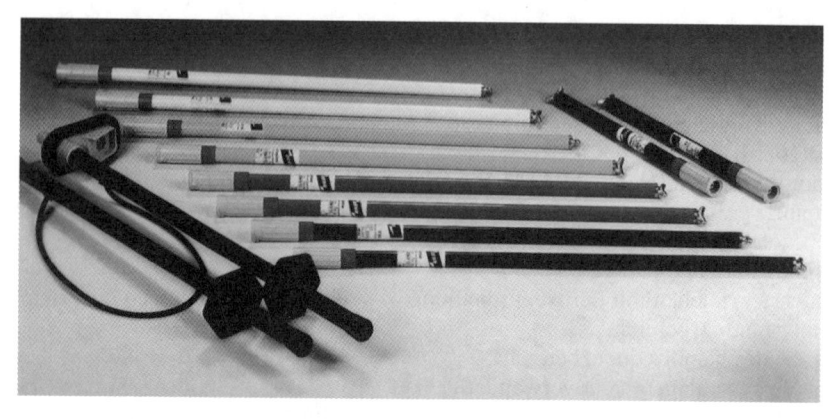

Bild 3.10.2 C Phasenvergleicher, Typ PHV (für Nennspannungen 3 kV, 6 kV, 10 kV, 20 kV und 30 kV) mit auswechselbaren Prüfspitzen

ge aus. Eine leuchtstarke Glimmlampe zeigt mit Blinklicht „Ungleichphasigkeit" im gesamten Bereich (60° bis 300°) mit nahezu konstanter Blinkfrequenz an. Die exzentrische Anordnung des Anzeigegeräts gewährt eine gute Sichtbarkeit der Anzeige.

3.10.3 Anwendungshinweise

In DIN VDE 0105 Teil 1: 1983-07 ist angegeben, wie Betätigungsstangen in elektrischen Anlagen einzusetzen sind. Dies gilt sinngemäß auch für Phasenvergleicher. Aus den gerätespezifischen Vorgaben in DIN VDE 0681 Teil 5 ergeben sich darüber hinaus spezielle Hinweise für das Benutzen von Phasenvergleichern:

- Phasenvergleicher dürfen nur in Innenanlagen und im Freien, jedoch nicht bei Niederschlägen (auch nicht bei Nebel) verwendet werden.
- Der Phasenvergleicher muß beim Benutzen ordnungsgemäß zusammengebaut sein.
- Ein Phasenvergleicher darf vom Benutzer nur an den Handhaben, d. h. bis zu den Begrenzungsscheiben hin, gefaßt werden.
- Die Schenkel eines Phasenvergleichers dürfen nur von der Prüfelektrode bis hin zum Roten Ring auf spannungsführende Anlagenteile aufgelegt werden.
- Der Phasenvergleicher muß beim Gebrauch sauber und trocken sein.
- Der Phasenvergleicher darf maximal nur 60 s an Spannung liegen.
- Der Phasenvergleicher ist so zu halten, daß zwischen dem Benutzer und der Verbindungsleitung mindestens 100 mm Abstand eingehalten werden.
- Phasenvergleicher dürfen nur von einer Person gehandhabt werden.
- Die Prüfelektroden müssen metallen blank an den Anlageteilen anliegen.

- Der Phasenvergleicher soll bei Gebrauch, mit Ausnahme seiner Prüfelektroden, an unter Spannung stehenden oder geerdeten Teilen nicht anliegen, um seine Anzeige nicht zu verfälschen.
- Die in der Gebrauchsanweisung für den Phasenvergleicher angegebene größte Spannweite zwischen den Prüfelektroden darf nicht überschritten werden.
- Die optische Anzeige „Ungleichphasigkeit" erscheint, wenn zwischen den zu prüfenden Anlageteilen Phasenwinkel zwischen 60° und 300° bestehen.
- Den Anforderungen an Phasenvergleicher liegen die „herabgesetzten Werte" der Mindestabstände nach DIN VDE 0101: 1980-11, Tabelle 5, zugrunde. Diese Phasenvergleicher sind daher nur bedingt in fabrikfertigen, typgeprüften Anlagen einsetzbar. Der Benutzer des Phasenvergleichers bzw. der Betreiber der Schaltanlage muß sich beim Hersteller seiner fabrikfertigen Schaltanlage erkundigen, ob und wo der betreffende Phasenvergleicher eingesetzt werden darf.
- Phasenvergleicher sind keine Synchronisierhilfen.
- Phasenvergleicher dürfen nicht als Spannungsprüfer zum Feststellen der Spannungsfreiheit nach DIN VDE 0105 Teil 1 benutzt werden.

Vorgehen beim Prüfen auf Gleichphasigkeit
a) Prüfung der beiden zu vergleichenden Systeme/Anlagenteile auf Erdschlußfreiheit:
Hierzu muß jeder Außenleiter gegen Erde geprüft werden, d. h., die eine Prüfelektrode des Phasenvergleichers wird (wie im **Bild 3.10.3 A** gezeigt) an Erde (geerdetes Anlageteil) und die andere Prüfelektrode des Phasenvergleichers an den jeweiligen Außenleiter gelegt. Es muß jeweils die Anzeige „Ungleichphasigkeit" erscheinen. Ist dies nicht der Fall, so liegt ein Erdschluß vor, oder die Außenleiter stehen nicht unter Spannung, oder der Phasenvergleicher ist defekt. Der Prüfvorgang ist dann abzubrechen.

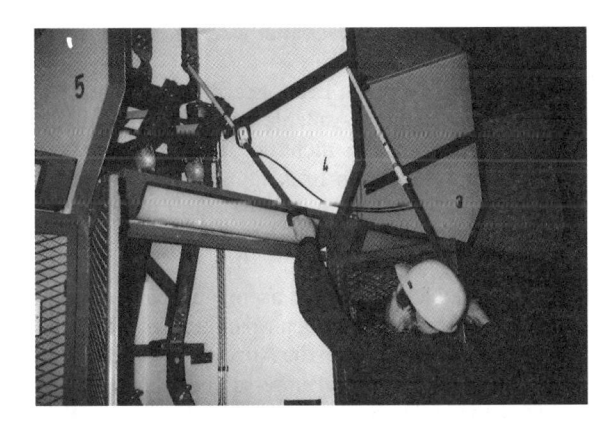

Bild 3.10.3 A Prüfung auf Erdschlußfreiheit

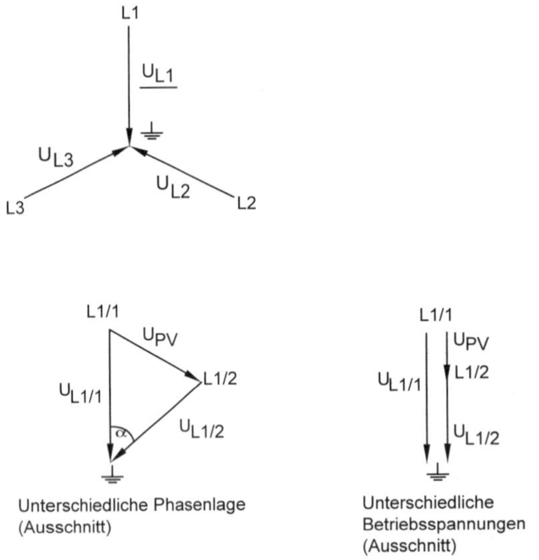

Bild 3.10.3 B Zeigerdiagramme für die Anzeige „Ungleichphasigkeit"
L 1/1   Leiter L 1 des Systems 1
L 1/2   Leiter L 1 des Systems 2
$U_{L\,1/1}$ Spannung Leiter L 1/1 gegen Erde
$U_{L\,1/2}$ Spannung Leiter L 1/2 gegen Erde
U_{PV} Spannung am Phasenvergleicher

b) Prüfung der jeweils zusammenzuschaltenden Außenleiter gegeneinander:
Tritt jeweils die Anzeige „Ungleichphasigkeit" nicht auf, so liegt Gleichphasigkeit vor. Tritt auch nur einmal die Anzeige „Ungleichphasigkeit" auf, so dürfen die beiden Systeme/Anlageteile nicht zusammengeschaltet werden.
c) Überprüfung des Phasenvergleichers:
Die eine Elektrode des Phasenvergleichers wird an Erde (geerdetes Teil) und die zweite Elektrode des Phasenvergleichers an einen Außenleiter gelegt. Es muß die Anzeige „Ungleichphasigkeit" erscheinen. Ist dies nicht der Fall, so ist der Phasenvergleicher defekt, oder es liegt inzwischen ein Erdschluß vor, oder der Außenleiter steht inzwischen nicht mehr unter Spannung. Es ist somit nicht sicher, ob eine unter b) eventuell festgestellte Gleichphasigkeit noch vorliegt.

Hinweis: Ein Phasenvergleicher kann unterschiedliche Phasenlagen nur aufgrund der hierbei zwischen den zu prüfenden Leitern anstehenden Spannung anzeigen. Es kann mit diesem Gerät also nicht festgestellt werden, ob die Anzeige „Ungleichphasigkeit" auf eine unterschiedliche Phasenlage oder auf unterschiedliche Betriebsspannungen der beiden zusammenzuschaltenden Systeme zurückzuführen ist (**Bild 3.10.3 B**).

3.10.4 Aufbewahrung, Pflege

Phasenvergleicher nach DIN VDE 0681 Teil 5 werden vom Hersteller im Neuzustand vor der Auslieferung geprüft. Da mit dem Phasenvergleicher an unter Spannung stehenden Teilen hantiert wird, sind Aufbewahrung und Pflege besondere Beachtung zu schenken.
Phasenvergleicher sind trocken und zweckmäßigerweise in einer Schutzhülle oder in einem speziellen Behälter aufzubewahren. Von den Herstellern werden meist geeignete Behälter angeboten. In der jeweiligen Gebrauchsanweisung befinden sich Hinweise zur Pflege des Geräts.
Vor jedem Einsatz des Phasenvergleichers muß sich der Benutzer vom einwandfreien Zustand des Geräts überzeugen.

3.10.5 Unterschiede zwischen Phasenvergleichern nach DIN VDE 0681 Teil 5 und Spannungsprüfern nach DIN VDE 0681 Teile 1 und 4

Wie bereits erwähnt: Phasenvergleicher sind keine zweipoligen Spannungsprüfer! Phasenvergleicher sind wohl dem Spannungsprüfer nach DIN VDE 0681 Teile 1 und 4 in den Eigenschaften, die die sichere Anwendung als Hilfsmittel zum Arbeiten unter Spannung betreffen (also Sicherheit gegen Überbrückungslichtbogen, gefährliche Ableitströme und Unterschreiten von Mindestabständen), vergleichbar, aber die übrigen Eigenschaften, besonders die Funktion als Prüfgerät, werden mit weniger strengen Maßstäben gemessen. Denn: Ein Irrtum aufgrund schlechterer Wahrnehmbarkeit oder gar Fehlanzeige kann zwar das Einschalten von Anlageteilen im

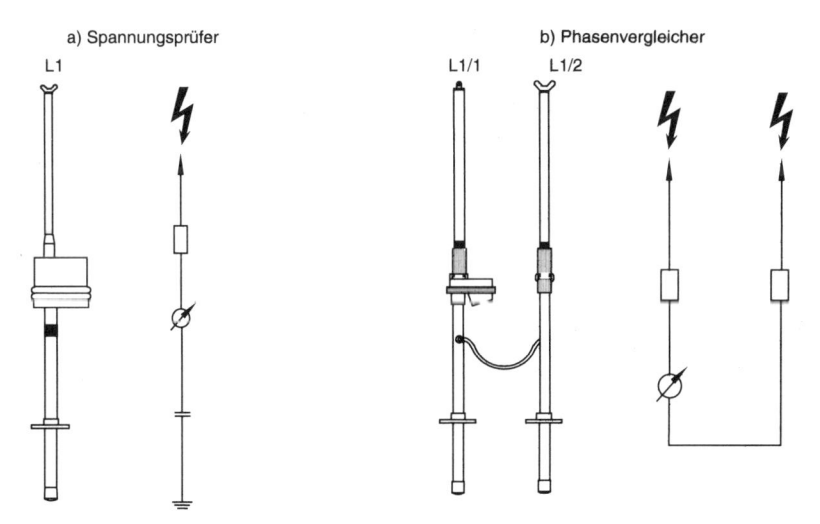

Bild 3.10.5 A Vergleich der Funktionsschaltbilder von Spannungsprüfer und Phasenvergleicher

Zustand der Ungleichphasigkeit zur Folge haben – für einen solchen Fehler sind die Betriebsmittel jedoch bemessen.

Nachfolgend seien einige grundsätzliche Unterschiede zwischen Spannungsprüfern und Phasenvergleichern aufgezeigt:
- Ein Spannungsprüfer ist einpolig aufgebaut, koppelt kapazitiv an Erde an und wertet die Größe des kapazitiven Stroms gegen Erde oder gegen andere Anlagenteile aus (**Bild 3.10.5 A**).
- Der Phasenvergleicher dagegen ist ein zweipoliges Gerät, das eine galvanische Verbindung zwischen den beiden Prüfelektroden aufweist. Hier wird der Strom ausgewertet, der über die Prüfelektroden und die Verbindungsleitung fließt.
- Spannungsprüfer nach DIN VDE 0681 Teile 1 und 4 zum Einsatz im Freien können bei Mitlicht bis zu einer Beleuchtungsstärke von 100000 lx an der Anzeigestelle eindeutig wahrgenommen werden.
- Für Phasenvergleicher nach DIN VDE 0681 Teil 5 genügt die eindeutige Wahrnehmbarkeit unter denselben Bedingungen bis zu einer Beleuchtungsstärke von 25000 lx.

3.11 Isolierende Schutzplatten
– DIN VDE 0681 Teil 8 und nach E DIN VDE 0681 Teil 8 A1

3.11.1 Stand der Normung

Die Norm DIN VDE 0681 Teil 8:1988-05 „Geräte zum Betätigen, Prüfen und Abschranken unter Spannung stehender Teile mit Nennspannungen über 1 kV; Isolierende Schutzplatten" gilt für isolierende Schutzplatten zum kurzzeitigen Einsatz in elektrischen Innenraumanlagen nach DIN VDE 0101, jedoch nicht für fabrikfertige, typgeprüfte Schaltanlagen nach DIN VDE 0670 Teile 6 und 7. Hier dürfen sie nur nach Maßgabe des Schaltanlagenherstellers eingesetzt werden.

Der Änderungsentwurf E DIN VDE 0681 Teil 8 A1:1992-09 enthält die **Tabelle 3.11.1 A**, die sowohl Mindestabstände zwischen spannungsführenden Anlageteilen und dem Plattenrand als auch zur Plattenoberfläche vorschreibt. Von diesen Mindestabständen darf nur abgewichen werden, wenn die elektrische Festigkeit der Anordnung durch Prüfung nachgewiesen wird. Die entsprechenden Prüfungen sind im Änderungs-Entwurf enthalten. Das bedeutet, daß die Abstände isolierender Schutzplatten, die nach DIN VDE 0681 Teil 8:1988-05 hergestellt sind und die in Schaltanlagen nach DIN VDE 0101 auf unter Spannung stehenden Teilen aufliegen, nach Tabelle 3.11.1 A zu überprüfen sind oder die elektrische Festigkeit der Anordnung durch Prüfung nachzuweisen ist.

1 Bemessungsspannung U_r kV	2 Abstand des unter Spannung stehenden Teils	3
	zum Plattenrand a mm	zur Platte b mm
3,6	65	0
7,2	90	0
12,0	115	20
24,0	215	60
36,0	325	100

Tabelle 3.11.1 A Mindestabstände zwischen unter Spannung stehenden Teilen und der isolierenden Schutzplatte entsprechend E DIN VDE 0681 Teil 8 A1

Dies ermöglicht auch, die Probleme des Einsatzes isolierender Schutzplatten in Schaltanlagen der Spannungsreihe S nach DIN VDE 0101 (Liste 1 nach DIN VDE 0111 Teil 1) zu lösen.
Grundsätzlich ist festzustellen, daß nach E DIN VDE 0681 Teil 8 A1 isolierende Schutzplatten spannungsführende Teile (ab U_r = 12 kV) nicht berühren dürfen.

3.11.2 Anwendungsbereich

Nach DIN VDE 0681 Teil 8 erstreckt sich der Spannungsbereich, in dem die Schutzplatten einsetzbar sind, von 1 kV bis 30 kV Wechselspannung bei Frequenzen unter 100 Hz und von 1,5 kV bis 30 kV Gleichspannung.

Im Änderungsentwurf DIN VDE 0681 Teil 8 A1 ist die Anwendbarkeit bei Gleichspannungen gestrichen worden, da DIN VDE 0681 Teil 8 keine Prüfungen enthält, die den Besonderheiten dieses Einsatzes gerecht werden.
Es sei besonders darauf hingewiesen, daß isolierende Schutzplatten keine Vorrichtung zum Sichern gegen Wiedereinschalten sind.

3.11.3 Begriffe

Der geschützte Bereich (in den Bildern 3.11.3 A bis 3.11.3 D mit 2 bezeichnet) ist der Raum, der durch die isolierende Schutzplatte gegen die Gefahrenzone abgegrenzt wird.
Der Schutzteil (mit Länge l_s und gegebenenfalls Höhe h_s) isolierender Schutzplatten ist derjenige Teil, der Schutz gegen zufälliges Berühren unter Spannung stehender Teile gewährt. An ihm ist entweder eine Handhabe oder eine Kupplung zum Anbringen einer Isolier- oder Betätigungsstange angebracht.

Die Bilder 3.11.3 A bis D zeigen, daß der Schutz des Benutzers beim Einbringen und Herausnehmen von isolierenden Schutzplatten durch Einhalten einer **Schutzdistanz** (**Bild 3.11.3 A**), durch einen **Schutzteil** (**Bild 3.11.3 B**), durch den **Isolierteil** einer Isolierstange oder Betätigungsstange (**Bild 3.11.3 C**) oder durch eine **Schutzvorrichtung der Anlage** selbst (**Bild 3.11.3 D**) sichergestellt werden kann.

Die Schutzdistanz l_c (Bild 3.11.3 A) ist der kürzeste Abstand zwischen unter Spannung stehenden Teilen ohne Schutz gegen direktes Berühren und dem Benutzer von isolierenden Schutzplatten beim Einbringen oder Herausnehmen und beträgt mindestens 525 mm.

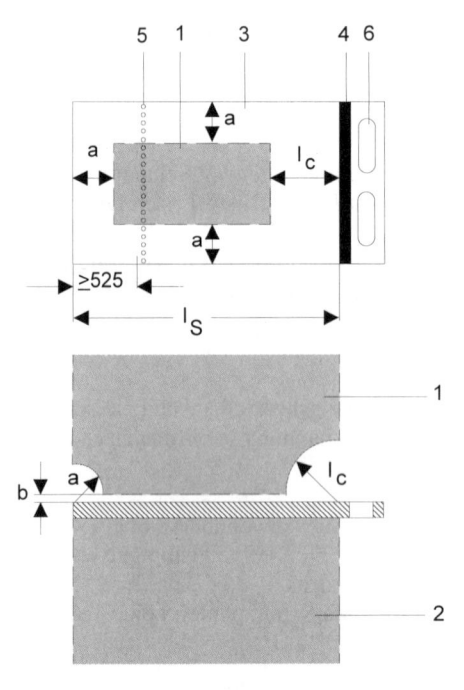

Bild 3.11.3 A Isolierende Schutzplatte nach DIN VDE 0681 Teil 8 und Änderungsentwurf A1: Schutz beim Einbringen und Herausnehmen durch Schutzteil
1 Bereich unter Spannung stehender Teile
2 geschützter Bereich
3 Schutzteil mit der Länge l_S
4 Begrenzungsmarkierung
5 Hilfsmarkierung
6 Handhabe
l_S Länge des Schutzteils
l_C Schutzdistanz
a Mindestabstand unter Spannung stehender Teile vom Rand der isolierenden Schutzplatte
b Mindestabstand unter Spannung stehender Teile von der isolierenden Schutzplatte

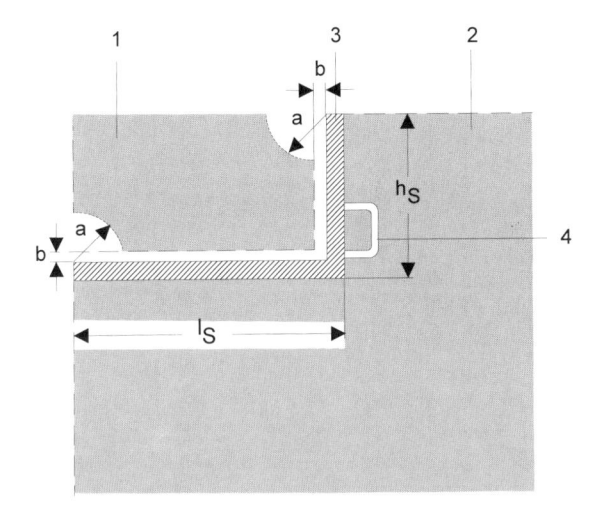

Bild 3.11.3 B Isolierende Schutzplatte nach DIN VDE 0681 Teil 8 und Änderungsentwurf A1: Schutz beim Einbringen und Herausnehmen durch Schutzteil
1   Bereich unter Spannung stehender Teile
2   geschützter Bereich
3   Schutzteil mit der Länge l_S und der Höhe h_S
4   Handhabe
l_S Länge des Schutzteils
h_S Höhe des Schutzteils
a Mindestabstand unter Spannung stehender Teile vom Rand der isolierenden Schutzplatte
b Mindestabstand unter Spannung stehender Teile von der isolierenden Schutzplatte

Die Begrenzungsmarkierung der isolierenden Schutzplatten ist eine deutlich sichtbare Begrenzung der Handhabe zum Schutzteil (Bild 3.11.3 A).
Die Hilfsmarkierung ist eine deutlich sichtbare Begrenzung an isolierenden Schutzplatten, bis zu der der unterstützenden Hand beim Einbringen und Herausnehmen Schutz durch Abstand geboten wird (Bild 3.11.3 A).
Die Isolierstange (nach DIN VDE 0105 Teil 1: 1983-07, Abschnitt 2.6) ist eine Stange (vgl. auch Abschnitt 3.2.5.1), die zum Einbringen und Herausnehmen isolierender Schutzplatten dient und dem Benutzer Schutz für die sichere Handhabung gibt (Bild 3.11.3 C).

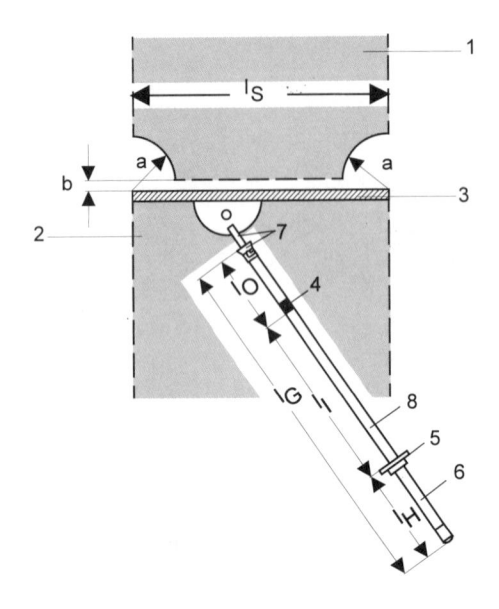

Bild 3.11.3 C Isolierende Schutzplatte nach DIN VDE 0681 Teil 8 und Änderungsentwurf A1: Schutz beim Einbringen und Herausnehmen durch Schutzteil einer Isolierstange oder einer Betätigungsstange
1   Bereich unter Spannung stehender Teile
2   geschützter Bereich
3   Schutzteil mit der Länge l_S
4   Roter Ring
5   Begrenzungsscheibe
6   Handhabe
7   Kupplung
8   Isolierteil der Isolierstange mit Länge l_I
a   Mindestabstand unter Spannung stehender Teile vom Rand der isolierenden Schutzplatte
b   Mindestabstand unter Spannung stehender Teile von der isolierenden Schutzplatte
l_S Länge des Schutzteils
l_G Gesamtlänge der Isolierstange
l_O Länge des Oberteils der Isolierstange
l_H Länge der Handhabe der Isolierstange
l_I Länge des Isolierteils der Isolierstange

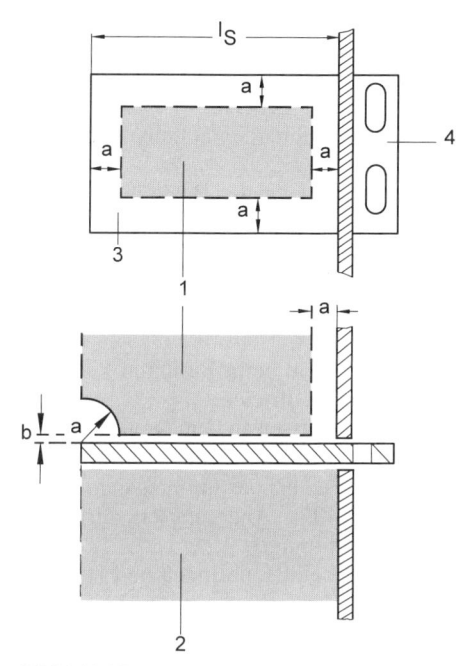

Bild 3.11.3 D Isolierende Schutzplatte nach DIN VDE 0681 Teil 8 und Änderungsentwurf A1: Schutz beim Einbringen und Herausnehmen durch Schutzvorrichtung der Anlage
1 Bereich unter Spannung stehender Teile
2 geschützter Bereich
3 Schutzteil mit der Länge l_S
4 Handhabe
l_S Länge des Schutzteils
a Mindestabstand unter Spannung stehender Teile vom Rand der isolierenden Schutzplatte
b Mindestabstand unter Spannung stehender Teile von der isolierenden Schutzplatte

3.11.4 Anforderungen und Aufbau

Im folgenden werden Anforderungen an und Aufbau von isolierenden Schutzplatten nur insoweit beschrieben, wie sie für Benutzer von Bedeutung sind. Soweit nicht anders vermerkt, gelten die Ausführungen sowohl für DIN VDE 0681 Teil 8 als auch für E DIN VDE 0681 Teil 8 A1.
Isolierende Schutzplatten müssen mindestens aus einem Schutzteil und einer Handhabe oder einer Kuppelmöglichkeit bestehen.

Isolierende Schutzplatten müssen so gebaut sein, daß der Benutzer auch beim Einbringen und Herausnehmen gegen zufälliges Berühren unter Spannung stehender Teile geschützt ist. Dies kann erreicht werden durch:

- Schutzdistanz l_c, die die isolierende Schutzplatte unter Beachtung der gepunkteten schwarzen Hilfsmarkierung für die unterstützende Hand und der durchgehenden schwarzen Begrenzungsmarkierung bietet (Bild 3.11.3 A),
- Schutzteil mit der Länge l_s und der Höhe h_s der isolierenden Schutzplatte (Bild 3.11.3 B),
- Isolierteil der Länge l_I einer Isolierstange oder einer geeigneten Betätigungsstange (Bild 3.11.3 C),
- Schutzvorrichtung der Anlage selbst (Bild 3.11.3 D).

Isolierende Schutzplatten müssen aus Isolierstoff bestehen, ausgenommen Handhabe, Verbindungen und Führungselemente (durch die die Schutzwirkung nicht vermindert werden darf).

Isolierende Schutzplatten müssen so bemessen sein, daß beim Berühren vom geschützten Bereich aus keine gefährlichen Ableitströme auftreten.

Isolierende Schutzplatten, die eine Handhabe haben, müssen so bemessen sein, daß beim Einbringen und Herausnehmen keine gefährlichen Ableitströme auftreten.

Isolierende Schutzplatten müssen so bemessen sein, daß bei bestimmungsgemäßem Gebrauch keine Über- oder Durchschläge auftreten. (Der Änderungsentwurf DIN VDE 0681 Teil 8 A1 enthält hierfür geänderte Bestimmungen.)

Isolierende Schutzplatten mit Schutz des Benutzers beim Einbringen und Herausnehmen durch Schutzdistanz (Bild 3.11.3 A) müssen durch 20 mm breite, beidseitig umlaufende Markierungen so gekennzeichnet sein, daß der Benutzer beim Einbringen und Herausnehmen die Schutzdistanz deutlich erkennen kann.

Diese Markierungen sind:
- die durchgehende schwarze Begrenzungsmarkierung auf der Handhabe angrenzend zum Schutzteil,
- die gepunktete schwarze Hilfsmarkierung auf dem Schutzteil im Abstand 525 mm von dem der Handhabe gegenüber liegenden Ende. (Die Punkte müssen 20 mm Durchmesser und 40 mm Mittenabstand haben.)

Isolierende Schutzplatten müssen eine Gesamtdicke des festen Isolierstoffs von mindestens 4 mm haben.

Isolierende Schutzplatten dürfen sich nicht übermäßig durchbiegen und müssen schlag- und stoßfest sein. Ihre Oberflächen müssen glatt und allseitig geschlossen sein. Die Randflächen müssen dicht gegen Eindringen von Feuchtigkeit sein.

Die Kupplung muß so bemessen und so zur isolierenden Schutzplatte stehen oder einstellbar sein, daß diese mit einer Isolierstange (oder Betätigungsstange) zielsicher und gefahrlos eingebracht werden kann. Die Kupplung darf sich nicht unbeabsichtigt lösen.

Isolierstangen müssen mindestens aus Kupplungsteil, Isolierteil und Handhabe bestehen (Bild 3.11.3 C). Isolierteil und Handhabe von Isolierstangen müssen, soweit zutreffend, DIN VDE 0681 Teil 1 entsprechen.

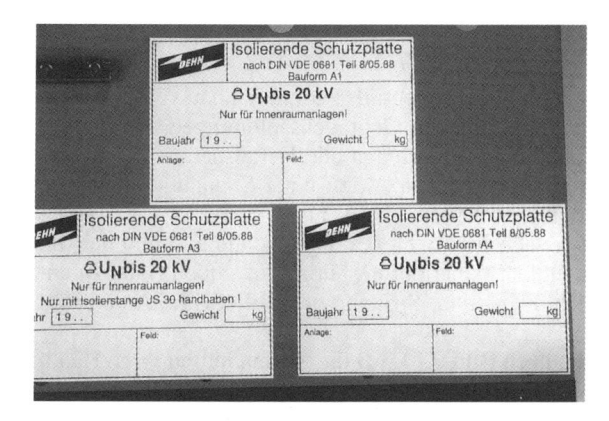

Bild 3.11.4 A Aufschriften auf isolierender Schutzplatte

Der Isolierteil der Isolierstange muß mindestens 525 mm lang sein. Die Handhabe der Isolierstange muß mindestens 350 mm lang sein.

Auf isolierenden Schutzplatten und zugehörigen Isolierstangen müssen mindestens folgende Aufschriften angebracht sein (**Bild 3.11.4 A**):
- Kennzeichnung von Hilfsmitteln zum Arbeiten an unter Spannung stehenden Teilen nach DIN 48 699 mit Spannungsangabe,
- Herkunftszeichen (Name oder Warenzeichen des Herstellers),
- Baujahr,
- Hinweis: „Nur für Innenraumanlagen!",
- Angaben zum Einsatzbereich in Schaltanlagen, z. B. Anlagentyp, Aufstellungsort, Schaltfeldnummer (entsprechend E DIN VDE 0681 Teil 8 A1).

Soweit zutreffend, folgende Hinweise:
- Kennzeichnung durch Beschriftung oder Markierung bei zusammensetzbaren, ausziehbaren oder klappbaren isolierenden Schutzplatten oder Isolierstangen.

Zusätzlich auf isolierenden Schutzplatten, die mit Isolierstangen oder Betätigungsstangen eingebracht werden:
- „Nur mit zugehöriger Isolierstange handhaben!" bzw. „Nur mit zugehöriger Betätigungsstange handhaben!"
- „Gewicht ... kg".

Zusätzlich auf Isolierstangen oder Betätigungsstangen:
- „Plattengewicht bis ... kg".

151

3.11.5 Anwendungshinweise

Hinweise für Gebrauch, Wartung und gegebenenfalls Zusammenbau von isolierenden Schutzplatten enthalten die beigegebenen Gebrauchsanleitungen. Darin wird besonders darauf hingewiesen, daß beim Einbringen und Herausnehmen isolierender Schutzplatten die notwendige Schutzdistanz l_c zu unter Spannung stehenden Teilen eingehalten werden muß. Dies wird erreicht, wenn:
- bei isolierenden Schutzplatten nach Bild 3.11.3 A der Abstand 525 mm der (im Bereich zwischen Handhabe und Hilfsmarkierung) unterstützenden Hand zu unter Spannung stehenden Teilen nicht unterschritten wird (**Bild 3.11.5 A** und **Bild 3.11.5 B**),
- bei isolierenden Schutzplatten nach Bild 3.11.3 B die Platten nur an ihren Handhaben angefaßt werden (**Bild 3.11.5 C**),
- bei isolierenden Schutzplatten nach Bild 3.11.3 C die Isolierstange nur an der Handhabe angefaßt wird (**Bild 3.11.5 D**).

Die Bilder 3.11.5 A und B zeigen das Einbringen einer isolierenden Schutzplatte von Hand in ein fabrikfertiges 10-kV-Schaltfeld einer Ortsnetzstation. Der Kabelabgang in dieser Ringkabelzelle ist freigeschaltet, und der zugehörige Erdungsschalter

Bild 3.11.5 A Einbringen einer isolierenden Schutzplatte nach Bild 3.11.3 A

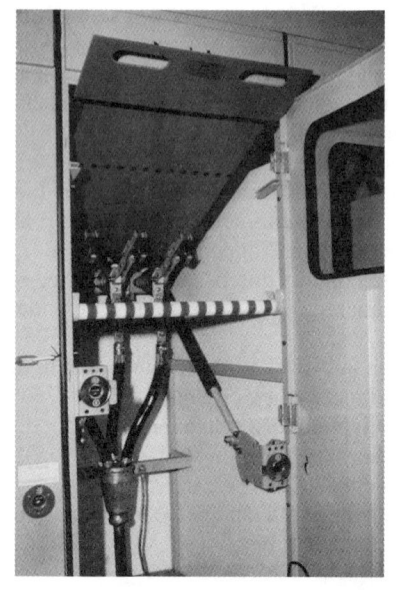

Bild 3.11.5 B Isolierende Schutzplatte im eingebrachten Zustand nach Bild 3.11.3 A

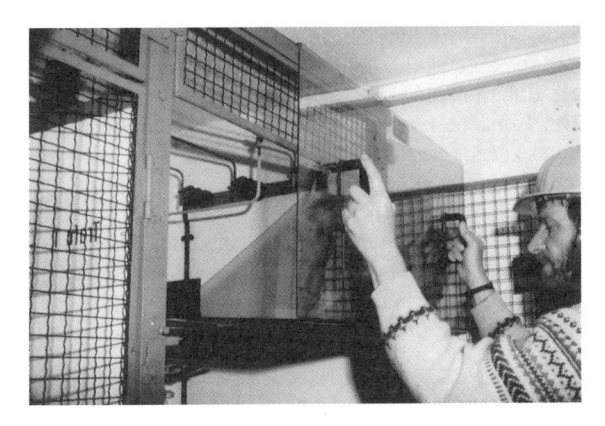

Bild 3.11.5 C Einbringen einer isolierenden Schutzplatte in durchsichtiger Ausführung nach Bild 3.11.3 B

ist eingeschaltet. Zur gefahrlosen Kontrolle und Wartung des Endverschlusses ist der unter Spannung stehende Sammelschienenbereich mit den oberen Schaltstücken des Lasttrennschalters abgedeckt.

Bild 3.11.5 D Einbringen einer isolierenden Schutzplatte nach Bild 3.11.3 C

Größe und Gewicht dieser Schutzplatte erfordern den Einsatz beider Hände des Benutzers (Bild 3.11.5 A): Während die eine Hand die Platte an der Aussparung in der Handhabe faßt, greift die andere unterstützend bis zur schwarz gepunkteten Hilfsmarkierung, sie wird dann beim Einschieben der Platte hinter die durchgehende schwarze Begrenzungsmarkierung zurückgezogen. Auf diese Weise wird auch mit der unterstützenden Hand die mindestnotwendige Schutzdistanz l_c von 525 mm zu unter Spannung stehenden Teilen nicht unterschritten.

In dem im Bild 3.11.5 A gezeigten Fall ist die unterstützende Hand nur zum Auflegen der Schutzplatte auf die Führungsschienen notwendig. Es sei jedoch besonders darauf hingewiesen, daß der Abstand l_c zwischen der Begrenzungsmarkierung und unter Spannung stehenden Teilen auch im eingebrachten Zustand nicht unterschritten werden darf.

Bei dem im Bild 3.11.5 C gezeigten Praxisbeispiel handelt es sich um ein vor Ort erstelltes 10-kV-Schaltfeld mit Gittertüren und Blenden einer Ortsnetzstation herkömmlicher Bauart. Im ausgeschalteten Zustand stehen die Schaltmesser des Lasttrennschalters fast waagrecht, so daß die Schutzplatten-Führungsschienen ebenfalls waagrecht angeordnet werden könnten.

Die Bauform der isolierenden Schutzplatte nach Bild 3.11.3 B bietet mit ihrem senkrechten Frontteil auch bei geöffneter Gittertür Schutz gegen zufälliges Berühren der Sammelschiene.

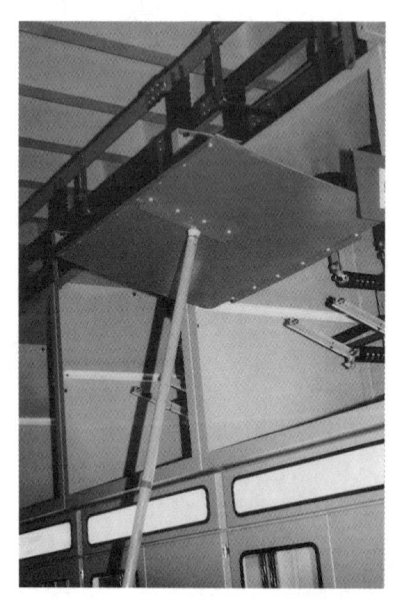

Bild 3.11.5 E Isolierende Schutzplatte wird auf Führungsschienen aufgelegt

Das Bild 3.11.5 D zeigt das Einbringen einer isolierenden Schutzplatte in eine 10-kV-Schaltanlage in Doppelsammelschienen-Bauweise mit 3,4 m Bauhöhe. Hier läßt sich die Schutzplatte mit einer Isolierstange gefahrlos einbringen.

Bild 3.11.5 E und **Bild 3.11.5 F** zeigen, wie eine solche Schutzplatte auf die Führungsschienen (**Bild 3.11.5 G**) aufgelegt und eingeschoben wird.

Das **Bild 3.11.5 H** zeigt die Teile der Kupplung; sie besteht aus einer in Längsrichtung um etwa 30° schwenkbaren Spindel (mit Querstift) aus glasfaserverstärktem Kunststoff an der Platte und einem dazu passenden Trichter mit Bajonettverschluß

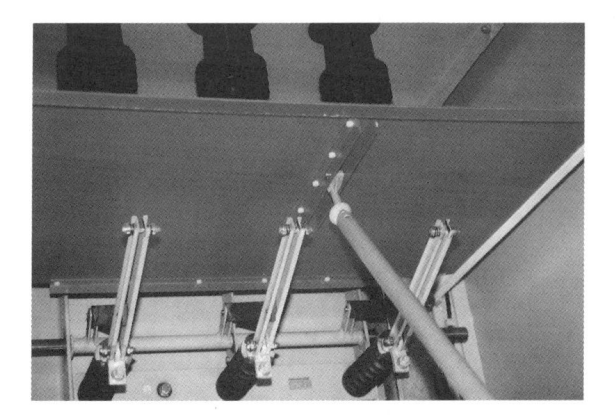

Bild 3.11.5 F Isolierende Schutzplatte wird auf Führungsschienen eingeschoben

Bild 3.11.5 G Führungsschienen zum Einbringen einer isolierenden Schutzplatte

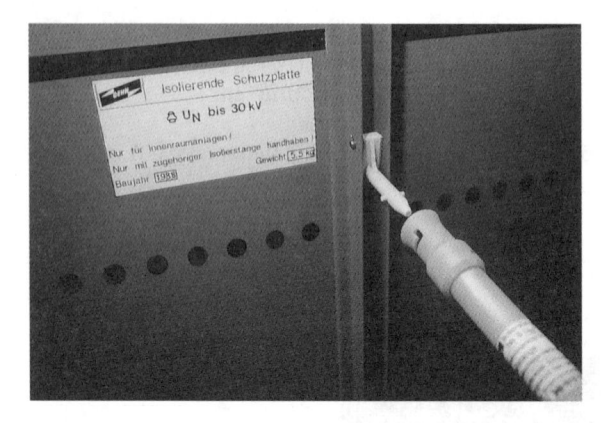

Bild 3.11.5 H Kupplung: Spindel mit Querstift an der isolierenden Schutzplatte und Trichter mit Bajonettverriegelung an der Isolierstange

Bild 3.11.5 I Einbringen einer abgewinkelten isolierenden Schutzplatte

Bild 3.11.5 J Isolierende Schutzplatte deckt die oberen spannungsführenden Teile des Lasttrennschalters ab

Bild 3.11.5 K Einbringen einer großen Schutzplatte von zwei Personen mit zwei gleichen Isolierstangen

an der Isolierstange. Der Kupplungsteil an der Schutzplatte ist in einem U-Profil aus gleichem Werkstoff, das auf die Schutzplatte aufgeschweißt wurde, angebracht.

Bild 3.11.5 I und **Bild 3.11.5 J** zeigen den Einsatz einer abgewinkelten Schutzplatte, mit der der obere, spannungsführende Teil des geöffneten Lasttrennschalters abgedeckt wird.

In **Bild 3.11.5 K** ist eine fabrikfertige 30-kV-Schaltzelle mit 1,8 m Breite und 1,6 m Tiefe gezeigt. Die hier zum Einsatz kommende Schutzplatte hat ein Gewicht von

Bild 3.11.5 L Einsatz einer isolierenden Schutzplatte nach Bild 3.11.3 D

etwa 25 kg, so daß zwei Personen für ihre sichere Handhabung erforderlich sind. Nach DIN VDE 0681 Teil 8 müssen für die beiden Kupplungsstellen zwei gleiche Isolier- oder Betätigungsstangen verwendet werden.

Bild 3.11.5 L, **Bild 3.11.5 M** und **Bild 3.11.5 N** zeigen den Einsatz einer isolierenden Schutzplatte nach Bild 3.11.3 D in einem fabrikfertigen 20-kV-Schaltfeld neuerer Bauart. Die Schutzplatte wird durch einen Schlitz in der Schaltzellenfront eingebracht, der eine selbstrückstellende Blechabdeckung hat. Die Führung der Platte ist durch den Schlitz und durch die Führungsschienen vorgegeben. Damit wird deut-

Bild 3.11.5 M Einsatz einer isolierenden Schutzplatte nach Bild 3.11.3 D

Bild 3.11.5 N Einsatz einer isolierenden Schutzplatte nach Bild 3.11.3 D

lich, daß hierbei keine besonderen Vorkehrungen beim Einbringen und Herausnehmen getroffen werden müssen, da der Schutz durch die Bauweise der Anlage vorgegeben ist. Markierungen wie bei üblichen isolierenden Schutzplatten nach Bild 3.11.3 A sind somit nicht erforderlich. Isolierende Schutzplatten für fabrikfertige Anlagen neuerer Bauart gehören zum Zubehör und werden in der Regel vom Hersteller der Anlage mitgeliefert.

Es sei nochmals darauf hingewiesen, daß isolierende Schutzplatten nur als Schutz gegen zufälliges Berühren und nicht als Schutz gegen Wiedereinschalten geeignet sind. Isolierende Schutzplatten sind im eingebrachten Zustand so festzulegen, z. B. durch Führungsschienen, Auflager, Halterungen oder Anschläge, daß sie bei zufälligem Berühren ihre Schutzwirkung behalten.

Das Einbringen bzw. Herausnehmen isolierender Schutzplatten zählt zum Arbeiten an unter Spannung stehenden Teilen und darf nur von Elektrofachkräften oder elektrotechnisch unterwiesenen Personen vorgenommen werden.

Da sich im Einschubbereich der Platten oft auch Teile befinden, die z. B. zum Antrieb des Schalters gehören, sind oft Spalte oder Ausbrüche an den Plattenrändern erforderlich. Außerhalb der Gefahrenzone nach DIN VDE 0105 Teil 1: 1983-07 sind nach DIN VDE 0101: 1989-05, Abschnitt 4.3.5.5, folgende Spalte zulässig:

Bild 3.11.5 O Beispiel für die Aufbewahrung von isolierenden Schutzplatten

- bis zu 10 mm Breite ohne Einschränkung,
- bis zu 40 mm Breite, wenn der Abstand vom Plattenrand bis zur Gefahrenzone mindestens 100 mm beträgt,
- bis zu 100 mm Breite im Bereich der Trennschalter-Unterkonstruktion.

Isolierende Schutzplatten müssen stets sauber und trocken gehalten werden, und es ist notwendig, die Schutzplatten in angemessenen Abständen zu reinigen und zu kontrollieren.

Die Einsatzzeit von isolierenden Schutzplatten im eingebrachten Zustand wird im wesentlichen durch folgende Einflüsse begrenzt: Feuchtigkeit, Temperatur, Verschmutzung und Spannungshöhe. Gefahren durch Ableitströme können infolge von Fremdschichten bei feuchten oder verschmutzten isolierenden Schutzplatten auftreten. Isolierende Schutzplatten dürfen nur in Innenraumanlagen benutzt werden. Ihrer Aufbewahrung (**Bild 3.11.5 O**) ist genügend Beachtung zu schenken, um ihre Betriebssicherheit zu erhalten.

Für die Nachrüstung von Anlagen mit isolierenden Schutzplatten ist in der Regel eine Ortbegehung mit Maßaufnahmen erforderlich.

Zur Frage des Austausches älterer Platten ist generell festzustellen: Alte Platten, die nicht aus Kunststoff bestehen, z. B. solche aus Hartpapier, Holzfaser oder Preßspan, also aus hygroskopischem Material, sollten gegen isolierende Schutzplatten nach DIN VDE 0681 Teil 8 ausgetauscht werden.

4 Ortsveränderliche Geräte zum Erden und Kurzschließen – DIN VDE 0683

DIN VDE 0683 hat den Titel „Ortsveränderliche Geräte zum Erden und Kurzschließen". Sie umfaßt folgende Teile:
Teil 1: „Freigeführte Erdungs- und Kurzschließgeräte",
Teil 2: „Zwangsgeführte Staberdungs- und Kurzschließgeräte".
Dazugehörige Maßnormen:
DIN 48 087 „Spindelschaft für Anschließteile",
DIN 48 088 Teile 1 bis 5 „Anschließstellen".

4.1 Freigeführte Erdungs- und Kurzschließgeräte – DIN VDE 0683 Teil 1 – E DIN VDE 0683 Teil 100 und Teil 100 A1

4.1.1 DIN VDE 0683 Teil 1

4.1.1.1 Überblick

DIN VDE 0683 Teil 1 gilt seit März 1988. Sie ersetzt die frühere Bestimmung vom Oktober 1984. Um die 1984er Norm auf weitere, in der Praxis im Einsatz befindliche Geräte auszudehnen, um eine noch höhere Sicherheit in diversen Einzelheiten zu erreichen und um Prüfaufbauten noch mehr an den praktischen Einsatz anzugleichen, wurden umfangreiche Untersuchungen durchgeführt. Diese ergänzenden Festlegungen zu DIN VDE 0683 Teil 1:1984-10 wurden als Entwurf DIN VDE 0683 Teil 1 A1 im Mai 1986 veröffentlicht und sind in die 1988er Norm eingearbeitet. DIN VDE 0683 Teil 1 enthält Bau- und Prüfbestimmungen für frei geführte ortsveränderliche Erdungs- und Kurzschließgeräte; sie ist also eine reine „Herstellerbestimmung". Für Betreiber elektrischer Anlagen, d. h. für Anwender dieser Geräte, nachstehend eine kurze Zusammenfassung der wesentlichen Gesichtspunkte aus DIN VDE 0683 Teil 1
Diese Norm gilt für frei geführte ortsveränderliche Geräte zum Erden und Kurzschließen (**Bild 4.1.1.1 A**):
• an vorher auf Spannungsfreiheit geprüften elektrischen Anlagenteilen und
• an frei geschalteten Fahrleitungsanlagen elektrischer Bahnen.
Die Festlegungen für Erdungs- und Kurzschließvorrichtungen gelten für den Einsatz in Wechsel- und Drehstromanlagen bis 60 Hz und in Gleichstromanlagen sowie an Fahrleitungsanlagen elektrischer Bahnen.

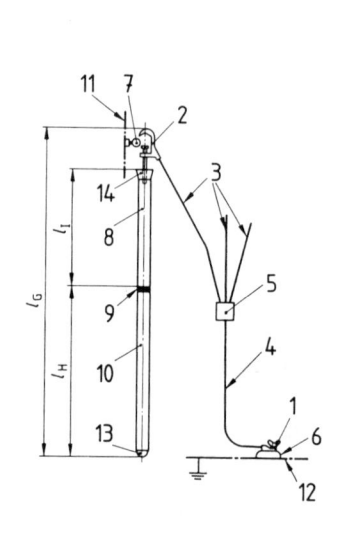

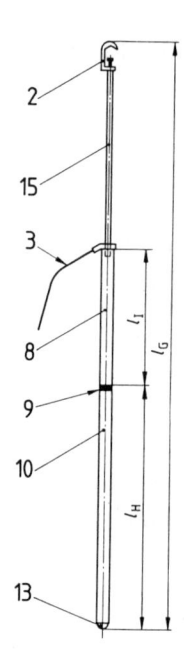

Bild 4.1.1.1 A Beispiele frei geführter ortsveränderlicher Geräte zum Erden und Kurzschließen

1 Anschließteil an Erdungsstange
2 Anschließteil an Leiter
3 Kurzschließseil
4 Erdungsseil
5 Verbindungsstück
6 Anschließstelle an der Erdungsanlage
7 Anschließstelle am Leiter
8 Isolierteil mit Länge l_I
9 Schwarzer Ring der Erdungsstange
10 Handhabe mit Länge l_H
11 Leiter
12 Erdungsanlage
13 Abschlußteil der Erdungsstange
14 Kupplung
15 leitender Zwischenteil

Zur Erdungs- und Kurzschließvorrichtung gehören die Positionen 1 bis 5 und 15. Zur Erdungsstange mit der Gesamtläge l_G gehören die Positionen 8 bis 10 und 13 bis 15.

Die Festlegungen für Erdungsstangen gelten für den Einsatz in Anlageteilen mit Nennspannungen über 1 kV sowie an Fahrleitungsanlagen elektrischer Bahnen aller Nennspannungen.

Diese DIN VDE-Bestimmung gilt nicht für:
- zwangsgeführte Staberdungs- und Kurzschließgeräte nach DIN VDE 0683 Teil 2 (z. B. Erdungs- und Kurzschießstäbe, Erdungshandgriffe),
- fest eingebaute Erdungs- und Kurzschließvorrichtungen (z. B. Erdungsschalter nach DIN VDE 0670),

- Geräte und Vorrichtungen zum Feststellen der Spannungsfreiheit durch Erden und Kurzschließen (z. B. Kabelschießgeräte und Wurferder), ausgenommen Geräte für Fahrleitungsanlagen,
- blanke Kupferseile oder Kupferdrähte, die nach DIN VDE 0105 Teil 1, Ausgabe Juli 1983 (Abschnitt 9.7.3.3), zum Erden und Kurzschließen in elektrischen Anlagen mit Nennspannungen bis 1000 V verwendet werden dürfen.

4.1.1.2 Erdungs- und Kurzschließvorrichtungen

Eine Erdungs- und Kurzschließvorrichtung ist eine Vorrichtung, mit der elektrische Leiter sowohl geerdet als auch kurzgeschlossen werden können. Sie besteht aus Erdungsvorrichtung und Kurzschließvorrichtung (siehe **Bilder 4.1.1.2 A bis 4.1.1.2 T**). Bei elektrischen Bahnen wird die Erdungs- und Kurzschließvorrichtung zum „Bahnerden" der Fahrleitungsanlage benutzt: Sie wird „Bahnerdungsvorrichtung" genannt.

Verbindungsstücke (Bild 4.1.1.2 M) verbinden die Kurzschließseile miteinander und mit dem Erdungsseil bzw. die Kurzschließschiene mit dem Erdungsseil direkt oder über Zwischenglieder, z. B. über Kabelschuhe.
Anschließteile (Bilder 4.1.1.2 N, O, P) verbinden die Erdungs- und Kurzschließseile direkt oder über Zwischenglieder, z. B. über Kabelschuhe, mit der Erdungsanlage und den Anlageteilen, gegebenenfalls über Anschließstellen. Bei elektrischen Bah-

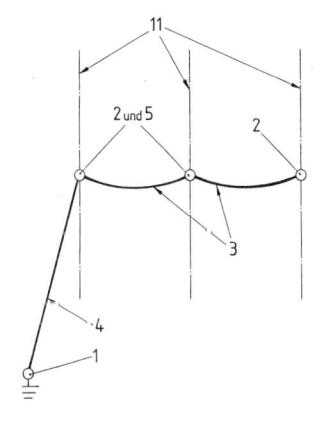

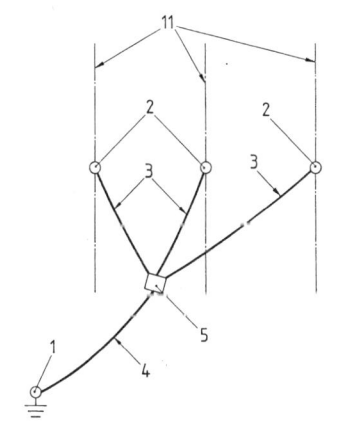

Bild 4.1.1.2 A Beispiele dreipoliger Erdungs- und Kurzschließvorrichtungen mit Seilen
1 Anschließteil an Erdungsanlage   4 Erdungsseil
2 Anschließteil an Leiter   5 Verbindungsstück
3 Kurzschließseil   11 Leiter

Bild 4.1.1.2 B Dreipolige Erdungs- und Kurzschließvorrichtung, im Schaltfeld montiert

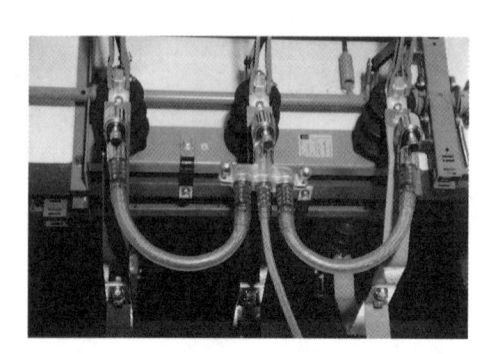

Bild 4.1.1.2 C Dreipolige Erdungs- und Kurzschließvorrichtung mit kurzen Seilästen

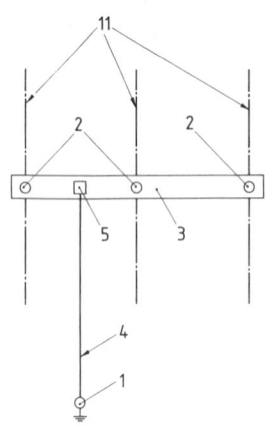

Bild 4.1.1.2 D Beispiel einer dreipoligen Erdungs- und Kurzschließvorrichtung mit Kurzschließschiene und Erdungsseil
1 Anschließteil an Erdungsanlage
2 Anschließteil an Leiter
3 Kurzschließschiene
4 Erdungsseil
5 Verbindungsstück
11 Leiter

Bild 4.1.1.2 E Kurzschließschiene mit Erdungsseil, im Schaltfeld montiert

Bild 4.1.1.2 F Befestigen der Kurzschließschiene an der Anschließstelle, mit Erdungsstange

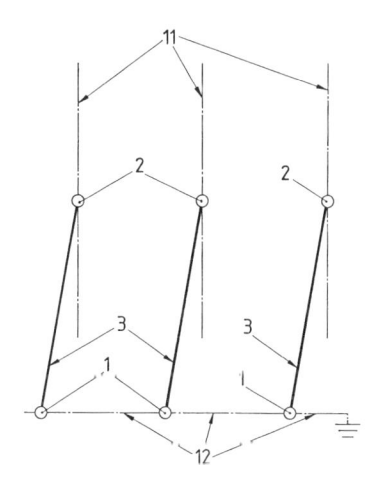

Bild 4.1.1.2 G Beispiel einpoliger Erdungs- und Kurzschließvorrichtungen mit Kurzschließseilen
1   Anschließteil an Erdungsstange
2   Anschließteil an Leiter
3   Kurzschließeil
11 Leiter
12 in der Anlage fest verlegte Erdungssammelleitung

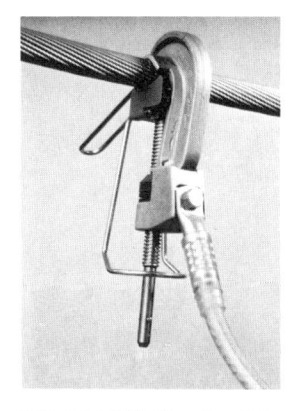

Bild 4.1.1.2 H Einpolige Erdungs- und Kurzschließvorrichtung am Leiterseil

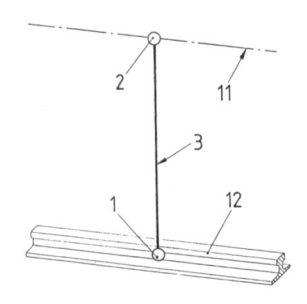

Bild 4.1.1.2 I Beispiel einer Vorrichtung mit Kurzschließseil zum Bahnerden
1   Anschließteil an Bahnerde (Fahrschiene)
2   Anschließteil an Fahrleitungsanlage
3   Kurzschließseil
11 Fahrleitungsanlage
12 Bahnerde (Fahrschiene)

Bild 4.1.1.2 J Einbringen einer Erdungs- und Kurzschließvorrichtung in die Fahrleitungsanlage

Bild 4.1.1.2 K Anschließteil an Bahnerde (Fahrschiene)

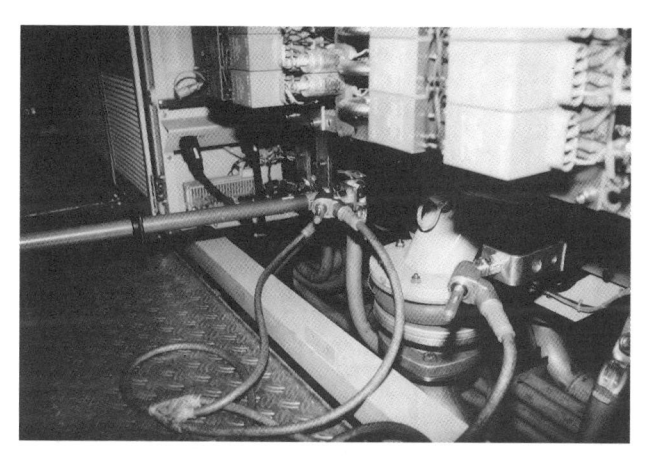

Bild 4.1.1.2 L Erden und Kurzschließen auf einer Elektro-Lokomotive der Deutschen Bahn AG

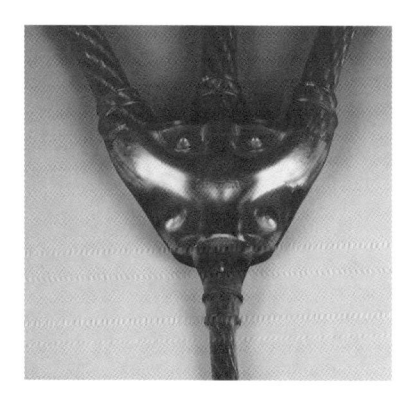

Bild 4.1.1.2 M Verbindungsstück in einer dreipoligen Erdungs- und Kurzschließvorrichtung

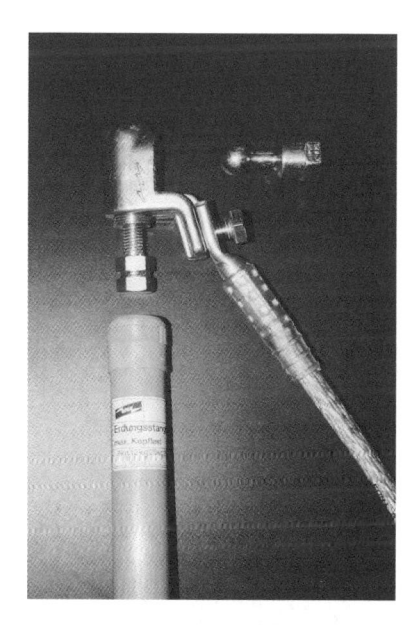

Bild 4.1.1.2 N Anschließteil für Kugelbolzen

167

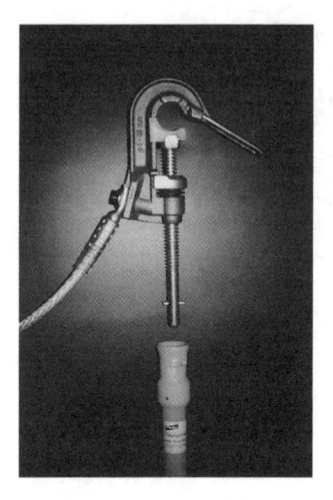

Bild 4.1.1.2 O Anschließteil für Leiterseil

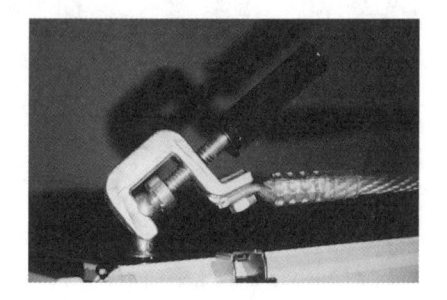

Bild 4.1.1.2 Pa Anschließteil an Erdungsanlage; mit Schraubzwinge am Kugelbolzen

nen verbinden die Anschließteile die Erdungs- und Kurzschließseile mit der Bahnerde und der Fahrleitungsanlage.
Anschließstellen (Bilder 4.1.1.2 Q und R) sind diejenigen Stellen an Anlageteilen, an die die Erdungs- und Kurzschließvorrichtungen angeschlossen werden, z. B. Seile, Schienen, Kugelbolzen, Zylinderbolzen, Bügel.

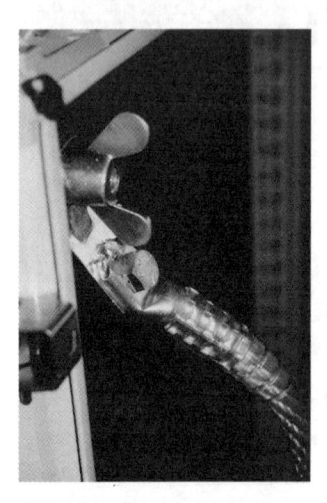

Bild 4.1.1.2 Pb Anschließteil an Erdungsanlage; mit Flügelmutter am Erdanschlußstück

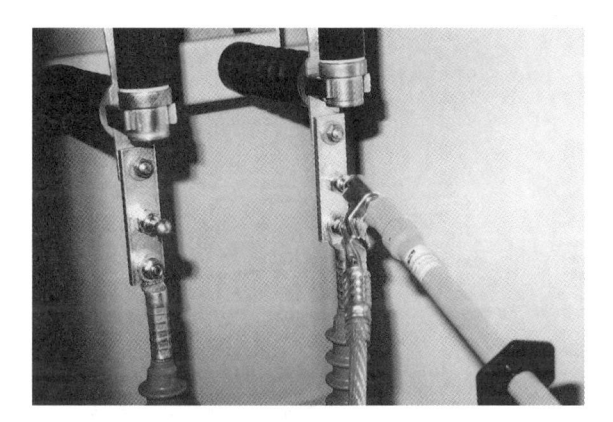

Bild 4.1.1.2 Q Kugelbolzen als Anschließstelle

Bild 4.1.1.2 R Bügelfestpunkt als Anschließstelle

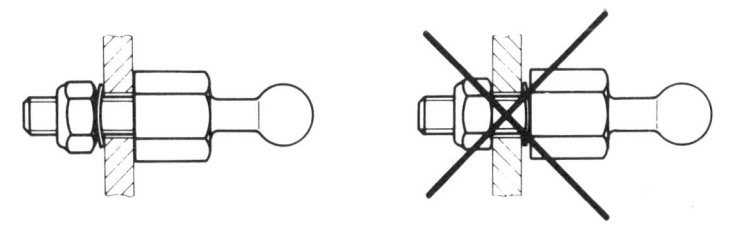

Bild 4.1.1.2 S Einbau eines Kugelbolzens als Anschließstelle an einer Leiterschiene

Bild 4.1.1.2 Ta Einbringen einer Erdungs und Kurzschließvorrichtung mit Erdungsstange – in eine Freileitung

Bild 4.1.1.2 Tb Einbringen einer Erdungs- und Kurzschließvorrichtung mit Erdungsstange – in ein Schaltfeld

Beim Einbau der Anschließstellen, z. B. Kugelbolzen (Bild 4.1.1.2 S), ist darauf zu achten, daß diese direkt auf den Leiterschienen aufsitzen, ohne Zwischenelemente (z. B. U-Scheibe, Federring), denn infolge des zusätzlichen Übergangswiderstands könnten diese Zwischenelemente beim Durchgang des Kurzschlußstroms verglühen.

Erdungs- und Kurzschließvorrichtungen mit Seilen müssen mit Anschließteilen ausgerüstet sein. Die Anschließteile zur Verwendung in Anlagen über 1 kV müssen so gebaut sein, daß sie – wegen möglicher Restspannungen oder Beeinflussungsspannungen – mittels Erdungsstange an die Außenleiter herangeführt und angeschlossen werden können (Bild 4.1.1.2 T). Dies gilt nur dann nicht, wenn eine vorläufige Erdung nach DIN VDE 0105 Teil 1 (Abschnitt 9.7.4.4) vorgesehen ist.

Erdungs- und Kurzschließvorrichtungen müssen der Strombelastbarkeit nach den Angaben in nachfolgenden Diagrammen genügen. Man unterscheidet folgende Strombelastbarkeits-Diagramme:
- Kupferseile zum Einsatz in Wechsel- und Drehstromanlagen (**Bild 4.1.1.2 U**);
- Kupferseile zum Einsatz in Gleichstromanlagen (**Bild 4.1.1.2 V**);
- Kupferseile zum Einsatz an Fahrleitungsanlagen elektrischer Bahnen (**Bild 4.1.1.2 W**);
- Kupferschienen (**Bild 4.1.1.2 X**);
- Reinaluminiumschienen (**Bild 4.1.1.2 Y**);
- Schienen aus Aluminium-Knetlegierung z. B. Pantal (**Bild 4.1.1.2 Z**).

Die Strombelastbarkeit des Kurzschließseils bzw. der Kurzschließschiene hängt von Werkstoff, Querschnitt A und Kurzschlußdauer T_k ab.

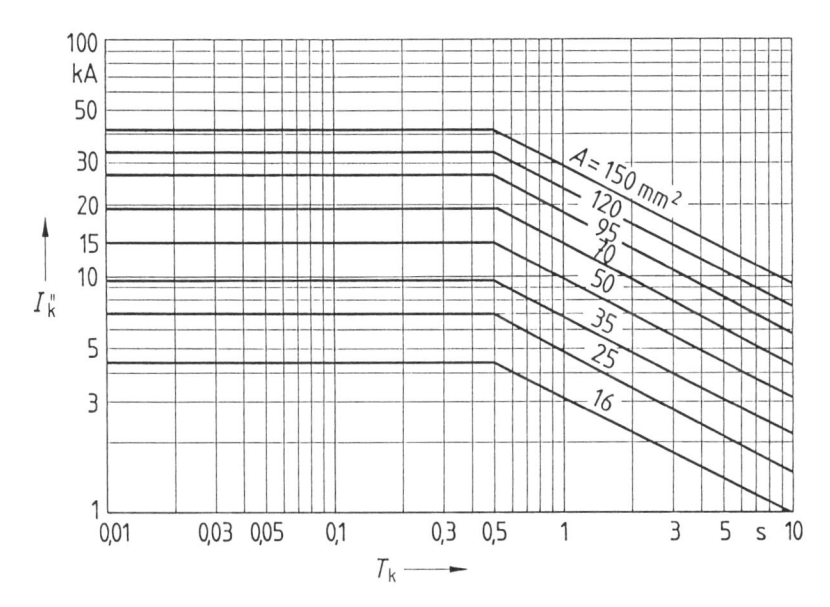

Bild 4.1.1.2 U Strombelastbarkeit der Kurzschließseile aus Kupfer zum Einsatz in Wechsel- und Drehstromanlagen (Quelle: DIN VDE 0683 Teil 1)

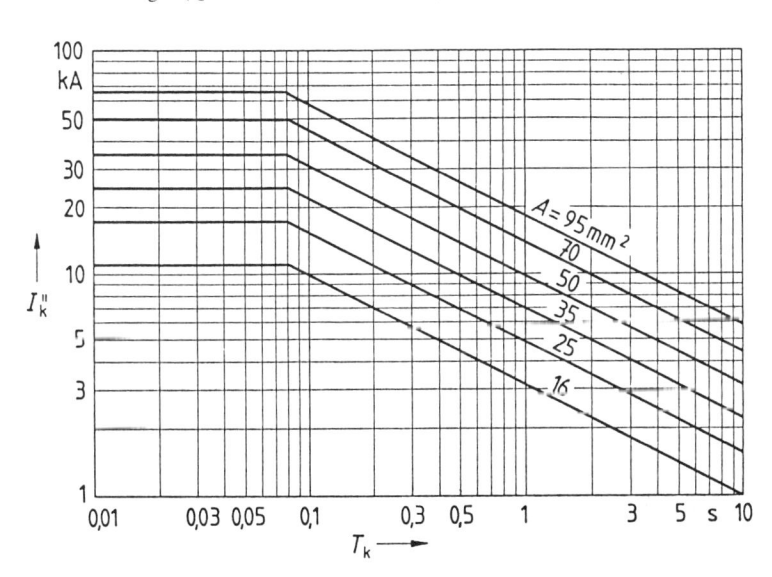

Bild 4.1.1.2 V Strombelastbarkeit der Kurzschließseile aus Kupfer zum Einsatz in Gleichstromanlagen (Quelle: DIN VDE 0683 Teil 1)

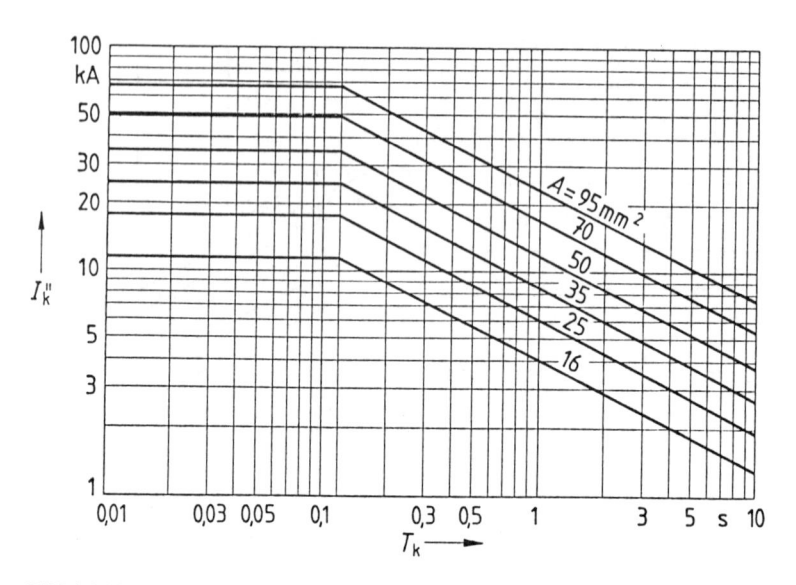

Bild 4.1.1.2 W Strombelastbarkeit der Kurzschließseile aus Kupfer zum Einsatz an Fahrleitungsanlagen elektrischer Bahnen (Quelle: DIN VDE 0683 Teil 1)

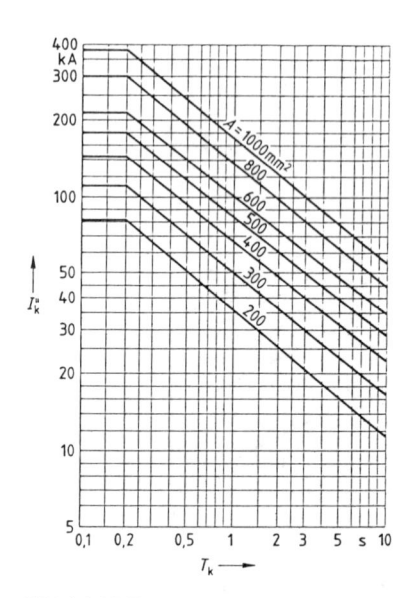

Bild 4.1.1.2 X Strombelastbarkeit der Kurzschließschienen aus Kupfer (Quelle: DIN VDE 0683 Teil 1)

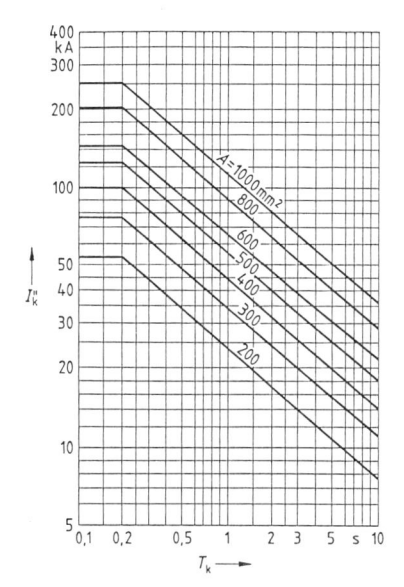

Bild 4.1.1.2 Y Strombelastbarkeit der Kurzschließschienen aus Reinaluminium E-Al F 10 (Quelle: DIN VDE 0683 Teil 1)

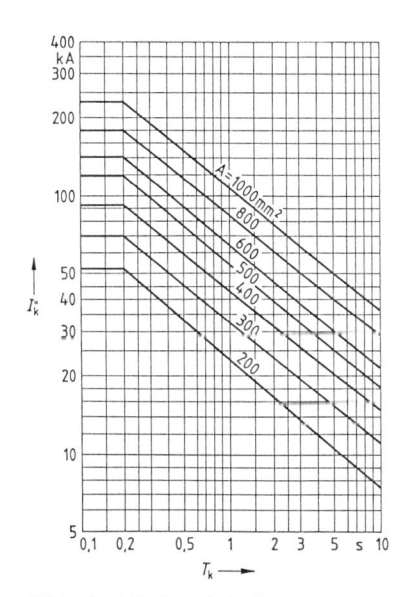

Bild 4.1.1.2 Z Strombelastbarkeit der Kurzschließschienen aus Aluminium-Knetlegierung E-AlMgSi 0,5 F17 (Quelle: DIN VDE 0683 Teil 1)

Die Werte aus dem Diagramm 4.1.1.2 U sind Grundlage für die Belastungstabelle (Tabelle 1) in DIN VDE 0105 Teil 1/07.83 (**Tabelle 4.1.1.2 A**).
Die Gleichungen zur Ermittlung des Mindestquerschnitts A in mm² enthalten einen Zahlenfaktor, den maximalen Anfangskurzschlußwechselstrom I_k'' in kA sowie die Kurzschlußdauer T_k in s.
Der Zahlenfaktor beruht auf Messungen und berücksichtigt bereits temperaturmindernde Einflüsse von Seilhülle, Anschließteilen und Verbindungsstücken. Der Faktor ist daher etwas kleiner, als er sich rein rechnerisch ohne Wärmeleitung ergeben würde. Er ist auf eine Seilendtemperatur von 250 °C bezogen (bzw. auf eine Seilendtemperatur von 400 °C bei Vorrichtungen zum Bahnerden). Als maßgebenden Kurzschlußstrom enthalten alle Gleichungen den Anfangs-Kurzschlußwechselstrom I_k''. Damit wird dem kritischen Fall, nämlich dem generatorfernen Kurzschluß, entsprochen.
Der Anfangs-Kurzschlußwechselstrom ist gleich dem Dauerkurzschlußstrom (gemäß DIN VDE 0102: 1990-01, Bild 1) und gleich dem Ausschaltwechselstrom, also:

$$I_k'' = I_k = I_a.$$

Eine Mindestzeit T_k für die thermische Bemessung der Seile bzw. Schienen ist jeweils bei den Gleichungen angegeben. Querschnittsminderungen bei kürzeren Abschaltzeiten sind unzulässig, insbesondere wegen der dynamischen Wirkung des Stoßkurzschlußstroms in extrem kurzen Zeiten. Deshalb ist auch der Kurvenverlauf in den einzelnen Bildern zu den kleinen Zeiten hin abgeknickt (z. B. in Bild 4.1.1.2 U „Kurzschließseile aus Kupfer zum Einsatz in Wechsel- und Drehstromanlagen" bei 0,5 s).

Querschnitt des Kupferseils in mm²	höchster zulässiger Kurzschlußstrom in kA während einer Dauer von				
	10 s	5 s	2 s	1 s	≤ 0,5 s
16	1,0	1,4	2,2	3,2	4,5
25	1,6	2,2	3,5	4,9	7,0
35	2,2	3,1	4,9	6,9	10,0
50	3,1	4,4	7,0	9,9	14,0
70	4,4	6,2	9,8	13,8	19,5
95	5,9	8,4	13,2	18,7	26,5
120	7,5	10,6	16,7	23,7	33,5
150	9,4	13,2	20,9	29,6	42,0
Diese Werte wurden nach DIN VDE 0683 Teil 1 ermittelt. Dieselbe Norm enthält auch Werte für Gleichstromanlagen.					

Tabelle 4.1.1.2 A Belastungstabelle für Erdungs- und Kurzschließseile in Wechsel- und Drehstromanlagen (Quelle: DIN VDE 0105 Teil 1)

Für den Anwendungsbereich „Fahrleitungsanlagen von Wechselstrombahnen" liegt dieser Kurvenknick bei 120 ms, da hier bei Kurzschlüssen nur ein kleiner Gleichstromanteil auftritt (Bild 4.1.1.2 W).
Die Strombelastungskurven sind so berechnet worden, daß die Vorrichtungen einer Kurzschlußstrom-Beanspruchung mit I_k'' als Anfangskurzschluß-Wechselstrom beim generatorfernen Kurzschluß ($\mu = 1$) und höchstem Gleichstromglied ($\chi = 1,8$) standhalten.
Für den sicheren Nachweis der thermischen Kurzschlußfestigkeit ist der Effektivwert des Prüfdauerstroms um 20 % größer als der auf den Querschnitt der Kurzschließseile bezogene Nennwert, d. h.:

$$I_{p1} = 1,2 \cdot I_{k0,5}'',$$

mit $I_{k0,5}''$ höchstzulässiger Anfangs-Kurzschlußwechselstrom (Effektivwert) bei einer Kurzschlußdauer $T_k = 0,5$ s.
Für den sicheren Nachweis der dynamischen Kurzschlußfestigkeit muß der Scheitelwert des Prüfstroms bestimmte Mindestwerte aufweisen. Zum Beispiel wird bei Wechsel- und Drehstrom-Hochspannungsanlagen von $\chi = 1,8$ ausgegangen, deshalb gilt für hierfür vorgesehene Vorrichtungen mit Seilen:

$$I_{p2} = \chi \cdot \sqrt{2} \cdot I_{p1} \approx 2,5 \cdot I_{p1}.$$

In Niederspannungsanlagen kann man mit $\chi = 1,4$ rechnen, so daß sich der Scheitelwert des Prüfstoßstroms ergibt zu:

$$I_{p3} = \chi \cdot \sqrt{2} \cdot I_{p1} \approx 2,0 \cdot I_{p1}.$$

Im Niederspannungsverteilungsnetz kann erfahrungsgemäß in den Einspeisestationen auch ein $\chi = 1,5$ auftreten.
Dieser Wert verringert sich bereits am nächsten Verteilerschrank auf etwa 1,3 und kann sich weiter reduzieren bis etwa 1,0 am entferntesten Verteilerschrank. Die Prüfung mit $\chi = 1,4$ ist deswegen praxisgerecht.
Bild 4.1.1.2 AA zeigt den Prüfaufbau für Vorrichtungen mit Seilen und Schienen zum Anschluß an starre Leiter. Im **Bild 4.1.1.2 AB** sind Aufnahmen wiedergegeben, die während Kurzschlußversuchen gemacht wurden.
Erdungs- und Kurzschließvorrichtungen mit Schienen können in der Lieferausführung geprüft werden. Sind sie für Anlagen bestimmt, die einen Wert von $\chi < 1,8$ aufweisen, so kann die Prüfung mit kleinerem Prüfstoßstrom durchgeführt werden. Die Schienen müssen dann entsprechend gekennzeichnet sein.
Die **Bild 4.1.1.2 AC** und **Bild 4.1.1.2 AD** zeigen den Prüfaufbau für Erdungs- und Kurzschließvorrichtungen mit Seilen zum Anschluß an Leiterseile für Hoch- und Niederspannungsanlagen.

a) Einpolige Vorrichtung   b) Mehrpolige Vorrichtung   c) Dreipolige Schienenvorrichtung

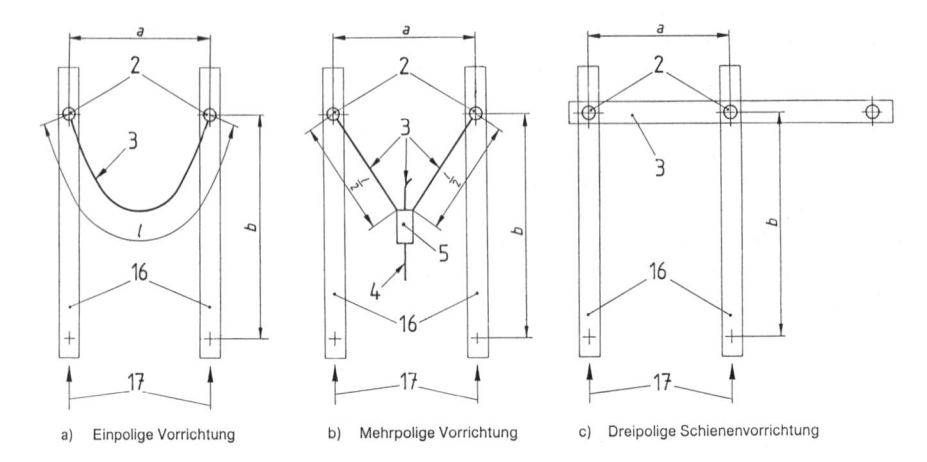

Bild 4.1.1.2 AA Prüfaufbau für Vorrichtungen mit Seilen oder Schienen zum Anschluß an starre Leiter
$a = 1$ m Abstand zwischen den Anschließstellen für Seile, Abstand bei Schienen variabel
$b \geq 2$ m Abstand zwischen den Anschließstellen für Prüfling und Stromzuführung
$l = 2$ m Länge des Seils (Prüfling)
2   Anschließteil an Leiter 5   Verdingungsstück
3   Kurzschließseil bzw. Kurzschließschiene 16 Kupferschiene 100 mm × 10 mm
4   Erdungsseil 17 Einspeisung des Prüfstoms

Bild 4.1.1.2 AB Kurzschließseile während der Kurzschlußprüfung
links: einpolige Vorrichtung
rechts: mehrpolige Vorrichtung

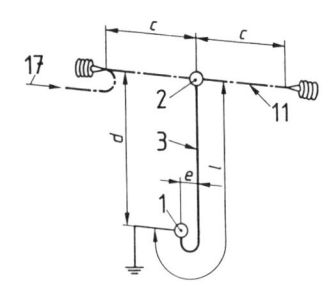

Bild 4.1.1.2 AC Prüfaufbau für Vorrichtungen mit Seilen zum Anschluß an Leiterseile für Anlagen mit Nennspannungen über 1 kV
$c = 1{,}5$ m bis $2{,}5$ m Abstand zwischen Anschließstelle und Stromzuführung an Leiterseil
$d = 4$ m Höhe des Leiterseils über Anschluß an Erdungsanlage
$e = 0{,}5$ m seitlicher Abstand zwischen Kurzschließseil und Erdungsanlage
$l = 5$ m Länge des Kurzschließseils (Prüfling)
  1 Anschließteil an Erdungsanlage
  2 Anschließteil an Leiterseil
  3 Kurzschließseil
11 Leiterseil, abgespannt nach DIN VDE 0210/12.85, Tabelle 3, Spalte 7
17 Einspeisung des Prüfstroms

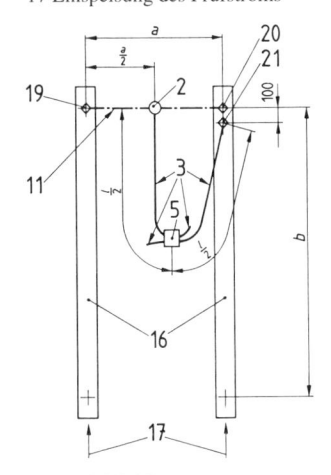

Bild 4.1.1.2 AD Prüfaufbau für Vorrichtungen mit Seilen zum Anschluß an Leiterseile für Anlagen mit Nennspannungen bis 1000 V
$a = 1$ m Abstand der Schienen für Prüfaufbau
$b \geq 2$ m Abstand zwischen Leiterseil und Stromzuführung
$l = 2$ m Länge des Seils (Prüfling)
  2 Anschließteil an Leiterseil   17 Einspeisung des Prüfstroms
  3 Kurzschließseil   19 leitende Befestigung Leiterseil
  5 Verbindungsstück   20 isolierte Befestigung Leiterseil
11 Leiterseil   21 leitende Befestigung Kurzschließseil
16 Kupferschiene 100 mm × 10 mm

Wenn Erdungs- und Kurzschließvorrichtungen sowohl in Anlagen bis 1 000 V als auch in Anlagen über 1 kV eingesetzt werden sollen, müssen die Prüfanforderungen für Vorrichtungen über 1 kV eingehalten werden. Sind die Erdungs- und Kurzschließvorrichtungen nur für Anlagen bis 1 000 V bestimmt, so muß die Bauform ihren Einsatz in Anlagen über 1 kV verhindern, oder sie müssen entsprechend gekennzeichnet sein.

Für mehrpolige Erdungs- und Kurzschließvorrichtungen für NH-Sicherungsunterteile wurden ebenfalls Prüfbestimmungen festgelegt. Die früheren Anforderungen wurden entsprechend ergänzt. Wesentliches Kriterium ist hier, daß die „Erdungspatronen" infolge der dynamischen Wirkung des Kurzschlußstroms nicht aus den NH-Sicherungsunterteilen herausgeschleudert werden. Diese mehrpoligen Erdungs- und Kurzschließvorrichtungen sind in der Lieferausführung zu prüfen, wobei die NH-Sicherungsunterteile den unteren Grenzwert der Abzugskraft (entsprechend DIN VDE 0636 Teil 21) aufweisen müssen (**Bilder 4.1.1.2 AE bis AI**).

Bei Fahrleitungsanlagen elektrischer Bahnen rechnet man mit $\chi = 1{,}3$; damit ergibt sich der Scheitelwert des Prüfstoßstroms:

$$I_{p5} = \chi \cdot \sqrt{2} \cdot I_{p4} \approx 2 \cdot I_{p4},$$

wobei $I_{p4} = 1{,}1 \cdot I''_{k0,12}$ und $I''_{k0,12}$ der höchstzulässige Anfangs-Kurzschlußwechselstrom (Effektivwert) bei einer Kurzschlußdauer $T_k = 0{,}12$ s sind.

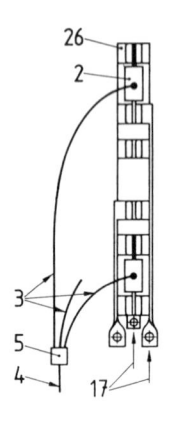

Bild 4.1.1.2 AE Prüfaufbau für mehrpolige Erdungs- und Kurzschließvorrichtungen für NH-Sicherungsunterteile
2   Anschließteil an Leiter: Erdungspatrone mit metallenem Kontaktmesser nach unten
3   Kurzschließseil
4   Erdungsseil
5   Verbindungsstück
17 Einspeisung des Prüfstroms
26 NH-Sicherungsleiste

Bild 4.1.1.2 AF Erdungs- und Kurzschließvorrichtung im Kabelverteilerschrank

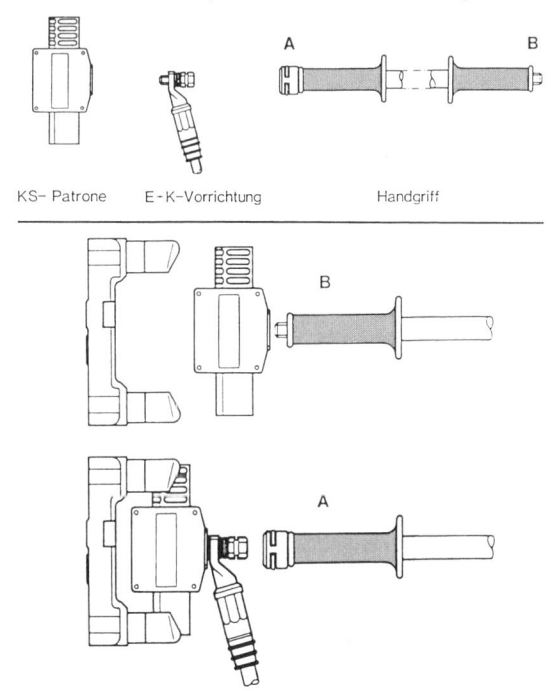

KS- Patrone   E-K-Vorrichtung   Handgriff

Bild 4.1.1.2 AG Gefahrloses Erden und Kurzschließen im Niederspannungs-Kabelverteilerschrank

179

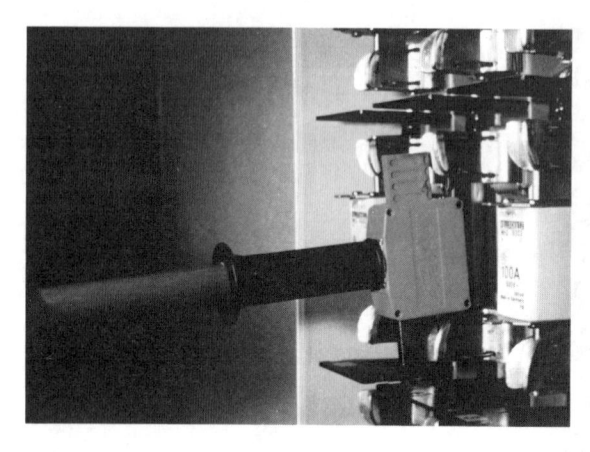

Bild 4.1.1.2 AH Einsetzen der Erdungspatronen

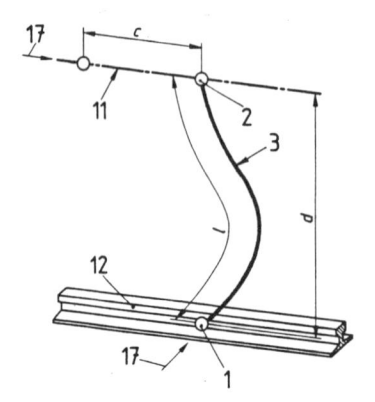

Bild 4.1.1.2 AI Prüfaufbau für Vorrichtungen mit Seilen zum Bahnerden
$c = 2$ m Abstand zwischen Anschließstelle und Stromzuführung an Fahrleitungsanlagen
$d = 4$ m Höhe der Fahrleitungsanlage über Bahnerde (Fahrschiene)
$l = 5$ m Länge des Seils (Prüfling)
 1   Anschließteil an Bahnerde (Fahrschiene)
 2   Anschließteil an Fahrleitungsanlage
 3   Kurzschließseil
11   Fahrdraht, abgespannt mit einer Kraft von 10 N/mm^2
17   Einspeisung des Prüfstroms

Für Erdungs- und Kurzschließseile im Bereich von Wechselstrombahnen mit 16 2/3 Hz ist aufgrund von Untersuchungen die zulässige Seilendtemperatur auf 400 °C festgelegt worden. Dies ist im wesentlichen durch die niedrigere Frequenz, den geringen Gleichstromanteil und das Nichtvorhandensein einer Kurzunterbrechung begründet.
Die Kurzschließvorrichtungen und ihre zulässige Belastbarkeit werden durch ihren (auf der Seilhülle bzw. auf der Kurzschließschiene angegebenen) Querschnitt gekennzeichnet. Sie sind für einmalige Belastung durch die höchstzulässige Kurzschlußbeanspruchung bemessen; daher darf das Seil nach dieser Beanspruchung nicht mehr weiter verwendet werden.
Es werden nur die Kurzschließvorrichtungen und die Bahnerdungsvorrichtungen mit dem Kurzschlußstrom beaufschlagt; Erdungsvorrichtungen (z. B. Erdungsseile) sind dagegen nicht für den Kurzschlußstrom bemessen. Der Mindestquerschnitt der Erdungsseile kann deshalb – in Abhängigkeit vom Querschnitt der Kurzschließseile bzw. Kurzschließschienen – entsprechend geringer bemessen werden (dies gilt jedoch nur für Netze mit nicht wirksamer Sternpunkterdung).
Erdungs- und Kurzschließseile müssen eine Hülle aus thermoplastischem Kunststoff haben, die vor allem als mechanischer Schutz gegen Handverletzungen durch Aufspleißen der Seile dient. Zugleich stellt sie auch eine elektrische Isolierung dar, die jedoch nur für den bei Durchgang des Kurzschlußstroms auftretenden Spannungsfall bemessen ist.
Damit darüber hinaus beim Anschlagen der Seile an geerdete Gerüstteile und Betriebsmittel unter der dynamischen Wirkung des Stoßkurzschlußstroms das Seil nicht beschädigt wird (sei es mechanisch oder durch Lichtbogenbildung an dieser Stelle), wurden verschiedene Werkstoffe der Seilhülle in Kurzschlußversuchen unter praxisnahen Bedingungen geprüft (siehe **Bild 4.1.1.2 AJ** und **Bild 4.1.1.2 AK**). Der thermoplastische Kunststoff YM 2 hat sich als geeignet für diese Beanspruchung erwiesen. Die Mindestwanddicken und zulässigen Abweichungen der Seilhüllen sind in Abhängigkeit vom Seilquerschnitt festgelegt.
In der Praxis hat sich gezeigt, daß durch die Einwirkung von Feuchtigkeit das Kupferseil unter der Seilhülle korrodieren kann, was eine Querschnittsminderung verursachen kann.
Durch umfangreiche Versuche wurde bestätigt, daß die neuralgische Stelle für das Eindringen von Feuchtigkeit unter die Seilhülle am Übergang vom Seil zum festen Teil, wie z. B. Verbindungsstück, Anschließteil, liegen kann. Daneben ist Diffusion von Feuchtigkeit durch den PVC-Mantel nicht auszuschließen.
Um hier eine noch höhere Sicherheit und Zuverlässigkeit zu erreichen, waren weitere Anforderungen notwendig. Es wurde eine weitere Prüfung aufgenommen: Prüfung der Beständigkeit gegen Korrosion.
Den Prüfaufbau zeigt **Bild 4.1.1.2 AL**. Aufnahmen von der Prüfanordnung zeigt **Bild 4.1.1.2 AM**.

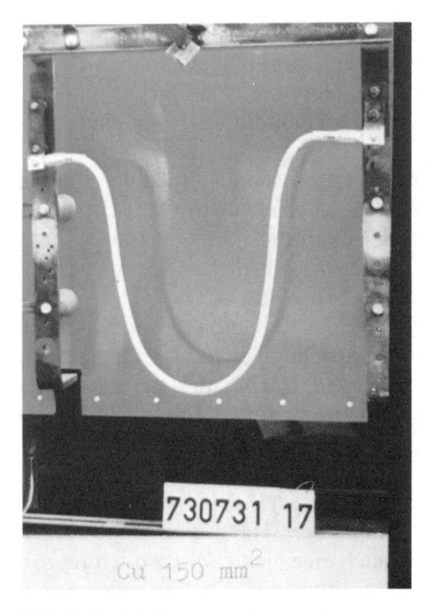

Bild 4.1.1.2 AJ Versuchsaufbau für Kurzschlußversuch; Kurzschließseil kann gegen oben angeordnete Winkeleisenkante schlagen

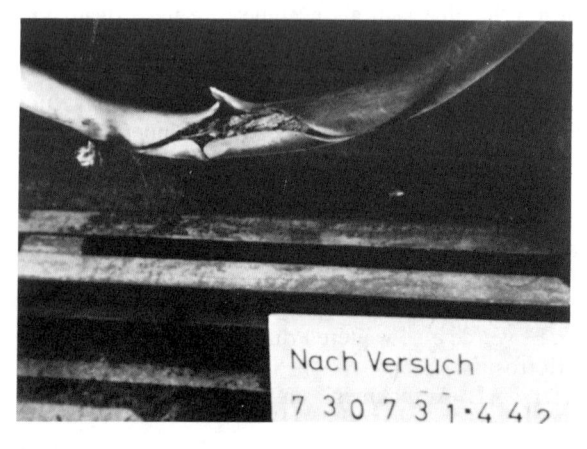

Bild 4.1.1.2 AK Seilhülle (Hypalon) ist unter der dynamischen Wirkung durch Gegenschlagen aufgeplatzt

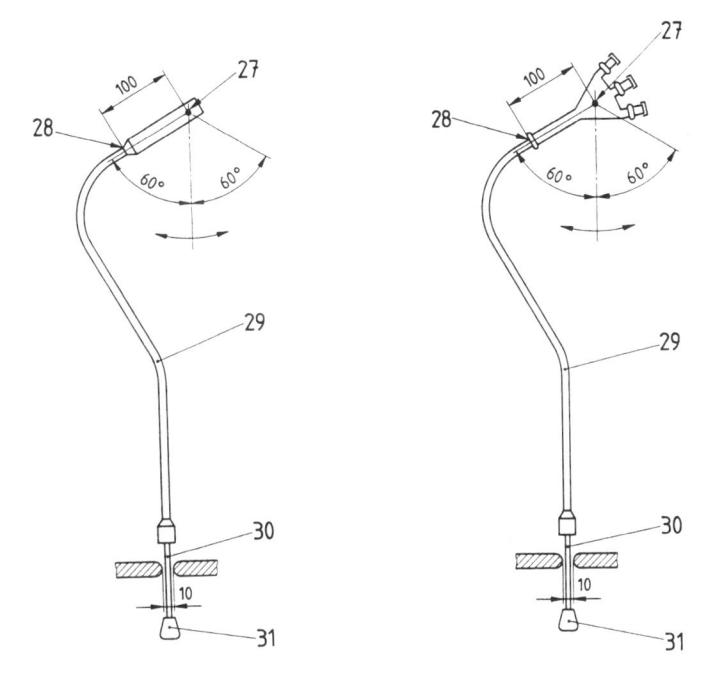

Bild 4.1.1.2 AL Prüfaufbau für die Prüfung der Wirksamkeit des Knickschutzes und der Beständigkeit gegen Korrosion
links: Beispiel eines Prüflings mit Kabelschuh für Anschließteil
rechts: Beispiel eines Prüflings mit Verbindungsstück
27 Schwenkachse
28 zu prüfende Seileinführung in den kontaktgebenden Kabelschuh bzw. in das Verbindungsstück
29 Cu-Seil (freie Seillänge ≥ 1 m)
30 Stahlseil $\varnothing$ 6 mm
31 Gewichtstück (entsprechend Prüftkraft F)

Bei dieser Prüfung wird der Prüfling einer Wechselbiege-Beanspruchung unterzogen und anschließend in eine Prüflösung getaucht. Es darf hierbei keine Schwarzfärbung des Kupferseils auftreten.
Weiterhin ist eine Prüfung des Knickschutzes vorgesehen. Hierbei wird nach der Wechselbiegebeanspruchung das Seil an der Übergangsstelle freigelegt. Es darf hierbei nur ein bestimmter Prozentsatz der Einzeldrähte gebrochen sein.
Verbindungen in Erdungs- und Kurzschließvorrichtungen dürfen nur durch Pressen oder Klemmen hergestellt werden (teilweise ausgenommen: Vorrichtungen zum Bahnerden); Schweißen und Hartlöten sind wegen Verhärten und damit möglichem Brechen der Leiterseile nicht zulässig.

Bild 4.1.1.2 AM Prüfung der Wirksamkeit des Knickschutzes und der Beständigkeit gegen Korrosion
links: Prüfaufbau
rechts: Wechselbiegeeinrichtung

Als weitere Maßnahme für bessere Korrosionsbeständigkeit wurde der Seilaufbau geändert: Durch Vergrößerung des Einzeldrahtdurchmessers von früher 0,1 mm auf nun 0,2 mm bei gleichem Gesamtquerschnitt wird die Draht-Oberfläche insgesamt kleiner, und damit verringert sich das Ausmaß einer eventuellen Korrosion. Umfangreiche Versuche haben gezeigt, daß durch diese Änderung die Flexibilität des Seils nicht nachteilig beeinflußt wird.
Auf eine Umflechtung kann verzichtet werden. Es kann so die äußere Lage der Einzeldrähte bezüglich möglicher Korrosion (Schwarzfärbung) durch die PVC-Hülle beobachtet werden.
Bei den Aufschriften auf Erdungs- und Kurzschließvorrichtungen ist das Herstellungsjahr angegeben.

4.1.1.3 Erdungsstangen

Das Anschließteil einer Erdungs- und Kurzschließvorrichtung kann fest mit der Erdungsstange verbunden sein oder in eine Kupplung der Erdungsstange eingesetzt werden. Ist ein leitender Zwischenteil vorhanden, so kann das Erdungs- und Kurz-

schließseil direkt an diesem leitenden Zwischenteil angeschlossen sein (**Bild 4.1.1.3 A**).
Der Isolierteil von Erdungsstangen muß mindestens 500 mm lang sein, unabhängig von der Nennspannung der elektrischen Anlage, in der die Erdungsstange zum Einsatz kommt. Er gibt dem Benutzer ausreichende Isolation und den erforderlichen Schutzabstand.
Man geht grundsätzlich davon aus, daß die zu erdenden und kurzzuschließenden Betriebsmittel freigeschaltet sind, so daß in Anlagen über 1 kV nur mit induzierten, influenzierten oder Restspannungen gerechnet werden muß. Aufgrund umfangreicher Messungen hat sich gezeigt, daß solche Spannungswerte bis etwa 10 % der Nennspannung betragen können. Das ergibt bei Anlageteilen mit 380 kV Nennspannung etwa 22 kV. Demgegenüber wird die elektrische Prüfung des Isolierstoffs für den Isolierteil der Erdungsstange mit 1 kV/cm durchgeführt (und zwar nach Feuchtlagerung des Isoliermaterials).
Das Ende des Isolierteils in Richtung Handhabe ist durch einen Schwarzen Ring gekennzeichnet.

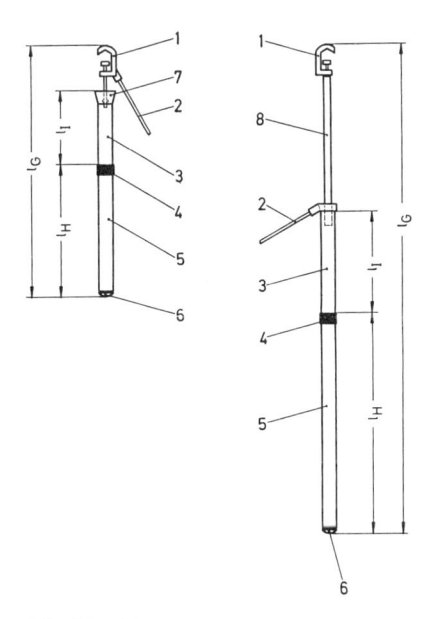

Bild 4.1.1.3 A Erdungsstangen
1 Anschließteil an Leiter
2 Kurzschließseil
3 Isolierteil mit Länge l_I
4 Schwarzer Ring
6 Abschlußteil der Stange
7 Kupplung
8 leitendes Zwischenteil
l_G Gesamtlänge der Erdungsstange

185

```
┌─────────────────────────┐         ┌─────────────────────────────┐
│       ▰DEHN▰            │         │         ▰DEHN▰              │
│     Erdungsstange       │         │       Erdungsstange         │
│    max.Kopflast 20 kg   │         │  max. Kopflast              │
└─────────────────────────┘         │  eingeschoben:    35 kg     │
                                    │  ausgezogen:      18 kg     │
                                    └─────────────────────────────┘
```

Bild 4.1.1.3 B Typenschild einer einstückigen Erdungsstange

Bild 4.1.1.3 C Typenschild einer ausziehbaren Erdungsstange

Die Handhabe der Erdungsstange muß so lang sein, daß ein sicheres Arbeiten mit zumutbarem Kraftaufwand sichergestellt ist (Mindestlänge jedoch 300 mm). Bei der Prüfung der Biegefestigkeit sowie der Prüfung der Durchbiegung von Erdungsstangen wird nicht das volle Gewicht der mit der Erdungsstange betätigten Erdungs- und Kurzschließvorrichtung als Belastung zugrunde gelegt. Der Faktor 0,9 bzw. 0,7 berücksichtigt, daß beim Anheben der Erdungs- und Kurzschließvorrichtung die Erdungsstange sich im teilweise aufgerichteten Zustand in einer bestimmten Schräglage befindet und somit ein Teil der Belastung bereits in Stangenachse verläuft.

Fest angebaute Stangen sind mit ihrer Belastbarkeit auf das Gewicht der Erdungs- und Kurzschließvorrichtung abgestimmt; bei den abnehmbaren, zusammensetzba-

```
┌─────────────────────────────────┐
│          ▰DEHN▰                 │
│      Erdungsstange              │
│     Kopfstück K 43              │
├─────────────────────────────────┤
│ Nur verlängerbar mit Stangen-   │
│ teilen Z43 bzw. E43             │
├───────┬─────────┬───────────────┤
│       │    L    │  max.Kopf-    │
│  K43  │  (mm)   │  last (kg)    │
├───────┼─────────┼───────────────┤
│       │  1500   │     35        │
│  Z43  │  3000   │     30        │
│       │  4500   │     15        │
│  E43  │  6000   │      8        │
└───────┴─────────┴───────────────┘

┌─────────────────────────────────┐
│          ▰DEHN▰                 │
│     Zwischenstück Z 43          │
└─────────────────────────────────┘

┌─────────────────────────────────┐
│          ▰DEHN▰                 │
│       Endstück E 43             │
└─────────────────────────────────┘
```

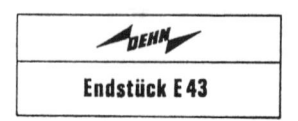

Bild 4.1.1.3 D Typenschilder einer zusammensetzbaren Erdungsstange

ren oder ausziehbaren Erdungsstangen ist die zulässige Kopflast auf dem Typenschild ausgewiesen. Steht dort z. B. „maximale Kopflast 20 kg", so bedeutet das, daß mit dieser Erdungsstange eine Erdungs- und Kurzschließvorrichtung mit einem Gesamtgewicht bis zu 20 kg bewegt werden darf.

Es ist zu beachten, daß bei zusammensetzbaren und ausziehbaren Erdungsstangen die maximal zulässige Kopflast mit zunehmender Länge abnimmt.

Bei diesen Stangen werden auf dem Typenschild die zulässigen Belastungswerte für den zusammengeschobenen Zustand und den vollständig ausgezogenen angegeben; für Zwischenstellungen kann die zulässige Kopflast linear interpoliert werden.

Die **Bilder 4.1.1.3 B bis 4.1.1.3 D** zeigen Typenschilder von einstückigen, ausziehbaren und zusammensetzbaren Erdungsstangen.

4.1.1.4 *Gebrauchsanleitung*

Jedem Erdungs- und Kurzschließgerät ist eine Gebrauchsanleitung beigegeben. Sie enthält alle für den Gebrauch, die Wartung und gegebenenfalls den Zusammenbau erforderlichen Hinweise zur Verhütung von Gefahren. Hierzu gehören:

- Hinweis auf DIN VDE 0105, besonders die Forderung, daß die Erdungs- und Kurzschließgeräte vor dem Gebrauch auf einwandfreien Zustand zu kontrollieren sind.
- Hinweis, daß auf frei geschalteten Anlageteilen erhebliche Restspannungen liegen können, gegen die der Isolierteil der Erdungsstange ausreichenden Schutz bietet, wenn die Erdungs- und Kurzschließvorrichtung entsprechend DIN VDE 0105 Teil 1 zuerst mit der Erdungsanlage verbunden und die Stange so geführt wird, daß ihr Isolierteil zugleich als Schutzabstand zwischen dem Körper des Benutzers und den Restspannung führenden Anlageteilen liegt.
- Erläuterungen über die Bedeutung der Querschnittsangaben auf den Kurzschließseilen oder -schienen bezüglich der Strom-Zeit-Belastbarkeit auf der Grundlage des Anfangs-Kurzschlußwechselstroms I_k'' bei generatorfernem Kurzschluß nach DIN VDE 0102 Teil 1.
- Strom-Zeit-Belastbarkeit der Kurzschließvorrichtung in Tabellen- oder Diagrammform.
- Beschreibung zum Anbringen der Vorrichtung an Anschließstellen, z. B. Seile, Schienen, NH-Sicherungsunterteile.
- Hinweis, daß die volle Kurzschlußfestigkeit der Verbindung zwischen Anschließteil und Anschließstelle in der Regel nur bei metallisch blanken Kontaktflächen gegeben ist.
- Erläuterung der Kennzeichnungen auf Erdungsstangen (z. B. Schwarzer Ring, Aufschriften).
- Hinweis darauf, daß im allgemeinen Kurzschließseile, Anschließteile und Verbindungsstücke nur für einmalige Belastung durch ihre höchstzulässige Kurzschlußbeanspruchung bemessen sind, nach einmaliger voller Beanspruchung also nicht

mehr verwendet werden dürfen. Gegebenenfalls sollten in der Gebrauchsanleitung noch enthalten sein:
- Zuordnungen bei zusammensetzbaren, ausziehbaren oder klappbaren Erdungsstangen,
- erforderliches Anzugsmoment für Anschließteile,
- Hinweis, daß Erdungs- und Kurzschließvorrichtungen nur in Anlagen bis 1000 V eingesetzt werden dürfen.

4.1.2 Entwurf DIN VDE 0683 Teil 100

Unsere nationale Norm DIN VDE 0683 Teil 1/1979-06 wurde im Jahre 1979 als deutscher Ländervorschlag bei IEC TC 78 eingereicht. Dieser Vorschlag wurde innerhalb der WG 8 des TC 78 bearbeitet. Die Erfahrungen und Praktiken anderer Länder wurden berücksichtigt. Das IEC-Schriftstück entspricht in Zielsetzung und Aufbau im wesentlichen unserer jetzigen nationalen Norm. Es erschien im April 1989 als Entwurf DIN VDE 0683 Teil 100, identisch mit IEC 78 (CO) 32 vom März 1988.

Nach und nach noch zu behandelnde Einsprüche verzögerten die Veröffentlichung der IEC-Norm, bis sie dann im August 1993 als IEC 1230 erschien.

Zur damaligen Zeit gab es noch kein paralleles Abstimmungsverfahren bei IEC und CENELEC, so daß mit der Bearbeitung des Entwurfs DIN VDE 0683 Teil 100 bei CENELEC erst nach Vorliegen der IEC-Norm 1230 begonnen wurde.

Das Manuskript wurde im Mai 1996 zum Druck eingereicht, so daß mit dem Erscheinen der harmonisierten Bestimmung VDE 0683 Teil 100 als EN 61230 im Laufe des Jahres 1996 zu rechnen ist. Die EN 61230 gilt ab 1.7.1996; es wird eine Übergangsfrist bis 1.7.2001 eingeräumt. Nachstehend ist der Anhang A, gleichsam die „Erläuterungen zum Teil 100", zitiert:

Anhang A: Anleitungen für Auswahl, Gebrauch und Instandhaltung der Erdungs- und Kurzschließvorrichtungen.

A.1 Allgemeines

Das Erden und Kurzschließen von frei geschalteten Teilen elektrischer Anlagen wird vorgenommen, um gefährliche Spannungen und Lichtbögen im Fall eines unbeabsichtigten Wiedereinschaltens zu verhindern. Ein elektrischer Lichtbogen in der Nähe des Bedienungspersonals kann dessen Tod oder schwere Verbrennungen bewirken. Bei Verwendung von Erdungs- und Kurzschließvorrichtungen nach dieser Norm können gefährliche Spannungen und Lichtbögen verhindert werden, vorausgesetzt, daß die Vorrichtungen richtig bemessen, für den Anwendungsbereich ausgewählt, entsprechend der Gebrauchsanleitung angebracht und in gutem Zustand erhalten sind.

Zur Förderung des Hauptzwecks, gefährliche Spannungen und Lichtbögen zu verhindern, werden kleinere Risiken in Kauf genommen. Die Erfahrung zeigt, daß Erdungs- und Kurzschließvorrichtungen leicht anwendbar sein müssen. Um deren Ge-

wicht klein halten zu können, werden höchstmögliche Temperaturen zugelassen. Das Berühren einer Erdungs- und Kurzschließvorrichtung kurze Zeit nach deren Kurzschlußbeaufschlagung kann dem Bedienenden Verbrennungen zufügen, wenn er nicht durch Schutzkleidung hiergegen geschützt ist.
Isolierstoffe, die giftige und/oder korrosive Spaltprodukte hervorrufen, werden mit folgenden Einschränkungen für die Innenraum-Anwendung zugelassen:
- Der Fluchtweg darf nicht durch schlechte Sicht oder durch Reizung der Augen oder der Atmung beeinträchtigt werden.
- Es darf keine Vergiftung bei kurzer Einwirkungsdauer auftreten.
- Anlagen und Gebäude dürfen nicht bleibend geschädigt werden.

A.2 Auswahl

Erdungs- und Kurzschließvorrichtungen, die mit dem Kurzschlußstrom beaufschlagt werden, müssen dem größten erwarteten Dauerkurzschlußstrom und dem größten zu erwartenden Stoßkurzschlußstrom während der gewählten Gesamtausschaltzeit standhalten. Dies wird erreicht durch eine Erdungs- und Kurzschließvorrichtung mit einem Bemessungsstrom, der größer ist als der Dauerkurzschlußstrom und mit einem Joule-Integral (berechnet aus Bemessungsstrom und Bemessungszeit), das größer ist als das aus Kurzschluß-Fehlerstrom und Gesamtausschaltzeit. Der Anwender muß entscheiden, ob hierbei die Ausschaltzeit der Hauptschutzeinrichtung oder des Reserveschutzes gelten soll.
Wenn automatisches Wiedereinschalten nach dem Zuschalten eines kurzgeschlossenen Anlagenteils nicht wirksam verhindert ist, muß eine gleichwertige Gesamtausschaltzeit ermittelt werden. Bei Innenraum-Anwendung können die für die gewählten Isolierstoffe geltenden Temperaturbegrenzungen besondere Bemessung der Erdungs- und Kurzschließvorrichtung erforderlich machen.
Die Längen von Kurzschließseilen müssen an die Anlagenabmessungen und an die Abstände zwischen den Anschließstellen angepaßt sein. Eine Seillänge von weniger als dem 1,2fachen Abstand zwischen den Anschließstellen kann zu schlechteren Bedingungen als im genormten Prüfaufbau führen und muß deshalb vermieden werden. Zu lange Kurzschließseile hätten unzulässig hohe Spannungen und unnötig große Bewegungen zur Folge.
Erdungsseile, die nicht mit dem Kurzschlußstrom geprüft werden, müssen so lang sein, daß sie nicht die Bewegung der Kurzschließvorrichtung im Kurzschlußfall begrenzen und die Kraftwirkungen nicht nachteilig beeinflussen.
Anschließstellen, Anschließteile und isolierende Hilfsmittel müssen so ausgewählt werden, daß leichte Anwendung in der Anlage möglich ist. Das Gewicht der Teile des Geräts zum Erden und Kurzschließen muß so berücksichtigt werden, daß die bei deren Anbringen an die Leiter aufzuwendenden Kräfte sich im Rahmen der Fähigkeiten des Bedienenden halten. Die sichere Isolation für den Bedienenden wird erreicht durch richtige Anwendung isolierender Hilfsmittel entsprechend der IEC-Norm. Die Länge einer Erdungsstange ist normalerweise nicht durch ihre Isoliereigenschaften bestimmt, sondern durch die Bedingung, den Bedienenden genügend

weit von ungeerdeten Teilen der elektrischen Anlage beim Erden und Kurzschließen entfernt zu halten.
Die Schutzabstände, wie sie in IEC 71-3 angegeben sind, geben diesbezüglich eine Grundlage zur Bestimmung der Mindestlänge von Erdungsstangen.

A.3 Gebrauch
Um Gefahren durch Restspannungen beim Anbringen der Erdungs- und Kurzschließvorrichtung zu vermeiden, muß diese zuerst mit der Erdungsanlage verbunden werden. Das weitere Anschließen wird mit isolierenden Hilfsmitteln vorgenommen, bis die Vorrichtung vollständig angebracht ist.

Wenn die Vorrichtung einem Kurzschlußstrom ausgesetzt wird, kann sie große Bewegungen hervorrufen. Da die thermische Ausnutzung des Leitermaterials wegen der Gewichtsbegrenzung hoch ist, wird die Vorrichtung kurz nach Eintritt des Kurzschlußstroms hohe Temperaturen erreichen. Aus diesen Gründen sollte ihr Anbringungsort in unmittelbarer Nähe des Arbeitsplatzes des Personals genauso vermieden werden wie ihre Anbringung im Zuge von Fluchtwegen. Dies kann besonders im Fall von langen Kurzschließseilen erleichtert werden durch deren richtiges Befestigen an festen Gegenständen. Große Abstände oder große Widerstände zwischen Anschlußort der Vorrichtung und dem Arbeitsplatz können erhöhte Spannungsgefährdungen bewirken. IEC 479-1 gibt Regeln für die Ermittlung dieser Gefährdung.

A.4 Instandhaltung und Ausschluß aus der Weiterverwendung
Aus Sicherheitsgründen müssen Erdungs- und Kurzschließvorrichtungen mit großer Sorgfalt behandelt werden. Sie müssen vor jeder Anwendung gründlich überprüft werden. Jede Beschädigung der Seilhülle oder jedes Hervortreten des blanken Leiterseils muß als schwerer Schaden angesehen werden und muß die Weiterverwendung ausschließen.

Die Prüfung der Wirksamkeit des Knickschutzes soll für gut behandelte Erdungs- und Kurzschließvorrichtungen einen zuverlässigen Seilzustand für etwa fünf Jahre bei im Fahrzeug mitgeführten und etwa zehn Jahre bei in der Schaltanlage stationierten Vorrichtungen gewährleisten. Nach diesen Zeiträumen, die durch Erfahrungen korrigiert werden können, wird eine zerstörende Prüfung wie nach der Prüfung der Wirksamkeit des Knickschutzes empfohlen. Wiederzusammenbau anschließend an das Abschneiden beanspruchter Seilbereiche muß in voller Übereinstimmung mit der Typbezeichnung erfolgen. Der Seilzustand wird danach die Dauer der folgenden Nutzung bestimmen.

Eine Erdungs- und Kurzschließvorrichtung, die einem Kurzschlußstrom ausgesetzt wurde, muß von der Wiederverwendung ausgeschlossen werden, bis durch gründliche Untersuchung, Berechnung und Sichtkontrolle nachgewiesen wurde, daß diese Beanspruchung so weit unterhalb der zulässigen geblieben ist, so daß sich keine bleibenden mechanischen oder thermischen Beeinträchtigungen ergeben. Wenn auch nur der kleinste Zweifel am sicheren Zustand der Erdungs- und Kurzschließvorrichtung bestehen bleibt, muß die Weiterverwendung endgültig ausgeschlossen werden.

4.1.3 Entwurf DIN VDE 0683 Teil 100 A1

Der Entwurf DIN VDE 0683 Teil 100:1992-04 enthält ausschließlich Erdungs- und Kurzschließvorrichtungen mit einem Erdungs- und Kurzschließseil sowie jeweils nur einem zugeordneten Anschließteil. Werden entsprechend DIN VDE 0105 mehrere Erdungs- und Kurzschließvorrichtungen nach DIN VDE 0683 Teil 100 parallel geschaltet, so darf jedes Seil nur mit maximal 75 % des vom Hersteller ausgewiesenen maximal zulässigen Kurzschlußstroms belastet werden.

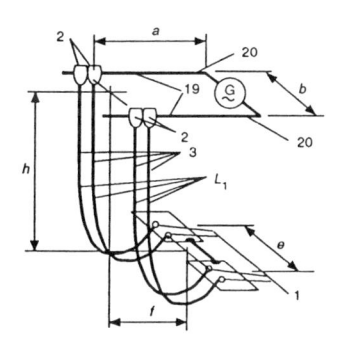

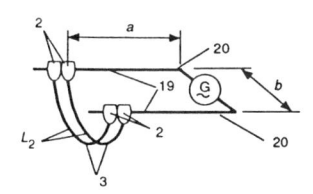

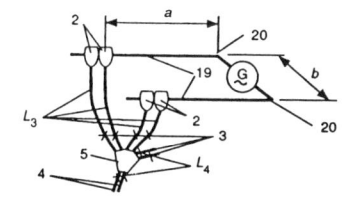

Bild 4.1.3 A Prüfaufbauten für die Prüfung von mehrpoligen Kurzschließgeräten mit parallelen Seilen, die zwischen den Leitern von Freileitungen wie folgt angeschlossen werden können:
links: mittels Erdungsanlage; rechts oben: unmittelbar; rechts unten: mittels Verbindungsstück

a Abstand zwischen Stromzuführung und Anschließteil an Leiter, mindestens 2000 mm
b waagrechter Abstand zwischen den Leitern im Prüfaufbau, 1000 mm
c Mindestabstand gemäß Herstellerangabe; ist kein Wert angegeben, müssen die Anschließteile an Erdungsanlage für die Durchführung der Prüfung so nahe wie möglich beieinander angeordnet sein
f waagrechte Entfernung zwischen Anschließstelle an Erdungsanlage und Anschließteilen an Leiter, 1000 mm
h senkrechter Abstand zwischen den Anschließstellen an Leiter und Anschließteilen an Erdungsanlage, 4000 mm
L_1 Seillänge zwischen Anschließteilen an Leiter und Anschließteilen an Erdungsanlage, 5000 mm
L_2 Seillänge zwischen Anschließteilen an Leiter, 2000 mm
L_3 Seillänge zwischen Anschließteil an Leiter und Verbindungsstück, 1500 mm
L_4 Länge des kurzen Seilstücks (Nachbildung), 300 mm
1   Anschließteil an Erdungsanlage (im Prüfaufbau elektrisch isoliert)
2   Anschließteil an Leiter
3   Kurzschließseil
4   Erdungsseil
5   Verbindungsstück
19   Leiter im Prüfaufbau, für die zu prüfenden Anschließteile ausgelegt
20   Stromzuführung

Die Änderung 1 zum Entwurf DIN VDE 0683 Teil 100 enthält unverändert das IEC-Dokument 78 (CO) 32 vom Dezember 1990. Dieser Normentwurf enthält Erdungs- und Kurzschließvorrichtungen, die mehrere Erdungs- und Kurzschließseile und ggf. auch mehrere Anschließteile aufweisen, also parallele Vorrichtungen.
Bei parallelen Seilen kann jedes Seil ein eigenes Anschließteil haben, es können aber auch parallele Seile in jeweils einem Anschließteil zusammengefaßt sein.
Ein Anschließteil für jedes Ende paralleler Seile ist zu bevorzugen. Falls zwei oder mehr Anschließteile parallel benutzt werden, müssen diese gleich sein und so nahe beieinander angeschlossen werden, daß eine gleichmäßige Stromaufteilung sichergestellt ist. Im Zweifelsfall müssen Seile mit höherem Bemessungsstrom gewählt werden. Mehrpolige Geräte dürfen nur ein Verbindungsstück haben.
Prüfaufbauten für solch mehrpolige Kurzschließgeräte zeigt **Bild 4.1.3 A**.
Der Entwurf DIN VDE 0683 Teil 100 A1 wird nach abgeschlossener Einspruchsberatung DIN VDE 0683 Teil 100 hinzugefügt, und zwar als normativer Anhang D: „Zusätzliche Anforderungen und Prüfungen für Geräte mit parallel angeschlossenen Seilen".
Prüfaufbauten solch mehrpoliger Kurzschließgeräte zeigt Bild 4.1.3 A (Quelle: E DIN VDE 0683 Teil 100 A1).

4.2 Zwangsgeführte Staberdungs- und Kurzschließgeräte
– DIN VDE 0683 Teil 2
– DIN VDE 0683 Teil 200

4.2.1 DIN VDE 0683 Teil 2

4.2.1.1 Überblick

Die VDE-Bestimmung 0683 Teil 2 gilt seit März 1988; sie ersetzt die frühere Bestimmung vom Dezember 1985.
DIN VDE 0683 Teil 2 enthält Festlegungen für die Herstellung und Prüfung von ortsveränderlichen, zwangsgeführten Staberdungs- und Kurzschließgeräten.
Während in DIN VDE 0683 Teil 2/12.85 die Prüfung der Kurzschlußfestigkeit nur für dreipolige zwangsgeführte Staberdungs- und Kurzschließgeräte enthalten war, enthält die neue Fassung auch die Prüfung für einpolige zwangsgeführte Staberdungs- und Kurzschließgeräte.
Außerhalb des Geltungsbereichs dieser Norm liegen frei geführte Erdungs- und Kurzschließgeräte, fest eingebaute Erdungs- und Kurzschließvorrichtungen, Erdungswagen und „geeignete zwangsgeführte, ortveränderliche Geräte zum Erden und Kurzschließen" nach DIN VDE 0105 Teil 1/07.83 (Abschnitt 9.2.6.1).

4.2.1.2 Aufbau, Begriffe, Anforderungen

Neben den frei geführten Erdungs- und Kurzschließgeräten nach DIN VDE 0683 Teil 1 werden in zunehmendem Maße in Anlagen über 1 kV zwangsgeführte Staberdungs- und Kurzschließgeräte verwendet.
Diese zwangsgeführten Staberdungs- und Kurzschließgeräte sind mit einem oder mehreren Stäben als kurzschließende Brücke ausgerüstet. Im Gegensatz zu den frei geführten Erdungs- und Kurzschließvorrichtungen kommt als wesentliches Merkmal hinzu, daß eine Führung für die Stäbe vorhanden ist, so daß zwangsläufig die Stelle vorgegeben ist, an der geerdet und kurzgeschlossen werden soll. Als Führungselemente werden z. B. Buchsen, Schlitze oder Führungsschienen verwendet,

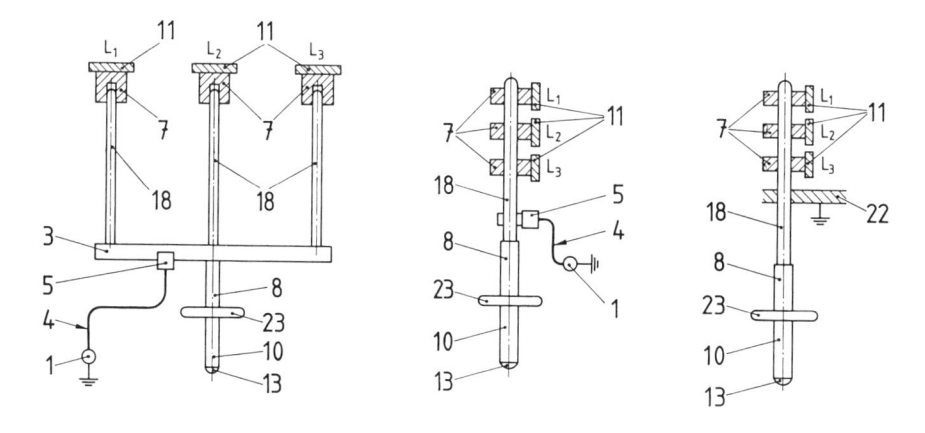

Bild 4.2.1.2 A Beispiele für dreipolige zwangsgeführte Staberdungs- und Kurzschließgeräte für Anlagen bis 30 kV
links: Beispiel für drei Erdungs- und Kurzschließstäbe, Erdungs- und Kurzschließschiene, Erdungsseil und Leiterfestpunkten
Mitte: Beispiel eines Erdungs- und Kurzschließstabs mit Erdungsseil und Leiterfestpunkten
rechts: Beispiel eines Erdungs- und Kurzschließstabs mit Erdungsbuchse und Leiterfestpunkten
(Quelle: DIN VDE 0683 Teil 2)

1 Anschließteil an Erdungsanlage
3 Kurzschließschiene
4 Erdungsseil
5 Verbindungsstück
7 Leiterfestpunkt
8 Isolierteil des Erdungshandgriffs mit Länge l_I
10 Handhabe des Erdungshandgriffs mit l_H
11 Leiter
13 Abschlußteil des Erdungshandgriffs
18 Erdungs- und Kurzschließstab
22 Erdungsbuchse
23 schwarze Begrenzungsscheibe des Erdungshandgriffs mit Höhe h_B

193

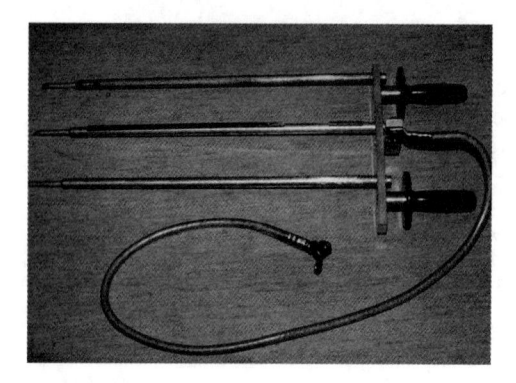

Bild 4.2.1.2 B Dreipoliges zwangsgeführtes Staberdungs- und Kurzschließgerät

die gleichzeitig als Kontaktelemente für Außenleiter oder Erdungsanschluß ausgebildet sein können.
Im Nennspannungsbereich bis 30 kV werden im allgemeinen dreipolige zwangsgeführte Staberdungs- und Kurzschließgeräte verwendet (siehe **Bild 4.2.1.2 A** und **Bild 4.2.1.2 B**).

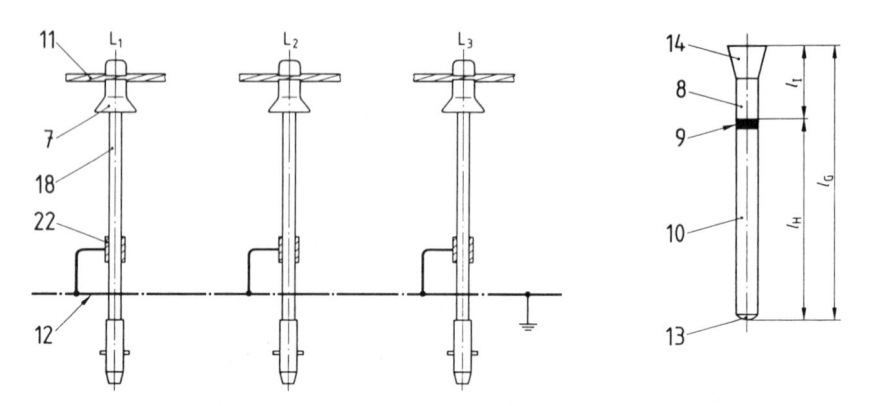

Bild 4.2.1.2 C Beispiel für einpolige zwangsgeführte Staberdungs- und Kurzschließgeräte für Anlagen ab 110 kV (Quelle: DIN VDE 0683 Teil 2)

7 Leiterfestpunkt
8 Isolierteil der Erdungsstange mit Länge l_I
9 Schwarzer Ring der Erdungsstange
10 Handhabe der Erdungsstange mit Länge l_H
11 Leiter
12 in der Anlage fest verlegte Erdungssammelleitung
13 Abschlußteil der Erdungsstange
14 Kupplung der Erdungsstange
18 Erdungs- und Kurzschließstab
22 Erdungsbuchse

Im Nennspannungsbereich ab 110 kV werden nur einpolige zwangsgeführte Staberdungs- und Kurzschließgeräte verwendet (**Bild 4.2.1.2 C**, **Bild 4.2.1.2 D** und **Bild 4.2.1.2 E**).
Die zwangsgeführten Staberdungs- und Kurzschließgeräte sind in keinem Fall als Erdungsschalter anzusehen. Sie haben kein Einschaltvermögen, deshalb dürfen sie nur an Anlageteilen verwendet werden, an denen vorher die Spannungsfreiheit festgestellt wurde.
Werden bei den zwangsgeführten Staberdungs- und Kurzschließgeräten Erdungsseile verwendet, so müssen sie DIN VDE 0683 Teil 1 genügen.
In Anlagen mit Spannung über 1 kV müssen Erdungs- und Kurzschließvorrichtungen mit Erdungsstangen an die Außenleiter herangebracht werden. Die für die zwangsgeführten Staberdungs- und Kurzschließgeräte zu verwendenden Erdungsstangen müssen den Bestimmungen von DIN VDE 0683 Teil 1 entsprechen.
Für zwangsgeführte Staberdungs- und Kurzschließgeräte zur Verwendung in Anlagen mit Nennspannungen bis 30 kV werden „Erdungshandgriffe" (**Bild 4.2.1.2 F**) benutzt. Diese sind notwendig, weil bei räumlich beengten Verhältnissen in Schaltanlagen die Verwendung von Erdungsstangen Schwierigkeiten machen kann. Der Erdungshandgriff hat einen wesentlich kürzeren Isolierteil als die Erdungsstange.

Bild 4.2.1.2 Da Einbringen eines einpoligen zwangsgeführten Staberdungs- und Kurzschließgeräts (220-kV-Freiluftschaltanlage)

Bild 4.2.1.2 Db Einbringen eines einpoligen zwangsgeführten Staberdungs- und Kurzschließgeräts (400-kV-Freiluftschaltanlage)

Bild 4.2.1.2 Ea Zwangsgeführtes Staberdungs- und Kurzschließgerät (400-kV-Freiluftschaltanlage): Einbringen mit Erdungsstange

Bild 4.2.1.2 Eb Zwangsgeführte Staberdungs- und Kurzschließgeräte in einer 400-kV-Freiluftschaltanlage: Erdungs- und Kurzschließstab, eingebracht (geführt im geerdeten Führungsrohr)

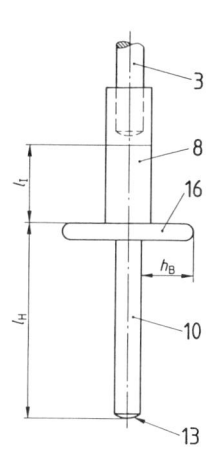

Bild 4.2.1.2 F Beispiel eines Erdungshandgriffs (Quelle: DIN VDE 0683 Teil 2)
3 Erdungs- und Kurzschließstab
8 Isolierteil mit Länge l_I
10 Handhabe mit Länge l_H
13 Abschlußteil
16 schwarze Begrezungsscheibe mit Höhe h_B

Um bei diesem kurzen Isolierteil l_I ein Abgleiten der Hand zu vermeiden, wird eine Begrenzungsscheibe vorgeschrieben, wie sie von der Betätigungsstange her bekannt ist.

4.2.1.3 Prüfungen

Bei der Prüfung der Kurzschlußfestigkeit ist als Kurzschlußstrom der Anfangskurzschlußwechselstrom I_k'' anzusetzen. Damit wird dem kritischen Fall entsprochen, nämlich dem generatorfernen Kurzschluß.
Der Anfangskurzschlußwechselstrom ist gleich dem Dauerkurzschlußstrom (nach DIN VDE 0102: 1990-01, Bild 1) und gleich dem Ausschaltwechselstrom, also:

$$I_k'' = I_k = I_a.$$

Bei dreipoligen, zwangsgeführten Staberdungs- und Kurzschließgeräten ist die Prüfung dreipolig durchzuführen. Als Prüflinge sind Geräte in der Lieferausführung zu verwenden. Der Prüfaufbau muß demzufolge identisch mit der Anlagenbauform sein.
Bei einpoligen, zwangsgeführten Staberdungs- und Kurzschließgeräten sind als Prüflinge ebenfalls Geräte in der Lieferausführung zu verwenden. Umfangreiche Kurzschlußversuche haben ergeben, daß auch bei einpoligen Staberdungs- und Kurzschließgeräten die Prüfung der Kurzschlußfestigkeit dreipolig durchzuführen

Gruppe	Leiter – Leiter *a* m	Leiter – Erde *l* m
A	1,5	1,3
B	3,0	2,3
C	5,0	3,5

Tabelle 4.2.1.3 A Richtwerte der Abstände „Leiter – Leiter" und „Leiter – Erde" beim Prüfaufbau für einpolige Staberdungs- und Kurzschließgeräte

ist. Der Prüfaufbau ist vorgegeben (Bild 4.2.1.3 A). **Tabelle 4.2.1.3 A** enthält Richtwerte der Abstände „Leiter – Leiter" und „Leiter – Erde" für den Prüfaufbau. Die Unterteilung in Gruppen A/B/C entspricht den in der Praxis häufig vorkommenden Abständen für die Spannungsebenen 110/220/380 kV.
Bild 4.2.1.3 A zeigt den Prüfaufbau für einpolige Staberdungs- und Kurzschließgeräte. Für die möglichen Ausführungsformen von Leiterfestpunkten sind zwei Bei-

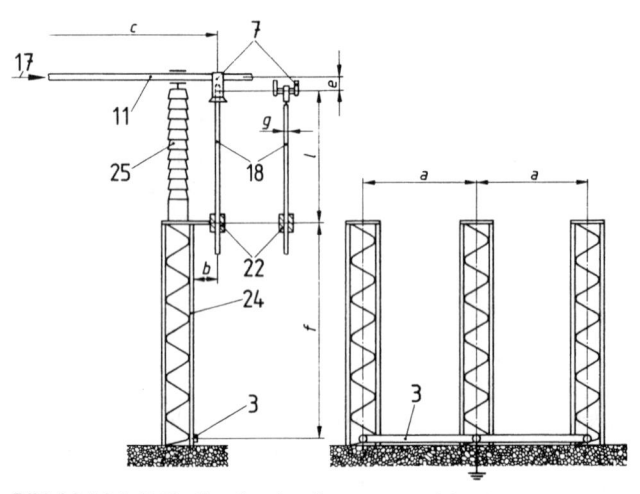

Bild 4.2.1.3 A Prüfaufbau für einpolige zwangsgeführte Staberdungs- und Kurzschließgeräte
l   Stützabstand des Erdungs- und Kurzschließstabs
a   Mittenabstand „Leiter – Leiter" nach Tabelle 2
b   Abstand des Erdungs- und Kurzschließstabs von der Tragstütze
c   Abstand zwischen Anschließstelle und Stromzuführung am Leiter $c \geq 2\,a$
e   Abstand der Außenleiter-Achse von der Mitte des Leiterfestpunkts
f   Abstand Mitte Erdungsbuchse von der Erdungs- und Kurzschließschiene
g   Außendurchmesser des Erdungs- und Kurzschließstabs
3   Erdungs- und Kurzschließschiene   18 Erdungs- und Kurzschließstab
7   Beispiele für Leiterfestpunkte   22 Erdungsbuchse
11 Außenleiter als starrer Leiter   24 Tragstütze
17 Einspeisung des Prüfstroms   25 Stützer

spiele angegeben. Dieser Prüfaufbau ist auch dann gültig, wenn die Staberdungs- und Kurzschließgeräte in Seilanlagen zum Einsatz kommen. Hier stehen für die Anbringung der Leiterfestpunkte nicht immer starre Anlageteile zur Verfügung. In unmittelbarer Nähe eines festen Anlageteils (z. B. Stützer oder Geräteanschlüsse) können Seile bzw. Seilbündel als quasi starr angesehen werden, so daß keine zusätzlichen schädlichen mechanischen Belastungen für die Staberder auftreten.
Bei der Umrechnung auf andere Abmessungen nach Bild 4.2.1.3 A und andere Querschnitte des Erdungs- und Kurzschließstabs sind die aus den elektromagnetischen Kraftwirkungen resultierenden Eckenkräfte mit zu berücksichtigen.

Die Prüfströme I_p für die zwangsgeführten Staberdungs- und Kurzschließgeräte sind wie folgt zu ermitteln:

$$I_{p1} = 1,1 \cdot I''_{k0,5},$$

$$I_{p2} = 2,5 \cdot I_{p1}.$$

Bild 4.2.1.3 B Prüfaufbau für einpolige zwangsgeführte Staberdungs- und Kurzschließgeräte für 400-kV-Freiluftschaltanlagen im Hochleistungsprüffeld

Hier bedeuten:
I_{p1} Effektivwert des Prüfdauerstroms,
I_{p2} Scheitelwert des Prüfstoßstroms,
$I''_{k0,5}$ Anfangs-Kurzschlußwechselstrom (Effektivwert) bei einer Kurzschlußdauer $T_k = 0{,}5$ s nach DIN VDE 0102 Teil 1.

Die Prüfdauer beträgt 0,5 s. Das Herausnehmen der Erdungs- und Kurzschließstäbe muß nach der Prüfung wie bei der normalen Handhabung möglich sein. Zusätzliche Hilfsmittel sind nicht zulässig.
Bild 4.2.1.3 B zeigt den Prüfaufbau für einpolige, zwangsgeführte Staberdungs- und Kurzschließgeräte für 400-kV-Freiluftschaltanlagen im Hochleistungsprüffeld.

4.2.1.4 Gebrauchsanleitung

Jedem zwangsgeführten Staberdungs- und Kurzschließgerät ist eine Gebrauchsanleitung beigegeben. Sie enthält alle für den Gebrauch, die Wartung und gegebenenfalls den Zusammenbau erforderlichen Hinweise zur Verhütung von Gefahren.
Hierzu gehören mindestens:
- Hinweis auf DIN VDE 0105 Teil 1, insbesondere auf die Forderung, daß zwangsgeführte Staberdungs- und Kurzschließgeräte vor dem Gebrauch auf einwandfreien Zustand zu kontrollieren sind,
- Hinweis, daß Einsatz nur nach vorangegangenem Feststellen der Spannungsfreiheit erfolgen darf,
- Hinweis, daß auf freigeschalteten Anlageteilen erhebliche Restspannungen liegen können, gegen die der Isolierteil der Erdungsstange bzw. der Isolierteil des Erdungshandgriffs ausreichenden Schutz bietet,
- Angabe der Strom-Zeit-Belastbarkeit der zwangsgeführten Staberdungs- und Kurzschließgeräte,
- Beschreibung des Einbringens der Erdungs- und Kurzschließstäbe in die zur Anlage gehörenden Leiterfestpunkte und gegebenenfalls der mechanischen Verriegelung,
- Hinweis, daß Erdungs- und Kurzschließstäbe gegebenenfalls nur im mechanisch verriegelten Zustand die volle Kurzschlußfestigkeit aufweisen,
- Erläuterung der Kennzeichnungen auf Erdungsstangen bzw. Erdungshandgriffen (z. B. Schwarzer Ring, Begrenzungsscheibe, Aufschriften),
- Hinweis, daß im allgemeinen Erdungs- und Kurzschließstäbe und Leiterfestpunkte nur für einmalige Belastung durch ihre höchstzulässige Kurzschlußbeanspruchung bemessen sind; nach einer Kurzschlußbeanspruchung sind sie auf ihre Weiterverwendbarkeit zu überprüfen,
- gegebenenfalls Erläuterungen der Zuordnung bei zusammensetzbaren, zwangsgeführten Staberdungs- und Kurzschließgeräten,
- Anzugsmoment für einschraubbare Erdungs- und Kurzschließstäbe,
- Hinweise zur Wartung zwangsgeführter Staberdungs- und Kurzschließgeräte.

4.2.2 Erdungs- oder Erdungs- und Kurzschließvorrichtung mit Stäben als kurzschließendes Gerät – Staberdung – DIN VDE 0683 Teil 200

Diese Norm vom Januar 1995 enthält die deutsche Fassung der EN 61 219:1993, in die die IEC 1219:1993 übernommen worden ist. Die internationale Norm wurde vom IEC TC 78 erarbeitet und verabschiedet. Basis der IEC-Arbeit war die vom K 215 vorgelegte englische Fassung der DIN VDE 0683 Teil 2. Der Text des Schriftstücks IEC 78 (CO) 74 wurde im Dezember 1992 der parallelen Abstimmung in IEC und Cenelec unterworfen. Das Referenzdokument wurde von Cenelec am 22.09.1993 als EN 61 219 genehmigt. Diese Norm gilt seit 01.01.1995. Für Erzeugnisse, die vor dem 01.10.1994 der einschlägigen nationalen Norm entsprochen haben, wie durch den Hersteller oder eine Zertifizierungsstelle nachzuweisen ist, darf diese vorhergehende Norm (DIN VDE 0683 Teil 2) für die Fertigung bis 01.10.1999 noch weiter angewendet werden.
Als allgemeine Information zu DIN VDE 0683 Teil 200 kann deren Anhang C betrachtet werden, der nachstehend zitiert wird:

Anhang C (normativ) EN 61 219: 1993
Auswahl, Gebrauch und Instandhaltung von Staberdungen

C.1 Allgemeines
Das Erden und Kurzschließen von frei geschalteten Anlagenteilen wird vorgenommen, um gefährliche Spannungen und Lichtbögen im Fall eines unbeabsichtigten Wiedereinschaltens zu verhindern. Die Materialien müssen so auf die nach einem Kurzschluß auftretenden Temperaturen abgestimmt sein, daß sie keine die Evakuierung des Personals beeinträchtigende Gase abgeben, wodurch ernsthafte Vergiftungen bei kurzzeitigem Einwirken oder bleibende Beschädigung von Anlagen und Gebäuden verursacht werden.
Anstelle von frei geführten Geräten verwendete Stäbe bieten gewisse Vorteile.

C.2 Vorteile bei Verwendung von Staberdungen
Führungen verringern die Gewichtsabhängigkeit, und dies ermöglicht die Temperaturverringerung. Andere Vorteile bei Verwendung von Staberdungen anstelle von ortsveränderlichen, frei geführten Erdungsvorrichtungen hängen vom Einsatzfall ab. Bei Verwendung von Staberdungen in Freiluftanlagen und Freileitungen besteht der Hauptvorteil in der geringeren Gefahr durch unkontrollierte Bewegungen.
Bei Verwendung in metallgekapselten Schaltanlagen bietet die Technik der Staberdung zusätzliche Vorteile durch die Möglichkeit des Erdens und Kurzschließens ohne Öffnung der Kapselung. Erden und Kurzschließen ohne Öffnen der Kapselung ist deshalb eine wesentliche Sicherheitsverbesserung. Dies um so mehr, wenn die Kapselung mit einem auf einem inneren Fehler beruhenden Lichtbogen geprüft ist, und die Staberdung nicht den Grad der Kapselung herabsetzt.

Eine weitere Sicherheitsverbesserung kann in einem nicht starr geerdeten Netz mit abschaltendem Erdfehlerschutz erreicht werden, wenn der Stab in einer Stellung angehalten wird, in der nur ein Leiter für die Zeit geerdet ist, die für die Erdfehlerabschaltung erforderlich ist.
Staberdungen müssen selbstverständlich für die schlechtesten Praxisbedingungen ausgelegt und geprüft sein, denen sie ausgesetzt sein können, wobei zum Beispiel die Verläßlichkeit des Schutzes und das Risiko des Wiedereinschaltens zu berücksichtigen sind. In fabrikgefertigten Niederspannungs-Schaltanlagen ist es oft erforderlich, die Erdungsvorrichtung in sehr kompakte Anlagen zu integrieren. Die Bemessung für fortgesetzten Gebrauch nach Kurzschlußbeaufschlagung ist unbedingt erforderlich. Auf diesem Gebiet sind strombegrenzende Sicherungen und Leistungsschalter verfügbar. Die Anforderungen an Erdungsvorrichtungen können wesentlich in Verbindung mit einem wirksamen strombegrenzenden Schutz verringert werden.

C.3 *Instandhaltung und Ausmusterung*
Aus Sicherheitsgründen müssen Erdungs- und Kurzschließvorrichtungen mit großer Sorgfalt behandelt werden. Stäbe müssen vor jeder Verwendung überprüft werden. Oberflächenfehler, Verformungen und ungenaue Führungen müssen unverzüglich nachgearbeitet werden. Werden Schäden an dem Schutzmantel oder sichtbare Stellen an dem blanken Leiter des Erdungsseils festgestellt, muß die Ausmusterung erfolgen.
Eine Vorrichtung, die einem Kurzschluß ausgesetzt war, muß immer gründlich untersucht werden. Ist die Vorrichtung nicht für fortgesetzten Gebrauch nach Kurzschlußbeaufschlagung ausgelegt, ist sie auszumustern, es sei denn, gründliche Untersuchung, Berechnung und Überprüfung sichern, daß die Beaufschlagung zu schwach war, den einwandfreien Zustand zu beeinflussen. Falls Sicherungen betroffen waren und angesprochen haben, ist der ganze Sicherungssatz auszutauschen.

4.3 Maßnormen
– DIN 48087 und 48088 Teile 1 bis 5

Von seiten der Betreiber waren immer wieder Maßnormen gefordert worden, um einerseits Anschließteile mit Erdungsstangen verschiedener Hersteller kombinieren zu können, andererseits Anschließteile mit Anschließstellen. Dies wird ermöglicht durch Berücksichtigung der nachstehend aufgeführten Normen:

DIN 48087 Ortsveränderliche Geräte zum Erden und Kurzschließen, Spindelschaft für Anschließteile

DIN 48088 Anschließstellen für Erdungs- und Kurzschließvorrichtungen
Teile 1 bis 5

4.3.1 Ortsveränderliche Geräte zum Erden und Kurzschließen – Spindelschaft für Anschließteile – DIN 48087

Bei dem in dieser Norm festgelegten Spindelschaft mit Querstift, der im Sprachgebrauch auch „Bajonettspindel" genannt wird, handelt es sich um die bei Anschließteilen ortsveränderlicher Geräte zum Erden und Kurzschließen am häufigsten verwendete Bauart (**Bild 4.3.1 A**).
Bezüglich der Ausbildung der Erdungsstangenkupplung wird auf DIN VDE 0683 Teil 1 verwiesen.
Der in **Bild 4.3.1 B** strichpunktiert eingezeichnete Freiraum ist jener Raum, der beim Aufsetzen und Handhaben des Anschließteils mittels einer Erdungsstange bei kleinstem zulässigen Klemmdurchmesser mindestens zur Verfügung stehen muß. Dieser Freiraum ist zur Erdungsstange hin nicht begrenzt.
Durch die Festlegungen der in dieser Norm vorgegebenen Maße soll die Handhabbarkeit und Austauschbarkeit verschiedener Anschließteile mit abnehmbaren Er-

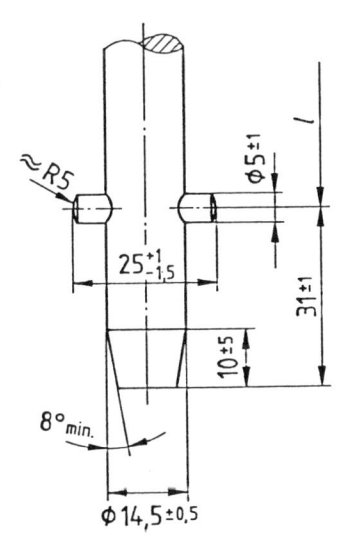

Bild 4.3.1 A Spindelschaft
(Quelle: DIN 48087)

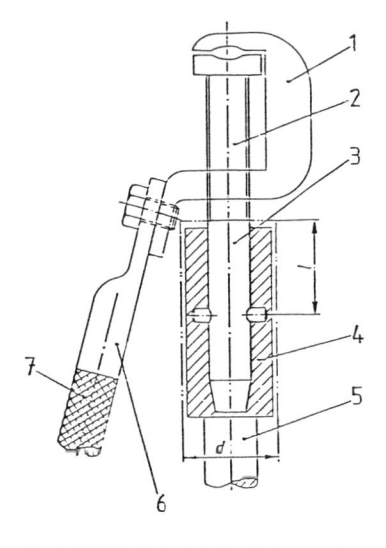

Bild 4.3.1 B Beispiel für die Anwendung des Spindelschafts (Quelle: DIN 48087)
1 Gegenstück (Anschließteil)
2 Spindel (Anschließteil)
3 Spindelschaft (Anschließteil)
4 Kupplung
5 Erdungsstange
6 Kabelschuh
7 Kurzschließseil

203

```
Bezeichnung:
                                    Spindelschaft   DIN 48087  -  30
Benennung ──────────────────────────────┘              │         │
DIN-Hauptnummer ───────────────────────────────────────┘         │
Länge ───────────────────────────────────────────────────────────┘
```

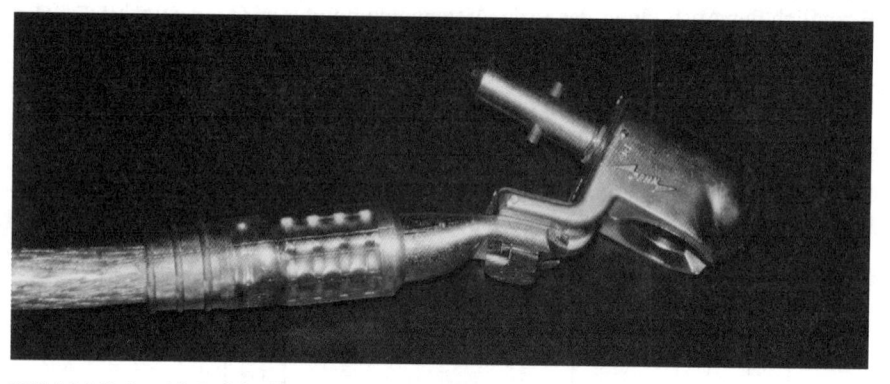

Bild 4.3.1 C Anschließteil für Kugelbolzen, mit Spindelschaft

dungsstangen verschiedener Hersteller ermöglicht werden. Deshalb beziehen sich die maßlichen Festlegungen nur auf den Teil des Spindelschafts, in den die Kupplung der Erdungsstange eingeführt wird (**Bild 4.3.1 C**).
Festlegungen über die Beschaffenheit der Anschließteile und Erdungsstangen sind in DIN VDE 0683 Teil 1 enthalten.
Die Norm DIN 48087 gilt seit Juni 1985.

4.3.2 Anschließstelle für Erdungs- und Kurzschließvorrichtungen, Kugelbolzen
– DIN 48088 Teil 1

Es wird besonders darauf hingewiesen, daß die folgenden Normen DIN 48088 Teile 1 bis 5 lediglich die Austauschbarkeit von Anschließstellen und Anschließteilen verschiedener Hersteller sicherstellen. Eine über das mechanische Zusammenpassen hinausgehende Aussage über die Kurzschlußfestigkeit läßt sich erst vornehmen, wenn die Anforderungen an die elektrische Belastbarkeit der zweiteiligen Kombination nach DIN VDE 0683 Teil 1 erfüllt sind.
Wie gesagt: Durch diese Festlegungen soll lediglich die mechanische Austauschbarkeit von Anschließteilen mit Anschließstellen verschiedener Hersteller und Ausfüh-

Befestigung nach
Wahl des Herstellers

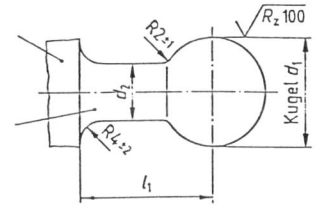

Kugelschaft gerade oder abgewinkelt nach Vereinbarung

Bild 4.3.2 A Kugelbolzen (Quelle: DIN 48088 Teil 1)

d_1 ± 0,1	d_2 ± 0,5	l_1 minimal
20	10,5	24
25	15,0	31

Tabelle 4.3.2 A Maße des Kugelbolzens in mm (Quelle: DIN 48088 Teil 1)

Kugelbolzen   DIN 48 088 – 20 – Sn

Benennung
DIN-Hauptnummer
Durchmesser d_1
Ausführung

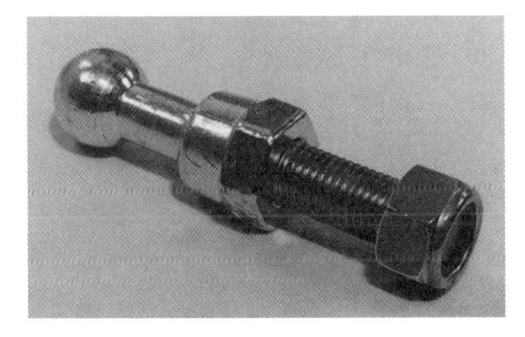

Bild 4.3.2 B Kugelbolzen

rungen von Erdungs- und Kurzschließgeräten ermöglicht werden. Festlegungen über deren elektrische Belastbarkeit sind in DIN VDE 0683 Teil 1 enthalten. Die Norm DIN 48088 Teil 1 gilt seit Juni 1985 (**Bild 4.3.2 A**, **Tabelle 4.3.2 A** und **Bild 4.3.2 B**.

4.3.3 Anschließstelle für Erdungs- und Kurzschließvorrichtungen, Zylinderbolzen mit Ringnut zum erdseitigen Anschluß – DIN 48088 Teil 2

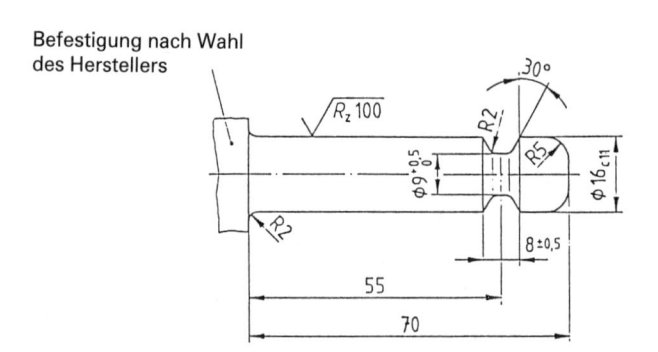

Bild 4.3.3 A Zylinderbolzen mit Ringnut (Quelle: DIN 48088 Teil 2)

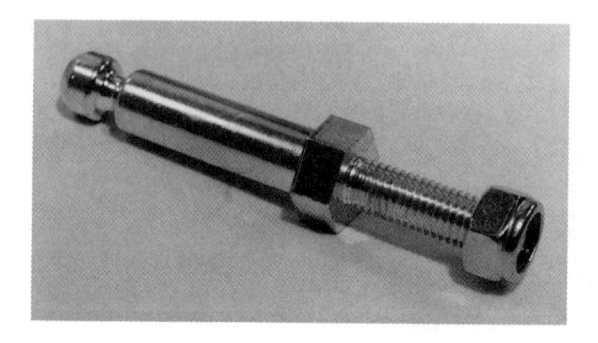

Bild 4.3.3 B Zylinderbolzen mit Ringnut

4.3.4 Anschließstelle für Erdungs- und Kurzschließvorrichtungen, Bügelfestpunkt für Leiter (Seile, Rohre) – DIN 48088 Teil 3

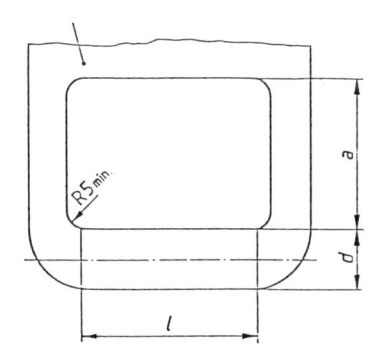

Bild 4.3.4 A Bügelfestpunkt (Quelle: DIN 48088 Teil 3)

l minimal	d_1 + 1	a minimal
60	20	50
	25	
90	25	65
	30	

Tabelle 4.3.4 A Maße des Bügelfestpunkts (Quelle DIN 48088 Teil 3)

```
                                    Bügelfestpunkt   DIN 48 088  -  60  X  20
Benennung ──────────────────────────────┘                │       │    │
DIN-Hauptnummer ─────────────────────────────────────────┘       │    │
Länge l ─────────────────────────────────────────────────────────┘    │
Durchmesser d ────────────────────────────────────────────────────────┘
```

207

Die Norm DIN 48088 Teil 3 gilt seit Juni 1985.

Bild 4.3.4 B Bügelfestpunkt

4.3.5 Anschließstelle für Erdungs- und Kurzschließvorrichtungen, Schalenfestpunkt für Leiter (Seile, Rohre) – DIN 48088 Teil 4

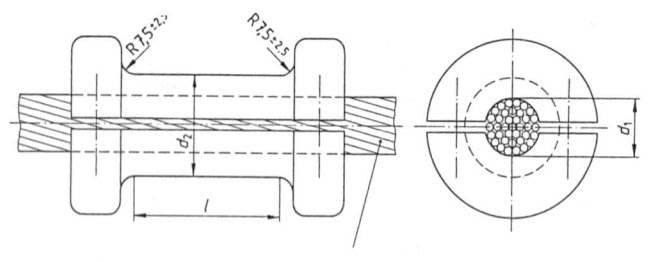

zugehöriges Leiterseil

Bild 4.3.5 A Schalenfestpunkt (Quelle: DIN 48 088 Teil 4)

l minimal	Seildurchmesser d_1[1] im Bereich		Klemmstückdurchmesser d_2[2] im Bereich	
	von	bis	von	bis
60	15,8	22,5	35	40
	> 22,5	32,6	> 40	50
	> 32,6	41,1	> 50	60
125	15,8	22,5	35	40
	> 22,5	32,6	> 40	50
	> 32,6	41,1	> 50	60

Tabelle 4.3.5 A Maße des Schalenfestpunkts (Quelle: DIN 48088 Teil 4)
1) Als Durchmesser d_1 ist der Seildurchmesser nach DIN 48201 Teil 1, Teil 5 und Teil 6, DIN 48204 oder DIN 48206 innerhalb der Bereiche nach Tabelle anzugeben.
2) Nach Wahl des Herstellers abhängig von Leiterwerkstoff, Leiterdurchmesser und Konstruktion. Wird bei Bestellung vom Hersteller angegeben.

```
                    Schalenfestpunkt   DIN 48088 - 60 - 20,2
Benennung ─────────────────┘                │        │     │
DIN-Hauptnummer ────────────────────────────┘        │     │
Länge l ─────────────────────────────────────────────┘     │
Durchmesser d₁ ────────────────────────────────────────────┘
```

Die Norm DIN 48088 Teil 4 gilt seit Juli 1985.

Bild 4.3.5 B Schalenfestpunkt

4.3.6 Anschließstelle für Erdungs- und Kurzschließvorrichtungen, Anschlußstück für Erdungsleitungen – DIN 48088 Teil 5

Für den Erdungsanschluß bestand früher mit DIN 46009 eine Norm, die Festlegungen über das Anschlußstück und die Anschließstelle für Erdungsvorrichtungen in Schaltanlagen enthielt. Da die Festlegungen für festverlegte und ortsveränderliche Erdungsanschlüsse z. T. gleich sind, wurde der Inhalt von DIN 46009 überarbeitet und in DIN 48088 Teil 5 eingearbeitet.

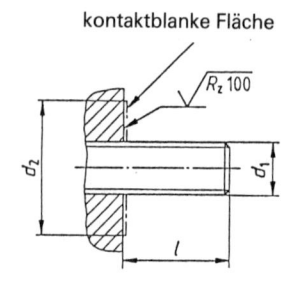

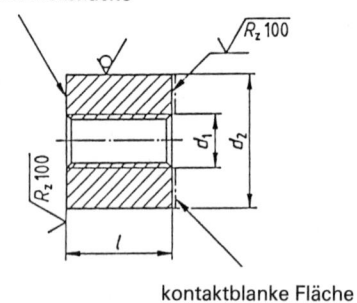

Bild 4.3.6 A Erdungsanschlußstücke (Quelle: DIN 48088 Teil 5)
links: Anschlußstück mit Außengewinde
rechts: Anschlußstück mit Innengewinde

d_1	d_2	l
M 12	30	25
M 16	40	30

Tabelle 4.3.6 A Maße der Erdungsanschlußstücke für Ausführung A und B (Quelle: DIN 48088 Teil 5)

```
                              Anschließstelle   DIN 48 088  -  B  -  M 12
  Benennung ─────────────────────────────┘                     │   │    │
  DIN-Hauptnummer ──────────────────────────────────────────────┘   │    │
  Ausführung A oder B ──────────────────────────────────────────────┘    │
  Gewindedurchmesser d₁ ─────────────────────────────────────────────────┘
```

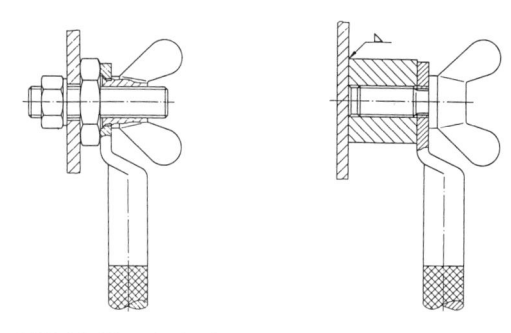

Bild 4.3.6 B Beispiel für Anschließstellen für Erdungs- und Kurzschließvorrichtungen (Quelle: DIN 48088 Teil 5)
links: Anschließstelle mit Erdungsanschlußstück a
rechts: Anschließstelle mit Erdungsanschlußstück b

Die Norm DIN 48088 Teil 5 gilt seit Juli 1985.

4.3.7 Harmonisierung der Maßnormen – DIN 48087 und DIN 48088 Teile 1 bis 5

Nach Beratungsgesprächen auf Cenelec- und IEC-Basis – seit dem Jahr 1992 – wurden die von den Partnern geäußerten Wünsche und Änderungsvorschläge zu den DIN-Normen zwischenzeitlich eingearbeitet.
Das Arbeitspapier wurde Anfang 1996 als NWIP [Erstumfage] bei IEC eingereicht. Cenelec wurde informiert.

5 Kennzeichnung von Körperschutzmitteln, Schutzvorrichtungen und Geräten, Anwendungshinweise, Wiederholungsprüfungen

5.1 Kennzeichnung von Hilfsmitteln zum Arbeiten an unter Spannung stehenden Teilen: Sonderkennzeichen nach DIN 48699, IEC-Sonderkennzeichen

Zur Kennzeichnung von Körperschutzmitteln, Schutzvorrichtungen, Werkzeugen und anderen Geräten, die zum Arbeiten an unter Spannung stehenden Teilen im Sinne von DIN VDE 0105 Teil 1 geeignet sind, wurde seit 1978 in DIN VDE 0680 ein „Sonderkennzeichen" als Aufschrift gefordert (**Bild 5.1 A**).

Die Spannungsangabe 1 000 V darf bei kleinen Werkzeugen auch neben oder unter dem Isolatorsymbol angebracht sein.

Da diese VDE-Bestimmungen Sicherheitsbestimmungen im Sinne des Gesetzes über technische Arbeitsmittel (Gerätesicherheitsgesetz) enthalten, müssen solche Hilfsmittel die Kennzeichnung tragen, wenn sie als geeignet zum Arbeiten an unter Spannung stehenden Teilen bis 1 000 V gelten sollen.

Die Kennzeichnung ermöglicht es den Anwendern leicht, festzustellen, ob die Hilfsmittel, z. B. Handschuhe, Stiefel, Gesichtsschutz, Abdecktücher, Isoliermatten zur Standortisolierung, oder die isolierten Werkzeuge den Anforderungen und Prüfungen nach DIN VDE 0680 Teil 1 und DIN VDE 0680 Teil 2 entsprechen und somit für ein Arbeiten unter Spannung geeignet sind. Diese Kennzeichnung ist besonders für Werkzeuge sehr wichtig, da es mannigfaltige Werkzeuge mit Kunststoffüberzügen oder auch aus Kunststoffteilen gibt, die zwar meist auch isolieren, jedoch nicht als genügend sicher zum gefahrlosen Arbeiten an unter Spannung stehenden Teilen anzusehen sind.

Die Kennzeichnung nach DIN 48699 (**Bild 5.1 B**) ist seit 1983 an die Stelle des Sonderkennzeichens nach VDE 0680 Teil 2:1978-03 (Bild 5.1 A) getreten.

Von besonderer Bedeutung ist, daß die bis dahin nur für den Niederspannungsbereich geltende Kennzeichnung auch auf den Spannungsbereich über 1 kV ausgewei-

Bild 5.1 A Sonderkennzeichen nach DIN VDE 0680 Teil 2:1978-03 (üblich bis 1983)
(Quelle: DIN VDE 0680 Teil 2 und DIN 48699)

1000 V   **10...20 kV**

Bild 5.1 B Beispiel einer (seit 1983 gültigen) Kennzeichnung für
a) ein Werkzeug, das zum Arbeiten an unter Spannung stehenden Teilen bis 1000 V Nennspannung benutzt werden darf
b) ein Gerät, das zum Arbeiten an unter Spannung stehenden Teilen im Bereich der Nennspannungen von 10 kV bis 20 kV benutzt werden darf (Quelle: DIN 48699)

tet wurde. Dies bedeutet, daß auch für die im Anwendungsbereich von DIN VDE 0681 behandelten Geräte zum Betätigen, Prüfen und Abschranken unter Spannung stehender Teile mit Nennspannungen über 1 kV (wie Spannungsprüfer oder isolierende Schutzplatten) diese Kennzeichnung angewendet wird.

Da die zur Kennzeichnung erforderlichen Spannungsangaben gerätebezogen sind, befinden sie sich in den entsprechenden Gerätebestimmungen.

Diese Kennzeichnung weicht von der Ausführung des alten „Sonderkennzeichens" nach DIN VDE 0680 Teil 2:1978-03 insofern ab, als die Spannungsangabe „1 000 V" nicht mehr in dem Bildzeichen enthalten sein darf.

- Das grafische Symbol ohne Inschrift ist das Symbol für Hilfsmittel zum Arbeiten an unter Spannung stehenden Teilen.
- Es können anstelle einer Spannungsangabe (**Bild 5.1 B a**) auch Spannungsbereiche (**Bild 5.1 B b**) angegeben werden.

Die Spannungsangabe gibt je nach Festlegung in der Gerätenorm entweder die höchste Nennspannung an, bis zu der das Hilfsmittel an unter Spannung stehenden Teilen eingesetzt werden darf oder die niedrigste und höchste Nennspannung für einen Bereich, in dem der Einsatz zulässig ist.

Bei IEC ist anstelle des deutschen Sonderkennzeichens nach Bild 5.1 B ein weltweites Kennzeichen nach **Bild 5.1 C** festgelegt: Ein grafisches Symbol in Form eines

Bild 5.1 C IEC-Sonderkennzeichen (Quelle: DIN VDE 0682 Teil 201 „Handwerkzeuge zum Arbeiten an unter Spannung stehenden Teilen bis AC 1000 V und DC 1500 V")

versetzten Doppeldreiecks (stilisierte Glieder eines Kettenisolators), von Fall zu Fall mit Zusatzangaben, wie Spannungshöhe oder Spannungsbereich. Der entsprechende Normentwurf 417-IEC-5216 Pr ging im März 1996 in die internationale Umfrage. In den Normen der Reihe VDE 0682 wird dieses IEC-Sonderkennzeichen als Aufschrift verlangt.

5.2 Sicherheitszeichen „GS" – „CE"-Kennzeichnung

Mit Inkrafttreten des „Maschinenschutzgesetzes" 1968 wurde ein sogenannter vorgreifender Gefahrenschutz geschaffen. Danach dürfen Hersteller und Einführer von technischen Arbeitsmitteln diese nur in den Verkehr bringen oder ausstellen, wenn sie bei bestimmungsgemäßer Verwendung zur Vermeidung von Unfällen genügend geschützt sind.

Die Neufassung des Gesetzes über technische Arbeitsmittel von 1979 erhielt die Kurzbezeichnung „Gerätesicherheitsgesetz".

Nach § 3 des Gerätesicherheitsgesetzes darf der Hersteller oder Einführer eines technischen Arbeitsmittels dieses mit dem Zeichen „GS = Geprüfte Sicherheit" (**Bild 5.2 A**) versehen, wenn es von einer vom Arbeitsministerium zugelassenen Prüfstelle einer Bauartprüfung unterzogen worden ist und diese bestanden hat. Das GS-Zeichen auf dem geprüften Gerät muß das Identifikationszeichen der Prüfstelle enthalten, die die Bauartprüfung durchgeführt und die Genehmigung zum Führen des GS-Zeichens erteilt hat, z. B. VDE Prüf- und Zertifizierungsinstitut, Prüfstellen der Berufsgenossenschaften, Prüfstellen der Technischen Überwachungsvereine.

a)

(bis 20 mm Höhe)   (über 20 mm Höhe)

b)

(bei Höhen von 20 mm oder weniger zulässig)

Bild 5.2 A Sicherheitszeichen „GS = Geprüfte Sicherheit" entsprechend dem Gerätesicherheitsgesetz
a) mit Identifikationszeichen des VDE Prüf- und Zertifizierungsinstituts (Quelle: VDE 0024)
b) mit Identifikationszeichen der Prüfstelle der Berufsgenossenschaft, Fachausschuß Elektrotechnik (Quelle: Band 74, Kontakt & Studium, Expert-Verlag)

In den Zeichen-Genehmigungsausweisen wird bestätigt, daß die im Gerätesicherheitsgesetz vom 24. Juni 1968 in der Fassung vom 14.09.1994 gestellten Anforderungen von den aufgeführten Geräten erfüllt werden. Soll diese Gesetzeskonformität kenntlich gemacht werden, besonders beim Inverkehrbringen der Geräte in Deutschland, so wird z. B. bei Prüfung im VDE Prüf- und Zertifizierungsinstitut das VDE-Zeichen als „Verbandszeichen des VDE und Sicherheitszeichen für elektrotechnische Erzeugnisse" auch in Verbindung mit dem GS-Zeichen angebracht, wie im Bild 5.2 A dargestellt, zumal in allen anderen Fällen, z. B. für den Export, das VDE-Zeichen allein angebracht werden darf.

Wesentlich ist, daß es innerhalb des Geltungsbereichs des Gerätesicherheitsgesetzes keine Prüfzeichenpflicht gibt.

Im Komitee 215 hat man sich geeinigt, für Erdungs- und Kurzschlußvorrichtungen seitens der Hersteller kein Prüfzeichen zu beantragen. Diese Geräte werden in einer außerordentlich großen Zahl von Varianten gebaut. Wollte man für jede dieser Varianten ein GS-Zeichen beantragen, wären der Prüfaufwand sehr hoch und die Geräte entsprechend teurer.

Geräte, die den Anforderungen und Prüfungen nach DIN VDE 0683 entsprechen, werden von den Herstellern in Eigenverantwortung wie folgt gekennzeichnet:

„Nach DIN VDE 0683"

„CE"-Kennzeichnung

Der Hersteller muß auf Erzeugnissen, die in den Geltungsbereich bestimmter EG-Richtlinien fallen, die CE-Kennzeichnung anbringen. Betroffen sind Erzeugnisse, die von Richtlinien der neuen Konzeption erfaßt werden, die Anforderungen an die technischen Beschaffenheit von Produkten enthalten.

EG-Richtlinien sind verbindliche Rechtsvorschriften der Europäischen Union. Das heißt in bezug auf Richtlinien mit Beschaffenheitsanforderungen: Die Erfüllung dieser Anforderungen ist Bedingung für die Vermarktung der Produkte in Europa. Mit der CE-Kennzeichnung ist die Übereinstimmung der Erzeugnisse mit allen für das Produkt zutreffenden Richtlinien zu bestätigen. Die Kennzeichnung ist somit zwingende Voraussetzung für das Inverkehrbringen der Erzeugnisse in der gesamten Gemeinschaft, also auch im Herstellerland.

Mit der CE-Kennzeichnung eines Produkts wird erklärt, daß:
- die grundlegenden Anforderungen aller zutreffenden Richtlinien eingehalten worden sind,
- die vorgeschriebenen „Konformitätsbewertungsverfahren" durchgeführt wurden und
- alle erforderlichen Maßnahmen getroffen sind, damit der Fertigungsprozeß die Übereinstimmung der Produkte mit den für sie geltenden Anforderungen der Richtlinie gewährleistet.

Die Kennzeichnungspflicht entsteht nach Umsetzung der Richtlinie in nationales Recht und spätestens nach Ablauf eventueller Übergangsfristen.

Der Weg zum CE-Zeichen
Produktsicherheit wird heute nach europaeinheitlichem Verständnis durch zwei Kriterien dargestellt:
- konstruktive Sicherheit = keine technischen Fehler,
- instruktive Sicherheit = optimale technische Anleitungen.

Deshalb dürfen auch nur solche Produkte mit dem CE-Zeichen versehen werden, die diese Kriterien erfüllen. Voraussetzung für das CE-Kennzeichen ist die Konformitätsbewertung.
Der Ablauf einer Konformitätsbewertung ist abhängig vom Produkt. Entscheidend sind die Gefahren, die vom Produkt ausgehen. Zur Beurteilung der Gefahren kann man sich an DIN EV 292-1 und -2, DIN EN 414 und der EG-Maschinenrichtlinie orientieren.
Mögliche Gefahren sind:
- mechanischer Art: Quetschen, Stoßen,

	VDE-Bestimmung		EMV-Richtlinie	Niederspannungsrichtlinie	Maschinenrichtlinien	Richtlinien für persönliche Schutzausrüstung
Bezeichnung/Teil	Titel					
0682/311	Handschuhe aus isolierendem Material					X
0682/312	isolierende Ärmel					X
0680/2	isolierte Werkzeuge			X		
0682/201	Handwerkzeuge zum Arbeiten an unter Spannung stehenden Teilen			X		
0680/3	Betätigungsstangen			X		
0680/4	NH-Sicherungsaufsteckgriffe			X		X
0680/5	zweipolige Spannungsprüfer		X			
0680/6	einpolige Spannungsprüfer		X	X		
0680/7	Paßeinsatzschlüssel			X		
0681/4	einpolige Spannungsprüfer > 1 kV		X			
0682/411	einpolige Spannungsprüfer > 1 kV		X			
0682/421	zweipolige Spannungsprüfer > 1 kV		X			
0681/6	Spannungsprüfer für Oberleitungsanlagen		X			
	Spannungsprüfer für Gleichstromzwischenkreis		X			
	Abstandsspannungsprüfer		X			
0681/7	Spannungsanzeigesysteme		X	X		
	Spannungsprüfsysteme		X	X		
0681/5	Phasenvergleicher		X			

Tabelle 5.2.A Geltungsbereich von EG-Richtlinien für Körperschutzmittel, Schutzvorrichtungen und Geräte

- durch elektrische Energie: Wärmestrahlung, Kurzschluß,
- durch thermische Einflüsse: Verbrennung, Kälte,
- durch Vibratonen: handgeführte Maschinen,
- durch Vernachlässigung ergonomischer Prinzipien bei der Maschinengestaltung: ungesunde Körperhaltung, körperlicher Streß,
- durch Instruktionsfehler: unverständliche Anleitungen,
- durch unvollständige Instruktionen: nach EG-Maschinenrichtlinie.

Die Konformitätsbewertung bezieht sich auf die grundlegenden Anforderungen an das Produkt. Wird das Produkt von mehreren EG-Richtlinien berührt, dann muß es mit jeder betreffenden EG-Richtlinie übereinstimmen.

CE-Kennzeichnungen sehen vor:
- die Niederspannungsrichtlinie,
- die EMV-Richtlinie,
- die Maschinenrichtlinie,
- die Richtlinien über persönliche Schutzausrüstung sowie
- weitere Richtlinien nach der neuen Konzeption.

Tabelle 5.2.A zeigt eine beispielhafte Auflistung, welche der in diesem Buch vorgestellten Körperschutzmittel, Schutzvorrichtungen und Geräte in den Geltungsbereich von EG-Richtlinien fallen.

5.3 Weiterverwendung alter Schutzmittel und Geräte

Zu diesem Thema nachstehend einige Passagen aus DIN VDE 0105 Teil 1:1983-07:

4.1 Sicherheitsanforderungen an Einrichtungen zur Unfallverhütung

4.1.1 Einrichtungen zur Unfallverhütung nach Abschnitt 4.2 müssen den Anforderungen des Betriebs und der Sicherheit angepaßt sein.

4.1.2 Sofern an die Einrichtungen zur Unfallverhütung elektrotechnische Anforderungen gestellt werden müssen, z. B. Spannungsfestigkeit, Ableitstrom, sind die Sicherheitsanforderungen erfüllt, wenn eine der Bedingungen in den Aufzählungen a) bis d) zutrifft.

a) Die Einrichtungen entsprechen den für sie jeweils gültigen VDE-Bestimmungen.

b) Vorhandene Einrichtungen wurden nach inzwischen außer Kraft gesetzten VDE-Bestimmungen hergestellt.

c) Vorhandene Einrichtungen wurden nach Entwürfen zu VDE-Bestimmungen hergestellt, die nicht unmittelbar zu einer endgültigen Fassung geführt haben.

Anmerkungen zu den Aufzählungen b) und c):
Dies kann nachgewiesen werden durch:
- *ein Prüfzeichen einer anerkannten Prüfstelle,*
- *ein Gutachten mit Fertigungsüberwachung,*
- *eine Bestätigung des Herstellers,*
- *Angaben in den Vertrags- oder Lieferunterlagen,*
- *entsprechende Feststellungen des Betreibers oder eines von ihm Beauftragten.*

d) Der Betreiber stellt bei vorhandenen Einrichtungen, für die die Festlegungen nach den Aufzählungen a) bis c) nicht zutreffen, fest, daß die Abweichungen gegenüber gültigen VDE-Bestimmungen in sicherheitstechnischer Hinsicht unbedenklich sind.
Anmerkung: „Vorhanden" bedeutet, daß diese Einrichtungen bei Inkrafttreten dieser Norm beim Betreiber vorhanden waren.

Wesentlich für den Betreiber ist, daß DIN VDE 0105 entweder ein Auswechseln der vorhandenen „alten" Geräte gegen solche Geräte, die den hier behandelten VDE-Bestimmungen entsprechen, verlangt oder bei Geräten, die jahrelang in Benutzung sind und weiter benutzt werden sollen, dem Betreiber eine besondere Verantwortung bei der Prüfung und Beurteilung solcher „alten" Geräte auferlegt.
Dazu heißt es im Abschnitt „Beginn der Gültigkeit" in DIN VDE 0105 Teil 1 unter anderem:
„*Vorhandene Einrichtungen zur Unfallverhütung nach Abschnitten 4.2, die den Anforderungen nach Abschnitt 4.1 (siehe oben) nicht entsprechen, müssen bis 30.06.1988 gegen solche nach Abschnitt 4.1.2 a ausgetauscht werden.*"
Das bedeutet, daß seit 1. Juli 1988 Einrichtungen zur Unfallverhütung den hier behandelten DIN VDE-Bestimmungen 0680, 0681 und 0683 entsprechen müssen.
Nachstehend ein Auszug aus der „Beilage zu Informationen für die Sicherheitsfachkraft 3/88", Kehler, Berufsgenossenschaft der Feinmechanik und Elektrotechnik, Köln.
Anpassung von Einrichtungen zur Unfallverhütung nach DIN VDE 0105 Teil 1 an den jeweiligen Stand der Technik:
*In Anlehnung an das Schema der in zwölf Unterabschnitten dargestellten Einrichtungen zur Unfallverhütung (**Bild 5.3A**) entsprechend der Abschnittsbezeichnung in VDE 0105 und in der Reihenfolge der fünf Sicherheitsregeln soll versucht werden, anhand von gültigen VDE-Bestimmungen neben den Einrichtungen, die eigentlich ausgetauscht sein müßten, einen Leitfaden für diejenigen aufzustellen, für die in unseren Augen eine Anpassung geboten scheint.*
Die Abschnitte 4.2.6 „Schutzvorrichtungen und Geräte zum Abschranken", 4.2.10 „Vorrichtungen zum Abgrenzen des Arbeitsbereichs", 4.2.12 „Hilfsmittel zum Vermeiden einer Schaltfeldverwechslung" enthalten nur Einrichtungen, an die keine elektrotechnischen Anforderungen gestellt werden. Auf sie braucht deswegen nicht näher eingegangen zu werden (die in Abschnitt 4.2.10 genannten isolierenden Schutzplatten werden dem Abschnitt 4.2.2 „Isolierende Schutzvorrichtungen" zugeordnet und dort behandelt). Desgleichen werden die Betriebsmittel des Abschnitts 4.2.7 „Geräte und Vorrichtungen zum Sichern gegen Wiedereinschalten" nicht besprochen, da auch sie, bis auf die einschiebbaren Isolierplatten bis 1 000 V, keine elektrische Festigkeit aufweisen müssen und nur außerhalb der Gefahrenzone eingesetzt werden. Für die angeführten Isolierplatten ist bisher keine Normung vorgesehen.
Das zu den Isolierplatten Gesagte gilt gleichermaßen für die auch im Abschnitt angeführten Sperrstöpsel und NH-Blindelemente.

DIN VDE 0105 Teil 1 Abschnitt	
4.2	Einrichtungen zur Unfallverhütung
4.2.1	– Isolierende Körperschutzmittel
4.2.2	– Isolierende Schutzvorrichtungen
4.2.3	– Isolierte Werkzeuge
4.2.11	– Werkzeuge und Geräte zum Herausnehmen und Einsetzen von Sicherungen
4.2.4	– Betätigungsstangen
4.2.5	– Isolierstangen
4.2.8	– Geräte zum Feststellen der Spannungsfreiheit und zur Kabelauslese
4.2.9	– Geräte und Vorrichtungen zum Erden und Kurzschließen
4.2.7	– Geräte und Vorrichtungen zum Sichern gegen Wiedereinschalten
4.2.6	– Schutzvorrichtungen und Geräte zum Abschranken
4.2.10	– Vorrichtungen zum Abgrenzen des Arbeitsbereichs
4.2.12	– Hilfsmittel zum Vermeiden einer Schaltfeldverwechslung

Bild 5.3 A Auszug aus VDE 0105 Teil 1:1983-07

Die übrigen Einrichtungen sollen nun abschnittsweise, ihren jeweiligen VDE-Bestimmungen zugeordnet, betrachtet werden.
Allgemein gilt, Einrichtungen sind immer dann zu wechseln, wenn sie Abnutzung, Verschleiß oder Alterung zeigen.

4.2.1 „Isolierende Körperschutzmittel"
DIN VDE 0680 Teil 1:
Hierzu zählen Schutzanzug, Schutzhelm, Schutzhandschuhe, Fußbekleidung, Schutzschirm, Schutzbrille.
Auszutauschen sind Helme aus Material mit Textilfasereinlage, Helme aus thermoplastischem Material spätestens fünf Jahre nach dem aufgeprägten Herstelldatum, Gesichtsschutzschirme mit einem Blendschutz. Für Schutzschirme wurde durch die neue DIN 58214 die Mindestdicke von bisher 1,0 mm auf 1,2 mm heraufgesetzt. Hier ist eine Anpassung unseres Erachtens nicht erforderlich.

4.2.2 „Isolierende Schutzvorrichtungen"
DIN VDE 0680 Teil 1:
Hierzu zählen Matten zur Standortisolierung, Abdecktücher, Umhüllungen, Formstücke, Faltabdeckungen, selbstklebende Kunststoffbänder, Klammern zum Befestigen von Abdecktüchern.
Auszutauschen sind selbstklebende Kunststoffbänder nach einmaligem Gebrauch.
Ebenso auszutauschen sind Klammern aus Holz und Klammern mit Metallfedern, die sich unbeabsichtigt lösen oder eine Überbrückung verursachen können.

In Abschnitt 11.2.1 der VDE 0105 wird bereits darauf hingewiesen, daß eine Norm für isolierende Platten zur Verwendung in Anlagen über 1 kV in Vorbereitung ist, jedoch noch nicht in dem Abschnitt „Isolierende Schutzvorrichtungen" erwähnt.

DIN VDE 0681 Teil 8:
Hierzu zählen isolierende Schutzplatten zum kurzzeitigen Einsatz in Innenraumanlagen nach VDE 0101 mit Nennspannungen über 1 kV bis 30 kV, die im eingebrachten Zustand unter Spannung stehende Teile berühren dürfen.

Genau wie Schaltstangen (VDE 0681 Teil 2), Sicherungszangen (VDE 0681 Teil 3), Spannungsprüfer (VDE 0681 Teil 4) und Phasenvergleicher (VDE 0681 Teil 5) sind isolierende Schutzplatten in fabrikfertigen, typgeprüften Schaltanlagen nur bedingt einsetzbar; denn hinsichtlich der Anforderungen liegen allen nur die Mindestabstände nach DIN VDE 0101 zugrunde. Der Betreiber einer typgeprüften Anlage muß sich also beim Hersteller der Schaltanlage erkundigen, ob und welche Schutzplatten er einsetzen darf.
Wie das zuständige DKE-Gremium vertreten wir die Meinung, daß isolierende Schutzplatten bei Verwendung in typgeprüften Anlagen ganz DIN VDE 0681 Teil 8 entsprechen und die zusätzlich in DIN VDE 0670 Teil 6 gestellten Anforderungen (z. B. Nenn-Stehblitzstoßspannung) erfüllen müssen, sofern sie in die Gefahrenzone nach DIN VDE 0105 Teil 1 eindringen. Anderenfalls ist freizuschalten.
Auszutauschen sind isolierende Schutzplatten, deren Einlegen und Entfernen nicht gefahrlos möglich ist oder die im eingebrachten Zustand den Arbeitsbereich unzureichend gegen benachbarte aktive Teile abdecken. Auszutauschen sind auch Platten, die hinsichtlich ihres Materials (z. B. Hartpapier-, Holzfaser-, Preßspanplatten), Bauart und Kennzeichnung nicht der DIN VDE 0681 Teil 8 entsprechen.
Auszutauschen sind ferner Erdungsstangen, die bei Schutzplatten mit einem Kupplungsteil verwendet werden, und zwar gegen Isolierstangen oder Schaltstangen.
Hinsichtlich der Anpaßfrist zeigt sich hier wieder eine Problematik in den durch VDE 0105 vorgegebenen Modalitäten. Isolierende Schutzplatten, die vor dem 01.02.1983 bei einem Anlagenbetreiber vorhanden waren, waren, sofern sie sicherheitstechnische Abweichungen gegenüber der gerade in Kraft getretenen VDE 0681 Teil 8 aufweisen, bis zum 30. Juni dieses Jahres auszutauschen. Für später bereitgestellte Platten wurde keine Regelung getroffen.

4.2.3 „Isolierte Werkzeuge"
DIN VDE 0680 Teil 2:
Hierzu zählen Werkzeuge aus Isolierstoff oder aus leitfähigem Grundwerkstoff mit einem teilweisen oder vollständigen Isolierstoffüberzug, wie Schraubwerkzeuge, Zangen, Pinzetten, Kabelscheren, Kabelschneider, Kabelmesser.
Auszutauschen sind beispielsweise Schraubwerkzeuge mit Verstelleinrichtungen, Zangen mit Gleitgelenken, Schraubendreher oder Zangen, bei denen die sichere Haftung der Isolierstoffüberzüge nicht mehr gegeben ist, Pinzetten ohne Abgleitschutz.

4.2.11 „Werkzeuge und Geräte zum Herausnehmen und Einsetzen von Sicherungseinsätzen"

DIN VDE 0680 Teil 4:
Dazu zählen NH-Sicherungsaufsteckgriffe mit und ohne Unterarmstulpe zum Einsetzen und Herausnehmen von NH-Sicherungseinsätzen. Mit den Aufsteckgriffen lassen sich auch Erdungs- und Kurzschließvorrichtungen oder Blindsicherungselemente zum Sichern gegen Wiedereinschalten bzw. zum Abdecken wechseln.
Sofern noch nicht ausgetauscht, sind zu ersetzen Aufsteckgriffe mit Aufsetz- oder Halteteilen, die von ihren Abmessungen her eine Überbrückung ermöglichen, Aufsteckgriffe mit unzureichenden Gri1fföffnungen, mit fehlender oder lösbarer Griffbegrenzungsscheibe, ebenso Aufsteckgriffe, bei denen die Stulpe vor der Begrenzungsscheibe in Richtung NH-Sicherungseinsatz angeordnet ist.
Ausgetauscht werden sollten auch Aufsteckgriffe, die aus alter Gewohnheit längere Zeit auf Sicherungseinsätzen gesteckt waren, um sie im Bedarfsfalle schnell zur Hand zu haben. Die thermische Beanspruchung kann zu Materialversprödungen führen, die ein Zerbrechen des Aufsetzteils zur Folge haben.
Neben Unfällen durch gebrochene Aufsetzteile sind auch einige durch lösbare Stulpen bekannt. Lösbare Stulpen dienten vor allem zum Nachrüsten vorhandener Aufsteckgriffe. Die Anpassung vollzog sich bereits vor acht Jahren mit Inkrafttreten der Norm. Ein Verschließen dieser Unfallquelle durch Austausch scheint nunmehr angebracht.

DIN VDE 0680 Teil 7:
Hierzu zählen Paßeinsatzschlüssel zum Einsetzen und Herausnehmen von D- und D0-Paßeinsätzen in Sicherungssockel bzw. aus ihnen.
Auszutauschen sind Paßeinsatzschlüssel aus ungeeigneten Isolierstoffen (Holzgriffe, ölgetränktes Hartpapier) oder mit im Griffbereich außen liegenden leitfähigen Teilen. Auszutauschen sind auch zusammensetzbare Paßeinsatzschlüssel, z. B. mit austauschbaren Arbeitsköpfen, deren Teile nicht gegen unbeabsichtigtes Lösen gesichert sind.

DIN VDE 0681 Teil 3:
Hierzu zählen Sicherungszangen zum Wechseln von Hochleistungs-Sicherungen (HH-Sicherungen) in Anlagen über 1 kV bis 30 kV.
Auszutauschen sind zweischenklige Sicherungszangen. Ebenfalls ausgetauscht werden den sollten einschenklige Zangen, die hinsichtlich ihres Isoliervermögens (z. B. Hartpapier), ihres Aufbaus und ihrer Kennzeichnung nicht der gültigen DIN VDE 0681 Teil 1 entsprechen.

4.2.4 „Betätigungsstangen"
Zu den Betätigungsstangen gehören auch die in Abschnitt 4.2.8 genannten Spannungsprüfer nach VDE 0681 Teil 4 und die in Abschnitt 4.2.11 aufgeführten Siche-

rungszangen nach VDE 0681 Teil 3. Auf sie wird in den zugehörigen Passagen eingegangen.

DIN VDE 0680 Teil 3:
Hierzu zählen Schaltstangen, Stromentnahme- und Bahnstromabnehmer-Abziehstangen für Anlagen bis 1 000 V.
Auszutauschen sind Betätigungsstangen mit einem Isolierteil aus Holz, der kürzer als 600 mm beim Einsatz in Anlagen bis 250 V gegen Erde und kürzer als 1 500 mm beim Einsatz über 250 V gegen Erde ist. Auszutauschen sind Stromentnahmestangen, deren Isolierteil aus Holz ist.
Auszutauschen sind ferner Stromentnahmestangen zum Einsatz an Oberleitungen elektrischer Bahnen, wenn diese Sicherungen enthalten, die nicht unmittelbar am Arbeitskopf angebracht sind.
Ein genereller Austausch von Betätigungsstangen aus Holz oder Hartpapier ist nicht zu fordern. Jedoch sollte sich ein Betreiber bei Ersatz oder Neuanschaffung nur Betätigungsstangen nach dem heutigen Stand der Technik, d. h aus Kunststoff, beschaffen.

DIN VDE 0681 Teil 2:
Hierzu zählen Schaltstangen zum Arbeiten an Anlagen mit Nennspannungen über 1 kV.
Ausgetauscht werden sollten Schaltstangen, die hinsichtlich ihres Isoliervermögens (z. B. Hartpapier), Aufbaus und Kennzeichnung nicht der gültigen DIN VDE 0681 Teil 1 entsprechen.

4.2.5 „Isolierstangen"
DIN VDE 0681 Teil 1:
Hierzu zählen Stangen zur Verwendung in Anlagen über 1 kV, deren Handhabe und Isolierteil DIN VDE 0681 Teil 1 entsprechen. An ihnen können überbrückungssichere, aber auch nicht überbrückungssichere Arbeitsköpfe in Form von Werkzeugen, Schutzvorrichtungen (vergleiche VDE 0681 Teil 8) oder Prüfgeräten angebracht sein.
Ausgetauscht werden sollten Isolierstangen, die hinsichtlich ihres Isoliervermögens (z. B. Hartpapier), ihres Aufbaus und ihrer Kennzeichnung nicht der gültigen DIN VDE 0681 Teil 1 entsprechen.

4.2.8 „Geräte zum Feststellen der Spannungsfreiheit und zur Kabelauslese"
Diese Überschrift der DIN VDE 0105 sollte künftig auch auf Geräte zum Prüfen erweitert werden, damit wichtige Einrichtungen, wie Phasenvergleicher, für die mittlerweile Normen erstellt wurden, zugeordnet werden können.

DIN VDE 0680 Teil 5:
Hierzu zählen zweipolige Spannungsprüfer zum Feststellen der Spannungsfreiheit an aktiven Teilen mit Nennspannung bis 1000 V.
Die derzeitige Ausgabe der Norm ist seit drei Jahren in Kraft. Sie enthält wesentliche sicherheitstechnische Änderungen gegenüber früherer Ausgaben, beispielsweise hinsichtlich Anzeigezuverlässigkeit, Eigenprüfeinrichtung, Schutzart.
Deswegen sollten Spannungsprüfer älterer Bauart durch solche ersetzt werden, die der gültigen Ausgabe entsprechen. Auszutauschen sind vor allem Spannungsprüfer älterer Bauart, die elektronische Bauteile zur Signalverarbeitung verwenden.

DIN VDE 0680 Teil 6:
Hierzu zählen einpolige Spannungsprüfer zum Feststellen der Spannungsfreiheit an aktiven Teilen mit Nennspannungen bis 250 V gegen Erde.
Einpolige Spannungsprüfer sollten, wo immer möglich, durch zweipolige ersetzt werden, da sie gegenüber diesen eine Reihe von Nachteilen, insbesondere hinsichtlich der sicheren Anzeige, aufweisen.
Auszutauschen sind alle Spannungsprüfer, die nicht der Norm entsprechen, z. B. offene Sichtfenster haben, oder bei denen sich Teile lösen oder lockern können.

DIN VDE 0681 Teil 4:
Hierzu zählen einpolige Spannungsprüfer zum Feststellen der Spannungsfreiheit an aktiven Teilen mit Nennspannungen über 1 kV bis 380 kV.
Die derzeitige Fassung ist seit Oktober 1986 in Kraft. Sicherheitstechnisch weist sie keine beträchtlichen Unterschiede zu ihrer Vorläuferin vom August 1978 auf. Beide Fassungen weichen jedoch erheblich von der Ausgabe VDE 0427 aus dem Jahre 1963 ab.
Sie stellen viel höhere Anforderungen, beispielsweise an Isoliervermögen, eindeutige Anzeige und zweifelsfreie Wahrnehmbarkeit, Überbrückungssicherheit. Ausgetauscht werden sollten Spannungsprüfer, die in ihren wesentlichen Eigenschaften DIN VDE 0681 Teil 4, Ausgaben 1978 und 1986, nicht entsprechen.

DIN VDE 0681 Teil 6:
Hierzu zählen einpolige Spannungsprüfer zum Feststellen der Spannungsfreiheit an Oberleitungsanlagen elektrischer Bahnen mit einer Nennspannung von 15 kV und Nennfrequenz von 16 2/3 Hz.
Bahnspannungsprüfer nach dieser Norm sind hauptsächlich für Montagebetriebe von Bedeutung.
Auszutauschen sind Spannungsprüfer, die in wesentlichen Eigenschaften von der Norm abweichen.

DIN VDE 0681 Teil 5:
Hierzu zählen Phasenvergleicher zur Verwendung an Drehstrom-Anlagen mit Nennspannungen über 1 kV bis 30 kV. Phasenvergleicher nach der Norm sind zweipolig

anzulegen, haben eine galvanische Verbindung zwischen den Prüfelektroden und entnehmen Energie für die Anzeige aus dem Meßkreis.
Phasenvergleicher der im Juni 1985 in Kraft getretenen Norm weisen eine Vielzahl sicherheitstechnischer Verbesserungen gegenüber etlichen herkömmlichen Phasenvergleichern auf, die häufig Schwächen in der Isolationsfestigkeit und Überbrückungssicherheit des Stangenmaterials, in der Verbindungsleitung, in der Anzeigehelligkeit, in der Anzeigezuverlässigkeit bei elektrischer und magnetischer Beeinflussung, in der Ansprechempfindlichkeit haben.
Auszutauschen sind Phasenvergleicher, die in ihren wesentlichen Eigenschaften DIN VDE 0681 Teil 5 nicht entsprechen.
Wie schon eingangs dieses Abschnitts erwähnt, ist der Phasenvergleicher kein Spannungsprüfer, sollte aber trotzdem als Prüfgerät mit in diesen Abschnitt aufgenommen werden. Für die übrigen in diesem Abschnitt aufgeführten Einrichtungen zur Unfallverhütung, Meßgeräte und Meßeinrichtungen, Kabelbeschußgeräte, Kabelauslesegeräte, bestehen keine Normen.

4.2.9 „Geräte und Vorrichtungen zum Erden und Kurzschließen"

DIN VDE 0683 Teil 1:
Hierzu zählen ortsveränderliche, frei geführte Geräte zum Erden und Kurzschließen.
Auszutauschen sind Erdungs- und Kurzschließseile, die einmal der vollen Kurzschlußbeanspruchung ausgesetzt waren, die keine transparente Seilhülle haben oder deren ursprünglich transparente und farblose Seilhülle sich so verfärbt hat, daß der Zustand des Kupferseils nicht zu erkennen ist. Auszutauschen sind auch Seile, deren Hüllen beschädigt sind oder sich aus Verbindungsstücken bzw. Anschließteilen herausgezogen haben. Auszutauschen sind Seile, die Korrosionserscheinungen (Schwarzfärbung des Kupferseils) zeigen. Auszutauschen sind Vorrichtungen mit geschweißten oder gelöteten Verbindungen. Werden Erdungsvorrichtungen gelegentlich zum Feststellen der Spannungsfreiheit verwendet, so sind die zugehörigen Erdungsstangen gegen entsprechende Isolierstangen auszutauschen.

DIN VDE 0683 Teil 2:
Hierzu zählen ortsveränderliche, zwangsgeführte Geräte zum Erden und Kurzschließen.
Auszutauschen sind Geräte, die in ihren wesentlichen Eigenschaften von der Norm abweichen.

Ende des Zitats aus der „Beilage zu Informationen für die Sichherheitsfachkraft 3/88".

Einen Überblick „Ausführung/Anforderung alt und neu", gleichermaßen eine „Checkliste für die Sicherheitsfachkraft", gibt **Tabelle 5.3 A**.

Geräte	Ausführung/Anforderung		Norm
	alt	neu	
isolierende Schutzplatten	Hartpapier, Holzfaser-, Preßspanplatten	hochwertiger glasfaserverstärkter Kunststoff oder PVC	0681, Teil 8
Werkzeuge und Geräte zum Herausnehmen und Einsetzen	zweischenkelige Sicherungszangen, Zangen, Hartpapier	einschenkelige Sicherungszangen, Isolierstoffe aus hochwertigem glasfaserverstärktem Kunststoff; montagefreundliche Ausführung: bewegliche Klemmbacken, abgewinkelter Arbeitskopf	0681, Teil 1 und Teil 3
Isolierstangen	Isolierstangen aus Hartpapier, nicht normgemäßer Aufbau	hochwertiger glasfaserverstärkter Polyester, Aufbau, Handhabe und Isolierteil entsprechend DIN VDE	0681, Teil 1
Schaltstangen	Schaltstangen aus Hartpapier, nicht normgemäßer Aufbau	Isolierstoff aus hochwertigem glasfaserverstärktem Kunststoff, Schaltstangenkopf voll isoliert	0681, Teil 1 und Teil 2
Geräte zum Feststellen der Spannungsfreiheit	Spannungsprüfer nach DIN VDE 0427, ohne ausreichendes Isoliervermögen, eindeutige Anzeige und zweifelsfreie Wahrnehmbarkeit	Spannungsprüfer zum Einsatz in Innenräumen und im Freien mit überbrückungssicheren Prüfspitzen, hohem Isoliervermögen und eindeutiger Anzeige, auch bei Störfeldern	0681, Teil 1 und Teil 4
Phasenvergleicher	Phasenprüfer mit mangelnder Isolierfestigkeit und Überbrückungssicherheit	Phasenvergleicher mit großem Spreizwinkel, isolationsfest und überbrückungssicher	0681, Teil 5
Geräte und Vorrichtungen zum Erden und Kurzschließen	Erdungs- und Kurzschlußseile, die keine transparente Seilhülle haben oder deren transparente Seilhülle sich so verfärbt hat, daß der Zustand des Seils nicht mehr erkennbar ist; nicht wasserdicht (Korrosionsangriff), kein ausreichender Knickschutz	Seile mit transparenter Seilhülle, korrosionssichere Ausführung mit zusätzlich umspritzten Seileinführungen, wasserdicht, knickfest	0683, Teil 1

Tabelle 5.3 A Checkliste für die Sicherheitsfachkraft

Hinsichtlich der Anpassung elektrischer Anlagen und Betriebsmittel gemäß VBG 4 §3 Absatz 2, erhalten die überarbeiteten Durchführungsanweisungen zur VBG 4, die voraussichtlich Oktober 1996 erscheinen werden, erstmals einen „Anhang 2", der etwa wie folgt aussehen wird:

VBG 4, Anhang 2

Anpassung elektrischer Anlagen und Betriebsmittel an elektrotechnische Regeln

Eine Anpassung an neu erschienene elektrotechnische Regeln ist nicht allein schon deshalb erforderlich, weil in ihnen andere, weitergehende Anforderungen an neue elektrische Anlagen und Betriebsmittel erhoben werden. Sie enthalten aber mitunter Bau- und Ausrüstungsbestimmungen, die wegen besonderer Unfallgefahren oder auch eingetretener Unfälle neu in VDE-Bestimmungen aufgenommen wurden. Eine Anpassung bestehender elektrischer Anlagen an solche elektrotechnischen Regeln kann dann gefordert werden.
Wegen vermeidbarer besonderer Unfallgefahren werden die folgenden Anpassungen gefordert:
1. *Realisierung des teilweisen Berührungsschutzes für Bedienvorgänge nach DIN VDE 0106 Teil 100/03.83*
   bis zum 31.12.1999
2. *Sicherstellen des Schutzes beim Bedienen von Hochspannungsanlagen nach DIN VDE 0101/05.89 Abschnitt 4.4*
   bis zum 31.10.2000
3. *Anpassung elektrischer Anlagen auf Baustellen an die „Regeln für den Betrieb von elektrischen Anlagen auf Baustellen"*
   bis zum 31.12.1997
4. *Sicherstellen des Zusatzschutzes in Prüfanlagen nach DIN VDE 0104/10.89 Abschnitte 3.2 und 3.3*
   bis zum 31.12.1997
5. *Kennzeichnung ortsveränderlicher Betriebsmittel gemäß der Richtlinie „Auswahl und Betreiben von ortsveränderlichen Betriebsmitteln nach Einsatzbereichen" (ZH 1/249)*
   bis zum 30.06.1998
Insbesondere für die neuen Bundesländer gilt:
6. *Umstellen von Drehstromsteckvorrichtungen nach den alten Normen DIN 49450 und DIN 49451 (Flachsteckvorrichtungen) auf das Rundsteckvorrichtungssystem nach DIN 49462 und DIN 49463*
   bis zum 31.12.1997
7. *Anpassung von Innenraumschaltanlagen ISA 2000 an die „Regeln für den sicheren Betrieb von ISA 2000"*
   bis zum 31.12.1996/31.12.1999

8. *Anpassung von Schutz- und Hilfsmitteln – sofern an diese elektrotechnische Anforderungen gestellt werden – an die elektrotechnischen Regeln bis zum 31.12.1997*
9. *Trennung von Erdungsanlagen in elektrischen Verteilungsnetzen und Verbraucheranlagen von Wasserrohrnetzen bis zum 31.12.1997*
10. *Ausrüstung von Leuchtenvorführständen mit Zusatzschutz nach DIN VDE 0100 Teil 559/03.93 Abschnitt 6 bis zum 31.12.1997*

Besonders zu erwähnen ist hinsichtlich Anpassung von Arbeitsräumen, Betriebseinrichtungen, Maschinen und Gerätschaften an die geltenden gesetzlichen Regelungen und Unfallverhütungsvorschriften in den Betrieben der neuen Bundesländer:

Seit 01.01.1991 gilt in den Betrieben der neuen Bundesländer:
- Für den Bereich der Arbeitssicherheit grundsätzlich Bundesrecht.
- Es gelten die Unfallverhütungsvorschriften der Berufsgenossenschaft. Sie haben praktisch Gesetzeskraft und regeln die Pflichten der Unternehmer und Versicherten in der Unfallverhütung.
- Der technische Aufsichtsdienst der Berufsgenossenschaft ist in gleicher Weise wie in den Betrieben der alten Bundesländer für die Überwachung der Unfallverhütung zuständig.

Berührungslos wirkende Spannungsprüfer für Hochspannung nach DDR-Standard sind bis 31.12.1997 durch Betriebsmittel zu ersetzen, die den aktuellen elektrotechnischen Regeln nach VBG 4 (unter anderem DIN VDE 0681 Teil 4) entsprechen.

5.4 Wiederholungsprüfungen

5.4.1 Allgemeines

Die in der Praxis auftretenden Beanspruchungen für Schutzmittel und Geräte nach den VDE-Bestimmungen DIN VDE 0680, 0681, 0682 und 0683 sind sehr unterschiedlich, so daß in diesen Bestimmungen in der Regel keine Zeitabstände für Wiederholungsprüfungen festgelegt werden können. Man denke beispielsweise nur an die unterschiedliche Behandlung von Betätigungsstangen oder von Erdungs- und Kurzschließgeräten, die einerseits in Schaltanlagenräumen ordentlich in Haltevorrichtungen aufbewahrt und relativ selten benutzt werden, andererseits jedoch tagtäglich im Montagewagen transportiert werden können und fast ständig im Einsatz sind.

In DIN VDE 0105 Teil 1:1983-07 ist dieser Problematik Rechnung getragen; Abschnitt 5.2 enthält Aussagen zum „Erhalten des ordnungsgemäßen Zustands von Schutz- und Hilfsmitteln". Dort heißt es u. a.:
„*Isolierte Werkzeuge, isolierende Körperschutzmittel, isolierende Schutzvorrichtungen, Geräte zum Betätigen, Prüfen und Abschranken, Erdungs- und Kurzschließgeräte sowie sonstige Hilfsmittel müssen **im einwandfreien Zustand erhalten** werden. Sie sind vom Benutzer vor Gebrauch auf offensichtliche Beschädigungen **zu prüfen**.*"
„*In angemessenen Zeitabständen und nach jedem Instandsetzen muß die **elektrische Spannungsfestigkeit von isolierender Schutzbekleidung geprüft werden**.*"
In E DIN EN 50 110-1 (VDE 0105 Teil 1): 1995-02 heißt es im Abschnitt 5.6 „*Werkzeuge, Ausrüstungen, Schutz- und Hilfsmittel*": „*Alle Werkzeuge, Ausrüstungen, Schutz- und Hilfsmittel, die für den sicheren Betrieb und das Arbeiten an, mit oder in der Nähe von Starkstromanlagen vorgesehen sind, müssen für diesen Einsatz geeignet sein, in ordnungsgemäßem Zustand erhalten und bestimmungsgemäß angewendet werden.*
Anmerkung:
„*Erhalten des ordnungsgemäßen Zustands" bedeutet, **in angemessenen Zeitabständen besichtigen** und, soweit erforderlich, **prüfen**, insbesondere nach Instandsetzungen und/oder Änderungen, um den **ordnungsgemäßen** elektrischen und mechanischen **Zustand** der Werkzeuge, Ausrüstungen, Schutz- und Hilfsmittel **nachzuweisen**.*"

In E DIN VDE 0105 Teil 100 (VDE 0105 Teil 100): 1995-02 wird im Abschnitt 6.3 „Erhalten des ordnungsgemäßen Zustands" ergänzt: „*Prüffristen sind z. B. in Gesetzen (Gerätesicherheitsgesetz), Verordnungen, Unfallverhütungsvorschriften der Unfallversicherungsträger, Sicherheitsvorschriften der Schadenversicherer festgelegt.*"

Die Unfallverhütungsvorschrift VBG 4 „Elektrische Anlagen und Betriebsmittel": 1979-04 fordert z. B. im § 5 „Prüfungen", daß Betriebsmittel in bestimmten Zeitabständen auf ihren ordnungsgemäßen Zustand geprüft werden. Die Fristen sind so zu bemessen, daß entstehende Mängel, mit denen gerechnet werden muß, rechtzeitig festgestellt werden. Diese Forderungen lassen sich erfüllen, wenn die Betriebsmittel ständig durch eine Elektrofachkraft überwacht oder bestimmte Prüffristen eingehalten werden. Die Aussage „ständig überwacht" ist in den Durchführungsanweisungen (DA): 1986-04 zu VBG 4 § 5 Absatz 1, Nr. 2, erläutert:
„*Als ständig überwacht gelten elektrische Anlagen und Betriebsmittel, z. B. in stationären Betrieben oder Elektrizitäts-Versorgungsunternehmen, die jeweils dauernd Elektrofachkräfte beschäftigen, deren Aufgabenbereich auch die Instandhaltung und Überwachung der elektrischen Anlagen und Betriebsmittel umfaßt.*"

Anlage/Betriebsmittel	Prüffrist	Art der Prüfung	Prüfer
isolierende Schutzbekleidung	mindestens alle sechs Monate (soweit benutzt)	aus sicherheitstechnisch einwandfreiem Zustand	Elektrofachkraft
	vor jeder Anwendung	auf augenfällige Mängel	Benutzer
Spannungsprüfer; isolierte Werkzeuge; isolierende Schutzeinrichtungen und Betätigungs- und Erdungsstangen	vor jeder Benutzung	auf augenfällige Mängel und einwandfreie Funktion	Benutzer
Spannungsprüfer für Nennspannungen über 1 kV	mindestens alle sechs Jahre	auf Einhaltung der in den elektrotechnischen Regeln vorgegebenen Grenzwerte	Elektrofachkraft

Tabelle 5.4.1 A Beispiel für Prüffristen (Auszug aus Durchführungsanweisungen (April 1989, Tab. 1) zu Unfallverhütungsvorschriften „Elektrische Anlagen und Betriebsmittel (VBG4)" (April 1979)

Zu den Prüffristen gibt es in den DA, Tabelle 1, Aussagen, die in **Tabelle 5.4.1 A** auszugsweise wiedergegeben sind.

5.4.2 Bereich DIN VDE 0680

In den DA zur VBG 4 heißt es:

„● *Isolierende Schutzbekleidung (Körperschutzmittel nach DIN VDE 0680), soweit sie benutzt wird, ist mindestens alle sechs Monate durch eine Elektrofachkraft auf sicherheitstechnisch einwandfreien Zustand zu prüfen.*
● *Einrichtungen zur Arbeitssicherheit, z. B. isolierte Werkzeuge, isolierende persönliche Schutzausrüstungen, isolierende Schutzeinrichtungen und Betätigungs- und Erdungsstangen, sind vor jeder Benutzung auf äußerliche, erkennbare Schäden oder Mängel zu prüfen.*
● *Spannungsprüfer sind kurz vor der Benutzung vom Benutzer auf einwandfreie Funktion zu überprüfen; sie werden im allgemeinen an unter Spannung stehenden aktiven Teilen überprüft.*"

DIN VDE 0105 Teil 1:1983-07 gibt im Abschnitt 5.3.7 „Nachprüfung der Schutzbekleidung" Anweisungen für die Durchführung dieser Nachprüfung.

Im Komitee 214 wurde beschlossen, Wiederholungsprüfungen im Rahmen von DIN VDE 0680 wie bisher auf isolierende Schutzbekleidung (Handschuhe, Fußbekleidung, Schutzanzug) zu beschränken.

5.4.3 Bereich DIN VDE 0681

5.4.3.1 Wiederholungsprüfung an Spannungsprüfern

Für Geräte im Rahmen von DIN VDE 0681 sind zur Zeit Wiederholungsprüfungen nur für Spannungsprüfer festgelegt, und zwar heißt es in den Durchführungsanweisungen (vom April 1993) zur Unfallverhütungsvorschrift „Elektrische Anlagen und Betriebsmittel (VBG 4)" (vom April 1979): *„Spannungsprüfer für Nennspannungen über 1 kV sind zusätzlich mindestens alle sechs Jahre auf Einhaltung der in den elektrotechnischen Regeln vorgegebenen Grenzwerte durch eine Elektrofachkraft zu prüfen."* In DIN VDE 0681 Teil 4:1986-10 wird gefordert, daß diese Wiederholungsprüfungen an Spannungsprüfern, die nach DIN VDE 0681 Teil 4:1986-10 oder Ausgabe 1978-08 hergestellt wurden, durchzuführen sind. Werden Spannungsprüfer, die nach älteren Normen hergestellt sind, einer Wiederholungsprüfung unterzogen, so ist diese sinngemäß durchzuführen.

Prüfumfang und Prüfschärfe der Wiederholungsprüfungen an Spannungsprüfern sind in DIN VDE 0681 Teil 4:1986-10 festgelegt.

Bei Wiederholungsprüfungen ist festzustellen durch:
- **Besichtigen**, ob:
  - der Spannungsprüfer in ordnungsgemäßem Zustand ist, insbesondere, ob der Prüfling sauber und trocken sowie frei von Schäden, wie Lichtbogen- oder Kriechstromeinwirkungen, Kratzern oder Rissen, ist, die die Gebrauchssicherheit mindern,
  - die zum Spannungsprüfer gehörige Gebrauchsanleitung vorhanden ist,
  - der Spannungsprüfer mindestens aus Handhabe, Isolierteil, Anzeigeteil, Verlängerungsteil und Prüfelektrode besteht,
  - die Aufschriften vollständig vorhanden und gut lesbar sind,
  - bei einem Spannungsprüfer, der zusammensetzbar, ausziehbar oder klappbar ist, der richtige Zusammenbau eindeutig erkennbar ist,
  - ein Roter Ring, an das Isolierteil in Richtung Prüfelektrode angrenzend (für den Benutzer nicht verwechselbar und beim Gebrauch deutlich erkennbar), vorhanden ist,
  - hohle Teile des Spannungsprüfers allseitig verschlossen sind (ausgenommen Öffnungen zur Vermeidung von Kondenswasseransammlungen),
  - das Gehäuse des Anzeigegeräts seinem Schutzgrad entspricht,
  - bei einem Spannungsprüfer mit eingebauter Energiequelle die beiden Zustände „Spannung vorhanden" und „Spannung nicht vorhanden" durch aktive Signale angezeigt werden,
  - bei einem Spannungsprüfer mit Eigenprüfvorrichtung diese in bestimmungsgemäßer Weise betätigt werden kann und die vorgesehenen Prüfsignale erscheinen.

- **Handprobe**, ob:
  - bei einem Spannungsprüfer, der zusammensetzbar, ausziehbar oder klappbar ist, die einzelnen Teile fest verbunden und gegen unbeabsichtigtes Lösen gesichert sind,
  - die Begrenzungsscheibe und der Rote Ring sich nicht verschieben lassen.
- **Messen**, ob:
  - der Isolierteil und der Verlängerungsteil mindestens die in der Tabelle 3.5.1.1 A geforderten Mindestlängen aufweisen.

Weiterhin sind elektrische Prüfungen auf Ableitstrom, Überbrückungssicherheit und eindeutige Anzeige durchzuführen.

Nach bestandener Wiederholungsprüfung ist das Jahr der Prüfung in das entsprechende Kennzeichnungsfeld auf dem Spannungsprüfer einzutragen (**Bild 5.4.3.1 A**). Die Wiederholungsprüfung wird zusätzlich mit einem Prüfzertifikat bescheinigt (**Bild 5.4.3.1 B**).

Die Erfahrungen bei Wiederholungsprüfungen an Spannungsprüfern zeigen, daß diese Geräte je nach Einsatzart und -ort sehr unterschiedlich beansprucht werden. Das **Bild 5.4.3.1 C** zeigt die statistische Mängelauswertung bei Wiederholungsprüfungen (über einen Zeitraum von drei Jahren) an Spannungsprüfern. Daraus wird deutlich, daß durch den besonders rauhen Betrieb elektrischer Bahnen die Verschleißerscheinungen an den Spannungsprüfern für Oberleitungsanlagen

```
┌─────────────────────────────────────────────┐
│  [DEHN]   C€   [VDE]  [GS]                  │
│                                             │
│  Spannungsprüfer   PHE                      │
│                                             │
│       ⊖ 20 kV/50...60Hz                     │
│         Art.Nr.: 767 220                    │
│                                             │
│   F.-Nr    Jahr    Letzte Wiederh.-prüfg.   │
│  ┌──────┬──────┬──────┬──────┬──────┐       │
│  │16481 │  96  │      │      │      │       │
│  └──────┴──────┴──────┴──────┴──────┘       │
│                                             │
│   Nur benutzen mit Isolierstange JR 30K!    │
│   Auch bei Niederschlägen verwendbar        │
└─────────────────────────────────────────────┘
```

Bild 5.4.3.1 A In das Kennzeichnungsfeld des Spannungsprüfers PHE ist das Jahr der letzten Wiederholungsprüfung eingetragen

DEHN-Formblatt Nr. 2606/287

Wiederholungsprüfung an Spannungsprüfer
Prüfbericht Nr.: ....W.3399.........

Angaben zum Gerät:					
	Spannungsprüfer Typ: PHE			Nennspannung: 10 -20 kV	
Art.Nr.: 766 620	Fertig.-Nr.:	13 855		Baujahr: 1988	

Letzte Wiederholungsprüfung (lt. Typenschild):

Anmerkung:

Kunde: **Telekom, 27 572 Bremerhaven**   Wareneingang Nr.: 28 199
vom: 06. 04. 1994

Prüfung nach DIN VDE 0681 Teil 4/10.86 Abschnitt 4.21
1. Prüfung durch Besichtigen, Abschnitt 4.21.3

	ja	nein		ja	nein
a) Ordnungsgemäßer Zustand	X		h) Roter Ring erkennbar und vorhanden	X	
b) Mechanische Schäden		X	i) Hohle Teile verschlossen	X	
c) Lichtbogen- bzw. Kriechstromeinwirkung		X	k) Schutzgrad Anzeigegerät gegeben (optische Begutachtung der Gehäusedichtungen)	X	
d) Gebrauchsanweisung vorhanden	X		l) Aktive Anzeigesignale vorhanden	X	
e) Gerät vollständig	X		m) Eigenprüfvorrichtung funktionsfähig	X	
f) Aufschriften lesbar	X				
g) Zusammenbau erkennbar	X				

2. Prüfung durch Handprobe, Abschnitt 4.21.4

	ja	nein	**3. Prüfung durch Messen, Abschnitt 4.21.5**	ja	nein
a) Einzelteile gegen unbeabsichtigtes Lösen gesichert	X		a) Länge Isolierteil nach Bestimmung	X	
b) Begrenzungsscheibe und Roter Ring sitzen fest	X		b) Länge Verlängerungsteil nach Bestimmung	X	

4. Prüfung auf Ableitstrom, Abschnitt 4.21.6

	ja	nein	**5. Prüfung auf Überbrückungssicherheit, Abschnitt 4.21.7**	ja	nein
Ableitstrom < 0,2 mA	X		Überschlag oder Durchschläge		X

6. Prüfung auf eindeutige Anzeige, Abschnitt 4.21.8

Eindeutige Anzeige gegeben   ja X nein

7. Beurteilung
a) Wiederholungsprüfung bestanden: **ja**

b) Wiederholungsprüfung nicht bestanden:

Weitere Anmerkungen: **Batterien gewechselt**

Wiederholungsprüfung am Typenschild ✓ eingetragen!

Eintrag: 1994   Nächste Wiederholungsprüfung: 2000

Neumarkt, **04. 05. 1994**   *i.V. Rackl*
Unterschrift Qualitätssicherung

Bild 5.4.3.1 B Beispiel für Prüfprotokoll „Wiederholungsprüfung am Spannungsprüfer"

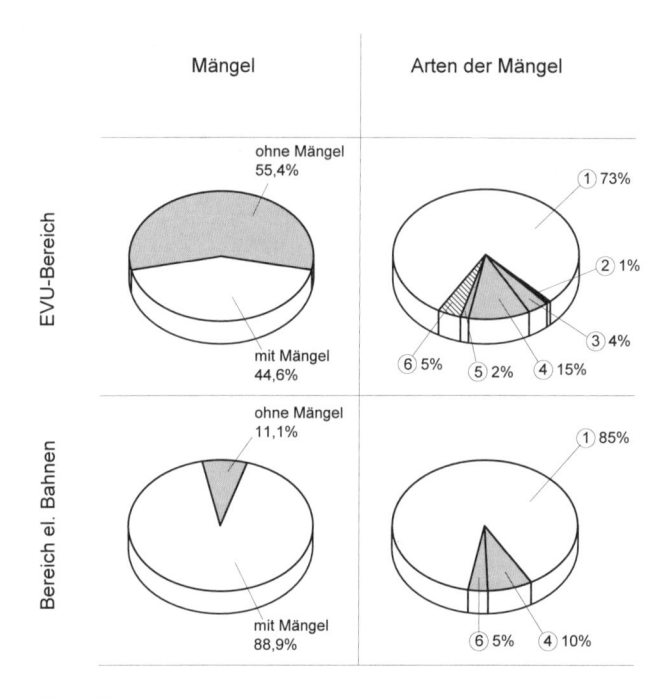

Bild 5.4.3.1 C Ergebnisse aus Wiederholungsprüfungen an Spannungsprüfern der Jahre 1991 bis 1993
① mechanisch erkennbare Mängel
② mangelnde Überbrückungssicherheit
③ Lampen/Batterien defekt oder falsch
④ nicht mehr lesbare Beschilderung
⑤ nicht mehr einschaltbar (Eigenprüfung)
⑥ sonstige Mängel
Unberechtigter Eingriff in den Elektronikbereich: 0,3 % EVU-Bereich, 11 % Bereich elektrische Bahnen

elektrischer Bahnen wesentlich größer sind als an Spannungsprüfern, die im EVU-Bereich (meistens stationär) eingesetzt sind.

Bild 5.4.3.1 D a, **Bild 5.4.3.1 D b** und **Bild 5.4.3.1 D c** zeigen das Anzeigegerät mit Verlängerungsteil eines solchen beanspruchten Spannungsprüfers für Oberleitungsanlagen elektrischer Bahnen. Aber auch Spannungsprüfer, die im Montagewagen mitgeführt werden, fallen mitunter durch erhebliche Mängel bei Wiederholungsprüfungen auf (**Bild 5.4.3.1 E a**, **Bild 5.4.3.1 E b** und **Bild 5.4.3.1 E c**). Die in den Bildern 5.4.3.1 E a bis c zu erkennenden Mängel sind allerdings so augenfällig, daß solche Prüfer schon vom Benutzer erkannt (vgl. auch Tabelle 5.4.1 A) und der weiteren Verwendung entzogen werden müssen.

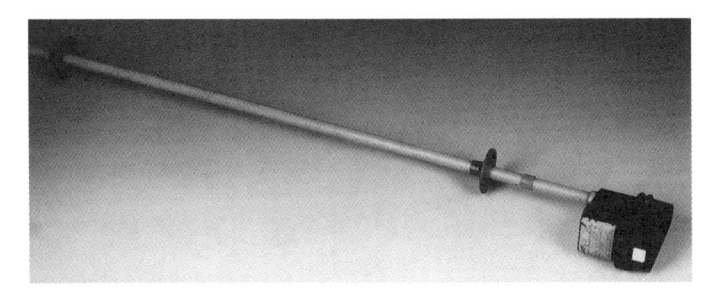

Bild 5.4.3.1 D a Stark beanspruchter Spannungsprüfer für Oberleitungsanlagen elektrischer Bahnen

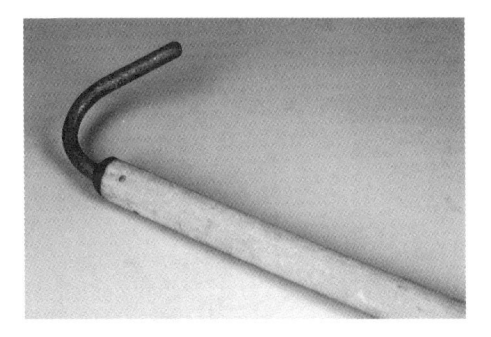

Bild 5.4.3.1 D b Stark beanspruchter Spannungsprüfer für Oberleitungsanlagen elektrischer Bahnen

Bild 5.4.3.1 D c Stark beanspruchter Spannungsprüfer für Oberleitungsanlagen elektrischer Bahnen

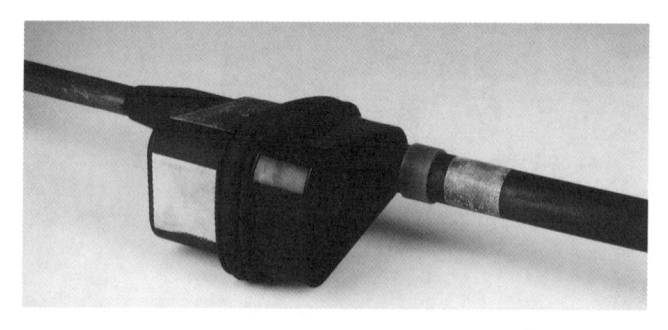

Bild 5.4.3.1 E a Gravierende Mängel an einem benutzten Spannungsprüfer

Bild 5.4.3.1 E b Gravierende Mängel an einem benutzten Spannungsprüfer

Bild 5.4.3.1 E c Gravierende Mängel an einem benutzten Spannungsprüfer

5.4.3.2 Wiederholungsprüfung an Phasenvergleichern

Im Gegensatz zu Spannungsprüfern sind für Phasenvergleicher keine Wiederholungsprüfungen vorgeschrieben. Es bleibt deshalb dem für den Betrieb Verantwortlichen überlassen, ob und in welchen Zeitabständen er eine Wiederholungsprüfung durchführen läßt.
Da Bedingungen für die Wiederholungsprüfungen an Phasenvergleichern zur Zeit noch nicht festgelegt sind, ist es zweckmäßig, hierfür die Prüfbedingungen der Stückprüfung bei Neugeräten zugrunde zu legen.

5.4.4　Bereich DIN VDE 0682

Die unter der Klassifikation VDE 0682 veröffentlichten Normen und Norm-Entwürfe sind (z. T. modifizierte) im internationalen (IEC) oder regionalen (Cenelec) Rahmen erarbeitete Papiere, die sich mit Geräten und Ausrüstungen zum Arbeiten unter Spannung befassen.
Im folgenden sind diejenigen Normen aus dieser Reihe aufgeführt, in denen Aussagen zu Wiederholungsprüfungen gemacht sind.

5.4.4.1 Handwerkzeuge

DIN EN 60900 (VDE 0682 Teil 201):1994-08 „Handwerkzeuge zum Arbeiten an unter Spannung stehenden Teilen bis AC 1000 V und DC 1500 V" (IEC 900: 1987, modifiziert) sagt im informativen Anhang z. B. zu regelmäßigen Prüfungen und Wiederholungsprüfungen folgendes:
„*Es wird eine jährliche Sichtprüfung durch eine entsprechend geschulte Person empfohlen, um die Eignung des Werkzeugs für die weitere Verwendung festzustellen. Falls eine elektrische Wiederholungsprüfung durch eine nationale Bestätigung oder durch Bestätigungen des Kunden oder im Zweifelsfall nach einer Sichtprüfung verlangt wird, dann muß die Stückprüfung gelten.*"

5.4.4.2 Handschuhe aus isolierendem Material

Zu DIN EN 60903 (VDE 0682 Teil 311):1994-10 „Handschuhe aus isolierendem Material zum Arbeiten an unter Spannung stehenden Teilen" (IEC 903: 1988, modifiziert) ist eine wiederkehrende elektrische Prüfung nur für Handschuhe der Klassen über 1 kV vorgesehen. Für Handschuhe bis 1000 V wird aufgrund langjähriger Erfahrung eine Prüfung auf Vorhandensein von Löchern vor jedem Gebrauch sowie regelmäßig alle drei Monate durch Aufblasen mit Luft als ausreichend angesehen. Der Aufblasvorgang ist nicht näher festgelegt. Er erfolgt in der Regel durch Schleudern des Handschuhs um das seitlich gefaßte Ende der Stulpe und anschließendem Zusammenpressen des entstandenen Luftpolsters – das Aufblasen kann aber auch mit einer Pumpe vorgenommen werden.

In VDE 0682 Teil 311 heißt es dazu im informativen Anhang G: *„Handschuhe der Klassen 1, 2, 3 und 4 sowie dem Lager entnommene Handschuhe dieser Klassen sollten ohne vorherige Prüfung nicht benutzt werden, sofern die letzte elektrische Prüfung länger als sechs Monate zurückliegt. Die Prüfungen bestehen aus dem Aufblasen mit Luft, um zu prüfen, ob Löcher vorhanden sind, einer Sichtprüfung am aufgeblasenen Handschuh und einer elektrischen Prüfung nach den Abschnitten 6.4.2.1 („Spannungsprüfung") und 6.4.2.2 („Ableitstrom bei Prüfspannung"). Für Handschuhe der Klassen 00 und 0 ist eine Prüfung auf Luftlöcher und eine Sichtprüfung ausreichend."*

Jeder Handschuh nach VDE 0682 Teil 311 ist im Hinblick auf die Wiederholungsprüfung wie folgt zu kennzeichnen (**Bild 5.4.4.2 A**), außer:
- Herstellungsmonat und Herstellungsjahr;

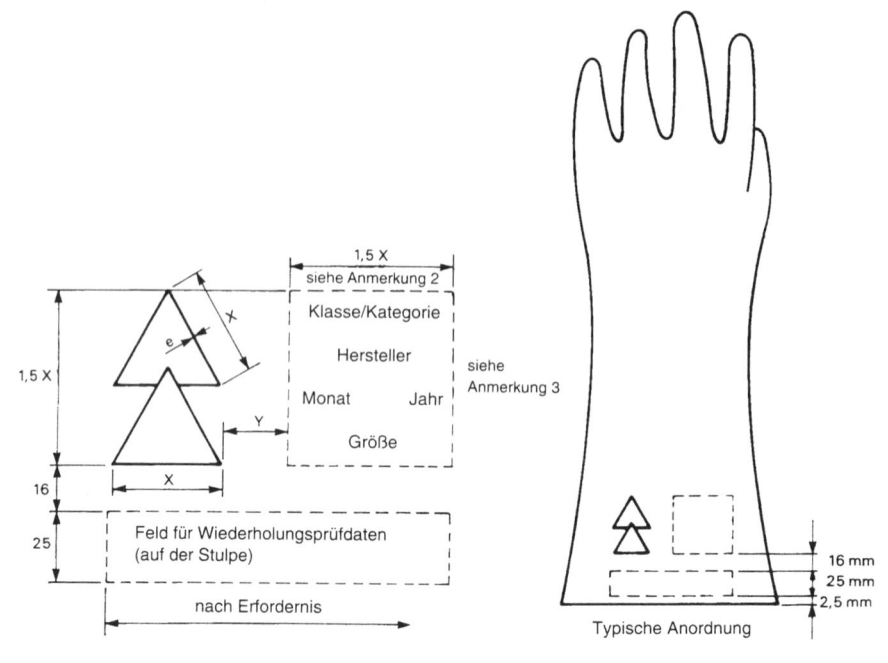

Bild 5.4.4.2 A Kennzeichnungsfeld für Wiederholungs-Prüfdaten
Anmerkung 1: Alle Maße in mm; die Grenzabweichungen sind ± 10 %.
Anmerkung 2: Die Positionen für die Beschriftung innerhalb des Schriftfelds dienen nur der Information. Das Schriftfeld kann auch unter dem Bildzeichen angeordnet werden.
Anmerkung 3: Höchstens 32 Buchstaben.
Anmerkung 4: Maße: X darf 16, 25 oder 40 sein; Y = X/2; e = Strichstärke mindestens 1 mm
Anmerkung 5: Das Bildzeichen sollte mindestens 2,5 mm vom Stulpenrand entfernt sein.

zusätzlich:
- mit einem rechteckigen Feld zur Markierung des Datums der ersten Bereitstellung sowie der Daten der wiederkehrenden Prüfungen;

oder:
- mit einem Band am Stulpenrand, in das das Datum der ersten Benutzung und die der wiederkehrenden Prüfungen durch gestanzte Löcher gegeben werden – dies ist jedoch für Handschuhe der Klassen 3 und 4 nicht zulässig;

oder:
- mit einer anderen geeigneten Kennzeichnung der Angabe des Datums der ersten Benutzung und der Daten der wiederkehrenden Prüfungen.

5.4.4.3 Isolierende Ärmel

In DIN EN 60984 (VDE 0682 Teil 312):1994-10 (IEC 984 1990, modifiziert) heißt es im informativen Anhang G zu Wiederholungsprüfungen:

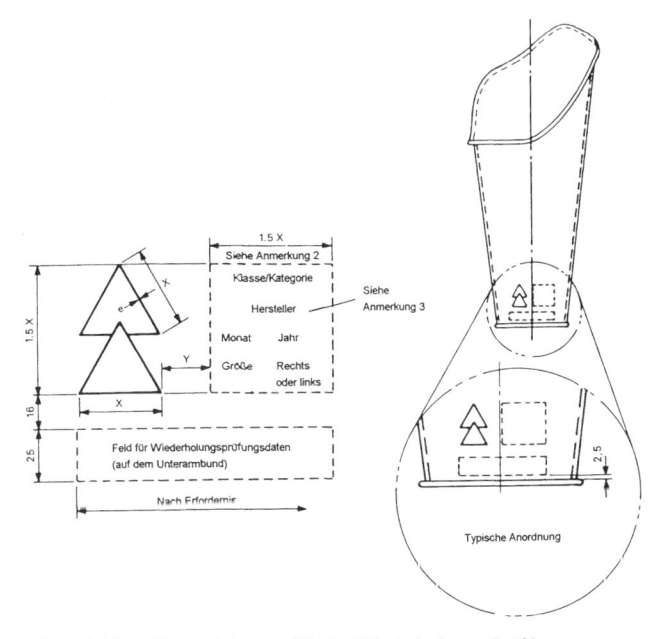

Bild 5.4.4.3 A Kennzeichnungsfeld für Wiederholungs-Prüfdaten
Anmerkung 1: Alle Maße in mm; die zulässigen Grenzabweichungen sind ± 10 %.
Anmerkung 2: Die Positionen für die Beschriftung innerhalb des Schriftfelds dienen nur der Information. Das Schriftfeld kann auch unter dem Bildzeichen angeordnet werden.
Anmerkung 3: Höchstens 32 Buchstaben.
Anmerkung 4: Maße: X darf 16, 25 oder 40 sein; Y = X/2; e = Strichbreite mindestens 1 mm
Anmerkung 5: Die Kennzeichnung darf nicht näher als 2,5 mm zum Rand des Ärmels angebracht sein.

„Ärmel, auch wenn sie dem Lager entnommen wurden, sollten ohne vorherige Prüfung nicht benutzt werden, sofern die letzte elektrische Prüfung länger als zwölf Monate zurückliegt. Für Ärmel der Klasse 0 ist die Prüfung alle sechs Monate durchzuführen. Die Prüfungen bestehen aus einer Sicht- und anschließender elektrischer Stückprüfung."

Jeder Ärmel ist entsprechend wie folgt zu kennzeichnen (**Bild 5.4.4.3 A**):
außer:
- Herstellungsmonat und -jahr

zusätzlich:
- in Rechtecksfeldern (oder anderen geeigneten Möglichkeiten) Datum der ersten Bereitstellung sowie Daten der Wiederholungsprüfungen.

5.4.4.4 Spannungsprüfer für Wechselspannungen über 1 kV

5.4.4.4.1 Kapazitive Ausführung

In E DIN VDE 0682 Teil 411:1989-04 „Geräte und Ausrüstungen zum Arbeiten an unter Spannung stehenden Teilen, Spannungsprüfer; kapazitive Ausführung für Wechselspannungen über 1 kV" ist zwar gefordert, daß die Gebrauchsanleitung einen Hinweis auf regelmäßige Wartung und Wiederholungsprüfungen enthalten muß, der zugehörige Anhang E, der Vorgaben für diese wiederkehrende Prüfungen enthalten soll, ist noch in Vorbereitung.

Ähnliches ist in E DIN VDE 0682-411 (VDE 0682 Teil 411):1995-12 „Arbeiten unter Spannung, Spannungsprüfer, Teil 1: Kapazitive Ausführung für Wechselspannungen über 1 kV" (IEC 1243-1 1993, modifiziert) zu lesen:
- auf jedem Anzeigegerät muß das Datum der letzten Wiederholungsprüfung stehen,

und:
- die Gebrauchsanweisung muß einen Hinweis auf regelmäßige Wiederholungsprüfungen enthalten.

Aber der informative Anhang F, der sich mit Wiederholungsprüfungen befassen soll, ist noch in Vorbereitung.

5.4.4.4.2 Resistive (ohmsche) Ausführung

Ebenso gibt es in E DIN VDE 0682 Teil 421:1992-12 „Geräte und Ausrüstungen zum Arbeiten an unter Spannung stehenden Teilen, Spannungsprüfer, resistive (ohmsche) Ausführung für Wechselspannungen über 1 kV" (identisch mit IEC 78(Sec)60 und IEC 78(Sec)60A) zwar die Forderung, daß die Bedienungsanleitung Hinweise auf regelmäßige Wartung und Wiederholungsprüfungen enthalten muß, aber der entsprechende Anhang E „Wiederholungsprüfung" ist als „in Bearbeitung" ausgewiesen.

5.4.4.5 Starre Schutzabdeckungen

In E DIN IEC 78(CO)46 (VDE 0682 Teil 601):1994-01 „Ausrüstungen und Geräte zum Arbeiten unter Spannung, starre Schutzabdeckungen zum Arbeiten unter Spannung in Wechselspannungsanlagen" (IEC 78(CO)46: 1989 und IEC 78(CO)46A: 1990) heißt es im informativen Anhang K zu wiederkehrenden Inspektionen und elektrischen Wiederholungsprüfungen:
„Keine Abdeckung, selbst die vom Lager, sollte zum Einsatz kommen, wenn sie nicht innerhalb eines maximalen Zeitraums von zwölf Monaten geprüft wurde.
Die Prüfungen sollten aus der Sichtprüfung und darauffolgend aus der elektrischen Stückprüfung bestehen.
Bei Abdeckungen der Klasse 0 muß nur die Sichtprüfung durchgeführt werden."

Die Daten der Wiederholungsprüfungen sollen, wie im **Bild 5.4.4.5 A** gezeigt, im Aufschriftenfeld angegeben werden.

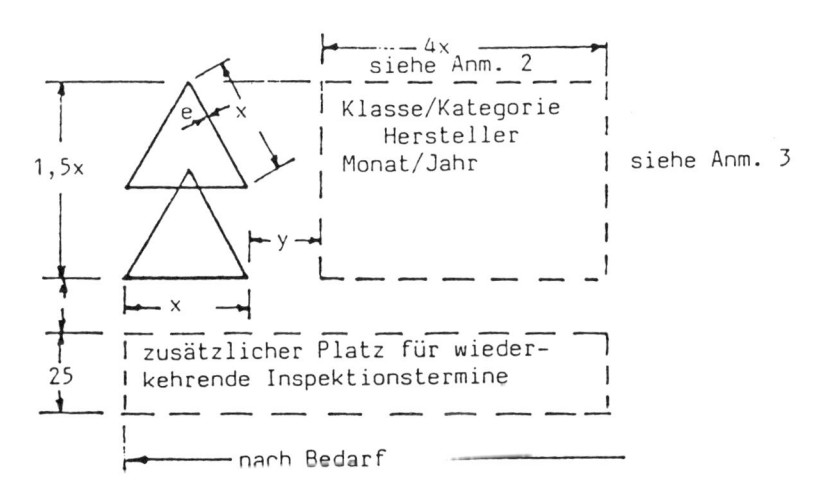

Bild 5.4.4.5 A Kennzeichnungsfeld für Wiederholungs-Prüfdaten
Anmerkung 1: Alle Maße sind in mm anzugeben.
Anmerkung 2: Im Kennzeichenfeld dürfen nur Kennzeichnungscharakteristika stehen. Es darf auch unterhalb des grafischen Kennzeichens angeordnet sein.
Anmerkung 3: Maximal 32 Charakteristika dürfen angegeben werden.
Anmerkung 4: X darf 10 oder 16 sein; y = X/2; e = Liniendicke: maximal 2 mm

5.4.5 Bereich DIN VDE 0683

5.4.5.1 Ortsveränderliche Geräte zum Erden und Kurzschließen, frei geführte Erdungs- und Kurzschließgeräte

DIN VDE 0683 Teil 1:1988-03 fordert, daß in der Gebrauchsanleitung auf folgendes hinzuweisen ist:
- Erdungs- und Kurzschließgeräte sind vor dem Gebrauch auf einwandfreien Zustand zu kontrollieren,
- Kurzschließseile, Anschließteile und Verbindungsstücke sind i. a. nur für einmalige Belastung durch ihre höchstzulässige Kurzschlußbeanspruchung bemessen – dürfen also nach einmaliger, voller Beanspruchung nicht mehr verwendet werden.

Nach E DIN VDE 0683 Teil 100 (identisch mit IEC 78(CO)32) muß die Gebrauchsanleitung „Hinweise für Instandhaltung und Ausschluß aus Weiterverwendung" enthalten:
„Aus Sicherheitsgründen müssen Erdungs- und Kurzschließvorrichtungen mit großer Sorgfalt behandelt werden. Sie müssen vor jeder Anwendung gründlich überprüft werden. Jede Beschädigung der Seilhülle oder jedes Hervortreten des blanken Leiterseils muß als schwerer Schaden angesehen werden und muß die Weiterverwendung ausschließen.
Die Prüfung der Wirksamkeit des Knickschutzes entsprechend Abschnitt 6.3 soll für gut behandelte Erdungs- und Kurzschließvorrichtungen einen zuverlässigen Seilzustand für etwa 5 Jahre bei im Fahrzeug mitgeführten und etwa zehn Jahre bei in der Schaltanlage stationierten Vorrichtungen gewährleisten. Nach diesen Zeiträumen, die durch Erfahrungen korrigiert werden können, wird eine zerstörende Prüfung wie nach der Prüfung der Wirksamkeit des Knickschutzes empfohlen. Wiederzusammenbau anschließend an das Abschneiden beanspruchter Seilbereiche muß in voller Übereinstimmung mit der Typbezeichnung erfolgen.

Eine Erdungs- und Kurzschließvorrichtung, die einem Kurzschlußstrom ausgesetzt wurde, muß von der Wiederverwendung ausgeschlossen werden, bis durch gründliche Untersuchung, Berechnung und Sichtkontrolle nachgewiesen wurde, daß diese Beanspruchung so weit unterhalb der zulässigen Beanspruchung geblieben ist, daß sich keine bleibenden mechanischen oder thermischen Beeinträchtigungen ergeben. Wenn auch nur der kleinste Zweifel am sicheren Zustand der Erdungs- und Kurzschließvorrichtung bestehen bleibt, muß die Weiterverwendung endgültig ausgeschlossen werden."

5.4.4.2 Erdungsvorrichtung mit Stäben zum Erden oder Erden und Kurzschließen

Nach DIN EN 61219 (VDE 0683 Teil 200):1995-01 „Arbeiten unter Spannung, Erdungs- oder Erdungs- und Kurzschließvorrichtung mit Stäben als kurzschließendes Gerät – Staberdung" (IEC 1219: 1993) muß die Gebrauchsanleitung eine Anleitung für „Instandhaltung und Prüfung" enthalten. Und im normativen Anhang C heißt es zu „Instandhaltung und Ausmusterung":
„*Aus Sicherheitsgründen müssen Erdungs- und Kurzschließvorrichtungen mit großer Sorgfalt behandelt werden. Stäbe müssen vor jeder Verwendung überprüft werden. Oberflächenfehler, Verformungen und ungenaue Führungen müssen unverzüglich nachgearbeitet werden. Werden Schäden an dem Schutzmantel oder sichtbare Stellen an dem blanken Leiter des Erdungsseils festgestellt, muß die Ausmusterung erfolgen. Eine Vorrichtung, die einem Kurzschluß ausgesetzt war, muß immer gründlich untersucht werden. Ist die Vorrichtung nicht für fortgesetzten Gebrauch nach Kurzschlußbeaufschlagung ausgelegt, ist sie auszumustern, es sei denn, gründliche Untersuchung, Berechnung und Überprüfung sichern, daß die Beaufschlagung zu schwach war, den einwandfreien Zustand zu beeinflussen. Falls Sicherungen betroffen waren und angesprochen haben, ist der ganze Sicherungssatz auszutauschen."*

6 Weitere Geräte und Ausrüstungen zum Arbeiten an unter Spannung stehenden Teilen

Internationale, nationale und regionale Normen bzw. Normentwürfe, Normenübersicht.

6.1 Mastsättel, Stangenschellen und Zubehör VDE 0682 Teil 721

Das internationale Schriftstück IEC 78 (CO) 31:1988-02 ist unverändert in den deutschen Normentwurf VDE 0682 Teil 721:1988 - 11 übernommen worden. Die in diesem Normentwurf beschriebenen Geräte dienen als Hilfsmittel zum Arbeiten unter Spannung in Freileitungssystemen. Sie werden zum Teil als Ausrüstung zum Einrichten einer Arbeitsstelle oder auch als Befestigungseinrichtung verwendet. Derartige Geräte und Ausrüstungen sind in Deutschland fast nicht gebräuchlich, in anderen Ländern des IEC- und auch des Cenelec-Bereichs (z. B. in Frankreich) jedoch im Einsatz.

6.2 Hubarbeitsbühnen mit isolierender Hubeinrichtung zum Arbeiten unter Spannung über AC 1 kV VDE 0682 Teil 741

VDE 0682 Teil 741:1995-08 enthält die deutsche Fassung der EN 61057:1993, in die die IEC 1057:1991 mit einzelnen Abänderungen übernommen worden ist. Diese Norm gilt für Hubarbeitsbühnen mit oder ohne Möglichkeit für einen zusätzlichen Ausleger, die mindestens mit einem isolierenden oberen Teil einer Hubeinrichtung ausgerüstet sind (mit Verlängerungsteil) und die an unter einer Spannung zwischen 1 kV und 800 kV (Effektivwert) bei Netzfrequenz stehenden Teilen benutzt werden.

6.3 Hubarbeitsbühnen zum Arbeiten an unter Spannung stehenden Teilen bis AC 1000 V und DC 1500 V

Für diese Geräte wurde Anfang 1996 ein deutsches Arbeitspapier fertiggestellt. Diese Fassung wird nunmehr in englischer Übersetzung dem Komitee CLC/TC 78 „Tools and equipment for live working" vorgelegt. Entsprechend dem Verfahrensweg des CLC/TC 78 wird voraussichtlich eine Working Group eingerichtet, die auf der Basis des deutschen Vorschlags unter Berücksichtigung der Kommentare der aus

dem Cenelec angeschlossenen Ländern einen europäischen Norm-Entwurf erarbeiten wird.
Der europäische Norm-Entwurf wird in allen Cenelec-Ländern zur Abstimmung gestellt. Sie können in diesem Stadium erneut sachliche und redaktionelle Kommentare einbringen.
Sollten sich bei der Cenelec-Arbeit gravierende Änderungen anbahnen, wird der AK „Hubarbeitsbühnen bis 1 000 V" des UK 214.5 eingeschaltet.

6.4 Erforderliche Isolationspegel und zugehörige Luftabstände, Berechnungsverfahren VDE 0682 Teil 101

Der Inhalt der Vornorm VDE 0682 Teil 101: 1994-11 und gleichzeitig pr EN V 50196:1994 basiert auf der gegenwärtig auf diesem Gebiet vom TC 78 mit der Absicht durchgeführten Arbeit, das Ergebnis als IEC-Report, Typ 2, zu veröffentlichen und diesen in absehbarer Zukunft in eine internationale Norm umzuwandeln.
Eine Vornorm ist das Ergebnis einer Normungsarbeit, das wegen bestimmter Vorbehalte zum Inhalt oder wegen des gegenüber einer Norm abweichenden Aufstellungsverfahrens vom DIN noch nicht als Norm herausgegeben wird.
Bei der Ausführung von Arbeiten unter Spannung oder Arbeiten in der Nähe unter Spannung stehender Teile muß Isolationsdurchbruch an der Arbeitsstelle vermieden werden. Aus diesem Grund muß ein bestimmter Isolationspegel, nämlich der „Erforderliche Isolationspegel zum Arbeiten unter Spannung" (Required Insulations Level For Live Working – RILL) an der Arbeitsstelle zwischen Elektroden verschiedenen Potentials sichergestellt werden.
Dies kann erreicht werden durch:
- die Verwendung von Ausrüstungen und Geräten zum Arbeiten unter Spannung (z. B. isolierende Schutzplatten), deren Eignung zur Sicherstellung des RILL durch Prüfungen nachgewiesen wurde,
- die Einhaltung von Luftabständen, deren Eignung zur Sicherstellung des RILL durch Prüfungen nachgewiesen wurde,
- die Einhaltung von Luftabständen, deren Eignung zur Sicherstellung des RILL durch Berechnung nachgewiesen wurde.

Der Zweck dieser Vornorm ist die Festlegung eines Berechnungsverfahrens sowohl für den RILL als auch für die zur Erreichung und Aufrechterhaltung des RILL erforderlichen Abstände, wenn Arbeiten unter den entsprechenden, in EN 50110 (DIN VDE 0105) festgelegten Arbeitsbedingungen ausgeführt werden.
Die Übernahme der entsprechenden internationalen Norm als europäische Norm wird zur Zurückziehung der gegenwärtigen Vornorm führen. In der Zwischenzeit wird diese Vornorm dringend zur Ergänzung einiger europäischer Normen benötigt, die schon veröffentlicht oder in Bearbeitung sind.

6.5 Normenübersicht

Eine ins Detail gehende Normenübersicht für die Bereiche K 214 und K 215 wurde vom DKE-Referat 214 erarbeitet. Sie ist als Anhang 1 beigefügt.
Diese Normenübersicht zeigt ferner die im Normungsverfahren üblichen Abkürzungen, ein IEC-Ablaufschema und das Schema des parallelen Abstimmungsverfahrens (Parallel Voting) IEC/CENELEC.

7 Arbeiten unter Spannung (AuS)

7.1 Überblick

7.1.1 Allgemeines

Die breite Nutzung der elektrischen Energie in allen Lebensbereichen führt zu immer höheren Anforderungen an die Sicherheit und Zuverlässigkeit der Stromversorgung. Dementsprechend ist man in den Energieversorgungsunternehmen bemüht, eine möglichst störungs- und unterbrechungsfreie Elektroenergieversorgung zu gewährleisten. Dafür müssen aber auch Wartungs- und Instandhaltungsarbeiten in den elektrischen Netzen durchgeführt werden, die aus Sicherheitsgründen nur an freigeschalteten Anlagen ausgeführt werden sollten. In nicht vermaschten Netzen führen jedoch Freischaltungen oft zwangsläufig zu Versorgungsunterbrechungen, und auch bei Arbeiten an Doppelleitungen wird bei Abschaltung eines Systems zumindest die Versorgungszuverlässigkeit der Übertragung beeinträchtigt. Demgegenüber haben die Verfahren des Arbeitens unter Spannung (AuS) den Vorteil, daß bei voller Gewährleistung der erforderlichen Arbeitssicherheit an in Betrieb befindlichen Anlagen gearbeitet werden kann. Zu einer immer breiteren Anwendung des AuS in zahlreichen Ländern haben aber auch die weiteren mit seiner Anwendung verbundenen Vorteile, wie Reduzierung von Netzverlusten, Erhöhung der Verfügbarkeit der elek-

anwendbare Montageanweisungen		
Hochspannung	41	
Mittelspannung	20	
Niederspannung	32	(einschließlich Komplextechnologien)
ausgebildete Monteure		
Hochspannung	490	
Mittelspannung	1 680	
Niederspannung	4 742	
praktische Anwendungen von AuS		
Hochspannung	102	Objekte[1]
Mittelspannung	11 826	Objekte[2]
Niederspannung	537 000	Stunden

Tabelle 7.1.1 A Stand und Anwendungen von „Arbeiten unter Spannung" im Jahre 1989 in der führeren DDR
1 davon 85 im 220- und 380-kV-Netz
  ein Objekt ist identisch mit z. B.: Isolatorenwechsel auf einem Leitungsabschnitt, Anstrich einer Leitung, ...
2 z. B. Reinigung einer Transformatorstation mit 3 bis 4 HS-Zellen, Nachfüllen von Öl in einem Transformator, ...

trotechnischen Anlagen, Senkung außerplanmäßiger Arbeitszeiten, zu einer entscheidenden Verbesserung der Arbeitssicherheit geführt. Im besonderen kann auch der mit hohen Kosten verbundene und die Umwelt beeinträchtigende, weitere Netzausbau ausschließlich aus der Lastenentwicklung abgeleitet werden, denn wartungsbedingte Freischaltungen und dementsprechende Übertragungsreserven lassen sich durch die Anwendung von AuS minimieren.

In den alten Bundesländern ist das AuS im Niederspannungsbereich seit vielen Jahren üblich, wie z. B. das Herstellen von Hausanschlüssen. Im Bereich > 1 kV dagegen fand kein AuS statt.

In den neuen Bundesländern wurde das AuS, auch im Hochspannungsbereich, über 20 Jahre praktiziert, so wie in vielen anderen Ländern auch.

Über Stand und Anwendung von AuS im Jahre 1989 in der früheren DDR informiert die **Tabelle 7.1.1 A**.

7.1.2 Entwicklungstendenzen international

In Auswertung der zweiten internationalen Konferenz für Arbeiten unter Spannung im September 1994 in Mulhouse/Frankreich kann festgestellt werden, daß:
- die Anwendbarkeit von AuS in allen Spannungsebenen konsequent weiterentwickelt wird und die Zahl der am AuS interessierten Länder ständig zunimmt (so waren z. B., außer der starken Vertretung Frankreichs und zahlreicher anderer Länder, Spanien mit 15, Portugal mit 37, Großbritannien mit 14, Italien mit 19, Polen mit 21, die Schweiz mit 12 und Deutschland mit 17 Teilnehmern vertreten),
- übereinstimmend die an sich bekannten Vorteile durch AuS bestätigt werden:
  – Sicherung einer hohen Verfügbarkeit und Versorgungszuverlässigkeit der Netze,
  – Gewährleistung einer anforderungsgerechten Instandhaltung bei Vermeidung von Versorgungsunterbrechungen und
  – Erhöhung der Arbeitssicherheit,
- durch die Weiterentwicklung von Ausrüstungen und Technologien auch das AuS an Kompaktleitungen möglich wird,
- AuS an Hochspannungsleitungen mit Hubschrauberunterstützung weltweit vorangebracht wird,
- zwecks Vermeidung schwerer körperlicher Arbeit, der effektiveren Arbeitsausführung und des gefahrlosen Arbeitens an kompakten Anlagen mit nur geringen Isolierstrecken intensiv an der Entwicklung zur Anwendung der Telemanipulation (z. B. in den USA, Kanada, Frankreich, Japan) gearbeitet wird,
- durch Anwendung der von der EdF (französisches staatliches Energieversorgungsunternehmen) praktizierten „Kombimethode" erhebliche Fortschritte beim AuS an Mittelspannungsanlagen erzielt werden sowie
- Fragen der Arbeitssicherheit und Ökonomie durch AuS nach wie vor von besonderer Bedeutung sind.

7.1.3 Voraussetzungen für das Arbeiten unter Spannung (AuS)

Von den zahlreichen Anforderungen für das Arbeiten unter Spannung, wie sie in der EN 51110 Teil 1:1996 „Betrieb elektrischer Anlagen" enthalten sind, sind nachfolgend die wesentlichen kurz aufgezeigt:
- In Abhängigkeit von der Art der Arbeit darf Arbeiten unter Spannung nur von Elektrofachkräften oder elektrotechnisch unterwiesenen Personen mit Spezialausbildung ausgeführt werden.
- Nach erfolgreichem Abschluß der Spezialausbildung müssen die Teilnehmer einen Befähigungsnachweis erhalten, aus dem hervorgeht, welche Arbeiten sie ausführen dürfen.
- Die Fähigkeit zum AuS muß entweder durch Praxis oder durch erneute Schulung erhalten werden.
- Das Arbeitsverfahren ist festzulegen, d. h.:
  - Arbeiten auf Abstand,
  - Arbeiten mit Isolierhandschuhen,
  - Arbeiten auf Potential.
- Es sind Arbeitsanweisungen zu erstellen.
- Erforderliche Werkzeuge, Ausrüstungen, Schutz- und Hilfsmittel sind festzulegen.
- Es sind die Umgebungsbedingungen (Niederschlag, Nebel, Gewitter, Wind) zu berücksichtigen.

Aus dieser auszugsweisen Aufstellung ist zu entnehmen, daß das AuS erhebliche Investitionen auf der Personalseite und auch auf der Materialseite erfordert.

7.2 Arbeiten unter Spannung (AuS) bis 1000 V

Beispiele für das AuS im Niederspannungsbereich sind:
- Verstärken von Straßenkabeln und Hausanschlüssen,
- Schließen von Baulücken, Anschluß neuer Bauvorhaben,
- zerrissene Kabel (Bagger) oder beschädigte Kabel,
- angefahrene Laternenmasten oder Kabelverteilerschränke,
- Herstellen von Baustromanschlüssen,
- Reinigen von Schaltanlagen,
- Reinigen von Kabelverteilerschränken (z. B. auch nach Überschwemmungen) usw.

Bild 7.2 A, **Bild 7.2 B** und **Bild 7.2 C** zeigen das Herstellen eines 380-V-Abzweigs unter Spannung.
Bild 7.2 D, **Bild 7.2 E** und **Bild 7.2 F** zeigen das Reinigen eines Kabelverteilerschrankes, unter Spannung, mittels eines Hochdruckflüssigkeitsstrahlgeräts (70 bar), mit normalem Leitungswasser (95 °C Wassertemperatur). Ein solcher Rei-

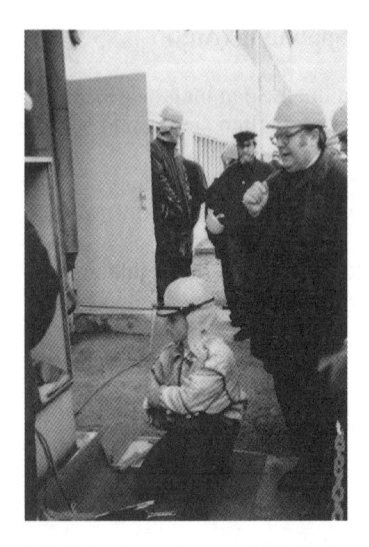

Bild 7.2 A Herstellen eines 380-V-Abzweigs unter Spannung

Bild 7.2 B Herstellen eines 380-V-Abzweigs unter Spannung

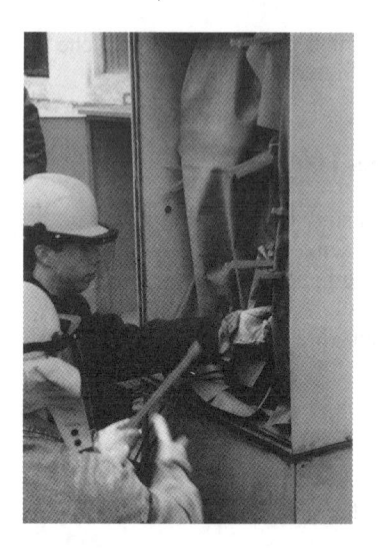

Bild 7.2 C Herstellen eines 380-V-Abzweigs unter Spannung

Bild 7.2 D Reinigen eines Kabelverteilerschranks unter Spannung

Bild 7.2 D Reinigen eines Kabelverteilerschranks unter Spannung

Bild 7.2 D Reinigen eines Kabelverteilerschranks unter Spannung

nigungsvorgang eines Kabelverteilerschranks dauert etwa sechs Minuten (bei innerer und äußerer Reinigung). Je nach Bebauungsdichte können pro Tag bis 50 Kabelverteilerschränke gereinigt werden. Pro Schrank werden etwa 30 l Wasser benötigt. Bei dieser Methode sind mehrere Sicherheitsmaßnahmen in Reihe geschaltet, nämlich:

- Das Mundstück an der Reinigungslanze besteht aus hochwertigem Isolierstoff und verhindert so die Einleitung von Störlichtbögen und den Stromübertritt auf das Strahlrohr.
- Das leitfähige Strahlrohr ist durch ein Isolierstück in seinem Verlauf unterbrochen.
- Der Monteur trägt isolierende Handschuhe, isolierende Stiefel und Gesichtsschutzschild.

In den vergangenen fünf Jahren wurden in einem süddeutschen EVU über 50 000 Kabelverteilerschränke, einige zum Teil schon mehrmals, gereinigt. Es ergaben sich bisher keine Zwischenfälle, Unfälle oder Sachschäden.

7.3 Arbeiten unter Spannung (AuS) 1 kV bis 36 kV

Seit 1972 wurde im Osten Deutschlands im Mittelspannungsnetz unter Spannung nach dem Prinzip des indirekten Berührens gearbeitet. Alle erforderlichen Werkzeuge, Montagehilfsmittel und sicherheitstechnischen Mittel wurden unter Beachtung nationaler und internationaler Normen entwickelt und gefertigt.

Die erste Arbeit unter Spannung (AuS) im Mittelspannungsnetz war das Auswechseln von Überspannungsableitern an Transformatorstationen – ein relativ einfacher Montageablauf, der als Mustertechnologie zur Erprobung der Arbeit mit Isolierstangen angesetzt wurde.

Es folgte die Entwicklung von Werkzeugen für:
- Auswechseln von Isolatoren an Trag- und Abspannmasten (**Bild 7.3 A**),
- Kontrolle der Isolatoren,
- Wartungsarbeiten an Masttrennern,
- Anschluß von fahrbaren Transformatorstationen.

Man stellte bald fest, daß diese Arbeiten selten zur Anwendung kamen. Da aber das Interesse für das AuS an Mittelspannungs-Innenraumanlagen groß war, wurde diese Problematik dann näher untersucht.

Mittelspannungs-Innenraumanlagen, wie Transformatorstationen und Schaltanlagen, sind Knotenpunkte im Verteilungssystem, von denen aus eine Vielzahl von Abnehmern versorgt wird. Meist sind in diesen Anlagen komplizierte und damit teure Geräte auf engstem Raum konzentriert. Hinzu kommt, daß die Luftisolierstrecken zwischen Teilen unterschiedlichen Potentials im Vergleich zu Freiluftanlagen erheblich kürzer bemessen sind. Störungen in Innenraumanlagen haben oft Versorgungsunterbrechungen für eine große Zahl von Abnehmern und erhebliche Anlagenschäden zur Folge.

Der vorbeugenden Wartung und Instandhaltung von Innenraumanlagen kommt deshalb eine große Bedeutung zu. Umfragen haben ergeben, daß besonders das Reinigen von offenen Anlagen eine vordringliche Wartungsarbeit ist. Je nach Verschmutzungsart und -intensität sind Reinigungen in Abständen etwa zwischen einem halben Jahr und zwei Jahren erforderlich, d. h., der notwendige Turnus für das Reinigen

Bild 7.3 A Isolatorenwechsel an einer 20-kV-Freileitung

von offenen Innenraumanlagen bestimmte vor Einführung des AuS wesentlich die Ausschalthäufigkeit der gesamten Versorgungseinrichtung.
AuS an Mittelspannungs-Innenraumanlagen muß wegen der geringen Abstände zwischen Teilen unterschiedlichen Potentials sowie zwischen spannungsführenden Teilen und dem Bediengang ausschließlich nach dem Prinzip des indirekten Berührens ausgeführt werden. Für diese Arbeiten sind in der Regel zwei Personen erforderlich: ein Verantwortlicher für das AuS sowie ein Ausführender. Letzterer hat seinen Standort im Bedienungs- oder Kontrollgang so zu wählen, daß er stets den geforderten Mindestabstand zu den unter Spannung stehenden Teilen der Anlage einhalten kann. Der Verantwortliche hat u. a. die Aufgabe, die Arbeiten und die Bewegungsabläufe zu überwachen.
Beispiele für das AuS im Bereich 1 kV bis 36 kV sind:
- Nachfüllen von Löschflüssigkeit in Schaltgeräten,
- Abschmieren von Schalter-Antriebselementen,
- Nachfüllen von Isolieröl in Ortsnetztransformatoren,
- Nachfüllen von Kabelimprägniermasse,
- Ausmessen von offenen Schaltfeldern für den Einsatz isolierender Schutzplatten,
- Reinigen durch Absaugen,
- Schneiden von Kabeln.

Im Osten Deutschlands wurden bis 1990 jährlich etwa 12 000 Wartungs- und Instandhaltungsarbeiten an Mittelspannungs-Innenraumanlagen von etwa 1 700 aus-

gebildeten Monteuren als AuS ausgeführt. Dabei ist die Technologie „Reinigen durch Absaugen" überwiegend zur Anwendung gekommen. Die Nutzung des AuS beschränkte sich dabei nicht nur auf die Energieversorgungs-Unternehmen, sondern auch besonders auf die Industrie. Die im Verlauf von fast 20 Jahren gesammelten Erfahrungen bei der Einführung und Anwendung des AuS bestätigen, daß das bewußte Arbeiten unter Spannung eine Erhöhung der Arbeitssicherheit bringt.
Der mit zunehmender Routine bestehenden Gefahr, daß leichtfertiger gearbeitet wird und Sicherheitsvorschriften nicht mehr in dem Maße, wie es notwendig wäre, Beachtung finden, konnte erfolgreich durch kontinuierliche Weiterbildung der Monteure, regelmäßige Belehrungen sowie auch durch Kontrolltätigkeit vorgebeugt werden. Es ereigneten sich keine Unfälle beim AuS.
Es ist bekanntlich schwierig, den Nutzen des AuS in DM-Beträgen anzugeben. Die Effekte des AuS sind jedoch gleichermaßen beim EVU wie beim Abnehmer spürbar. Das EVU kann seiner wichtigsten Aufgabe, der kontinuierlichen Versorgung der Abnehmer, nachkommen.
Die Arbeiten unter Spannung in Innenraumanlagen sind im Vergleich mit den Arbeiten im spannungslosen Zustand bei zum Teil besserer Qualität (z. B. Reinigungsarbeiten) und deutlich geringerem Zeitaufwand wesentlich kostengünstiger ausführbar durch:
● Vermeiden von Koordinierungsaufwand,
● Wegfall von Schalthandlungen sowie Erdungs- und Kurzschließmaßnahmen,
● Kontinuität der Arbeiten.
Die Arbeitssicherheit wird erhöht, bedingt durch das gründliche Vorbereiten der Arbeiten, durch die spezielle Ausbildung des Personals, durch die hochwertigen isolierenden Ausrüstungen sowie durch eine wirkungsvolle Überwachungstätigkeit.
Das Arbeiten unter Spannung in Mittelspannungs-Innenraumanlagen besitzt im Vergleich mit denjenigen in Mittelspannungs-Freileitungen die größere Bedeutung. Das Reinigen der offenen Innenraumanlagen steht hinsichtlich ihrer Häufigkeit mit Abstand an der Spitze der in Mittelspannungs-Anlagen durchzuführenden Instandhaltungsarbeiten. Nach dem Prinzip des indirektetn Berührens ist das Reinigen problemlos und sicher ausführbar – das beweisen langfristige und umfangreiche Untersuchungen an den Arbeitsgeräten im Zusammenspiel mit der elektrischen Anlage. Nicht zuletzt bestätigen die fast 20jährigen positiven Erfahrungen bei der Anwendung des AuS, daß die gewählten Verfahrensweisen sowohl hinsichtlich der Sicherheitsvorschriften als auch der Schulung der Monteure zweckmäßig sind. Aufgrund seiner ökonomischen und sicherheitstechnischen Vorzüge sollte das AuS die Wartungs- und Instandhaltungsmethode sein.
Im folgenden werden zwei typische AuS im Mittelspannungsbereich vorgestellt:
● das Reinigen von Mittelspannungs-Innenraumanlagen durch Absaugen und
● das Kabelschneiden.

7.3.1 Reinigen von Mittelspannungs-Innenraumanlagen durch Absaugen

Dies ist ein Trockenreinigungsverfahren, das durch Absaugen des Staubes mittels Düsen oder durch Abbürsten der zu reinigenden Teile unter gleichzeitigem Absaugen des Staubes erfolgt (**Bild 7.3.1 A**). Düsen und Bürsten werden mit stufenweise verlängerbaren Saugrohren geführt. Beim Reinigen werden die Arbeitsmittel bewußt mit Staub in Berührung gebracht. Aus diesem Grunde mußten zunächst eine Reihe grundsätzlicher Untersuchungen hinsichtlich des Einflusses von Staub und Feuchtigkeit auf das Isoliervermögen der Arbeitsmittel durchgeführt werden, wie z. B.
- Leitfähigkeit von Staubbelägen in Abhängigkeit von der relativen Luftfeuchtigkeit und der Temperatur:
  - Die Staubproben wurden zum Teil beim Reinigen von Transformatorstationen in Verschmutzungsgebieten gewonnen. Um einen Überblick über das Verhalten extrem leitfähiger Beläge zu erhalten, wurden Speisesalz, Blumendünger, stark kalihaltige Stäube in die Untersuchung einbezogen. Weiterhin wurde der Einfluß der aufgebrachten Staubmenge auf die Höhe des Ableitstroms ermittelt.
  - Ergebnisse:
  Je größer die aufgebrachte Staubmenge ist, desto höher ist bei gleicher relativer Luftfeuchtigkeit der Ableitstrom. Eine höhere Temperatur bei gleicher relativer Luftfeuchtigkeit bewirkt ebenfalls ein Ansteigen des Ableitstroms.

Bild 7.3.1 A Reinigung einer 6-kV-Schaltanlage in offener Bauweise

- Einfluß von Feuchtigkeit auf das Isoliervermögen von sauberen und verschmutzten Isolierbürsten.
- Ableitstrom über das Saugrohr beim Einsaugen von Stäuben (Prüfanordnung in **Bild 7.3.1 B**):
  - Folgende Staubsorten wurden untersucht:
    Zementstaub (Rüdersdorf), Staub aus ländlichem Gebiet, Chemiestaub (Mühlberg, Bitterfeld), Gesteinsstaub, Staub aus ausgewählten Hochspannungs-Anlagen unter Tage, u. a. Steinsalz, kalihaltiger Staub, gipshaltiger Staub, Staub aus Stadtgebieten, kohlehaltiger Staub.
  - Ergebnisse:
    Die Ableitströme über das Saugrohr beim Einsaugen von Stäuben, die aus den verschiedensten Gebieten stammten, lagen selbst bei einer Temperatur von 35 °C und bei einer Luftfeuchtigkeit von 90 % weit unter dem noch zulässigen Wert von 200 µA [3].
- Isoliervermögen der Anlagen-Isolatoren beim Einbringen von Entstaubungs-Geräten.

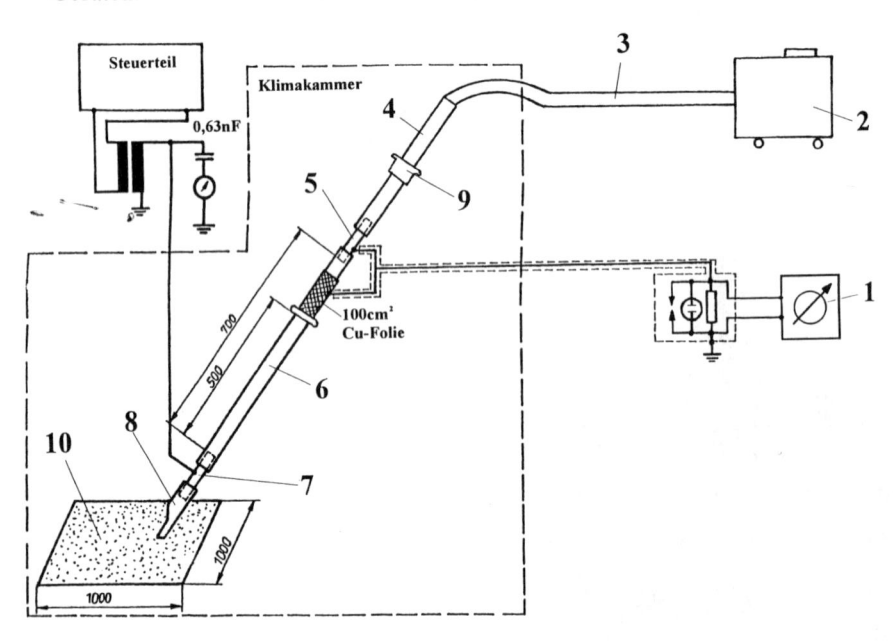

Bild 7.3.1 B Prüfanordnung zur Ableitstrommessung bei Wechselspannung 36 kV

1	Röhrenvoltmeter	6	PVC-Saugrohr
2	Staubsauger	7	Metallrohr
3	Saugschlauch	8	PVC-Düse
4	PVC-Rohr	9	Begrenzungsscheibe
5	Metallrohr	10	Staub

Grundsätzlich ist festzustellen, daß nur solche Anlagen auf die beschriebene Art gereinigt werden können, in denen der Staub trocken ist und lose aufliegt.
Zur Ausrüstung zum Reinigen durch Absaugen gehören (neben dem Sauger-Set) Reinigungskopf (Düse, Bürste), Saugrohr und Saugschlauch (**Bild 7.3.1 C** und **Bild 7.3.1 D**).

Ausrüstungen zum Reinigen durch Absaugen müssen oberhalb des Roten Rings in Richtung des oberen Anschlußteils einschließlich der Reinigungsköpfe überbrückungssicher sein.
Sowohl Düsen, Bürsten und Winkelstücke als auch Saugrohre und Saugschläuche bestehen vollständig aus Isoliermaterialien. Bürsten und Düsen sind in ihrer Form weitgehend den zu reinigenden Bauteilen angepaßt.
Beispielsweise werden zur Reinigung rotationssymmetrischer Isolatoren, wie Stützer und Durchführungen, Halbrundbürsten verwendet (**Bild 7.3.1 E a** und **Bild 7.3.1 E b**).

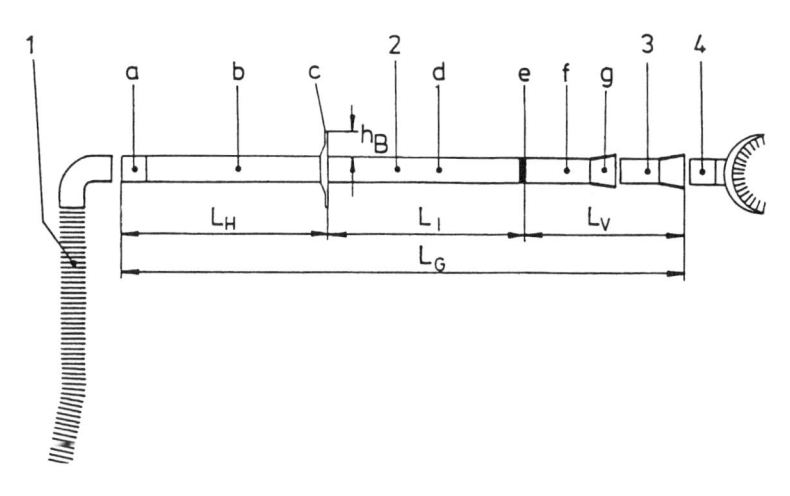

Bild 7.3.1 C Ausrüstung zum Reinigen durch Absaugen
1 Saugschlauch
2 Saugrohr mit:
  a unterer Anschlußteil
  b Handhabe
  c Begrenzungsscheibe mit Höhe h_B
  d Isolierteil
  e Roter Ring
  f Verlängerungsteil
  g oberer Anschlußteil
3 Verlängerungsrohr
4 Reinigungskopf

Bemessungen:
L_H Länge der Handhabe
L_I Länge des Isolierteils
L_V Länge des Verlängerungsteils
L_G Gesamtlänge des Saugrohrs

Bild 7.3.1 D Reinigungsset

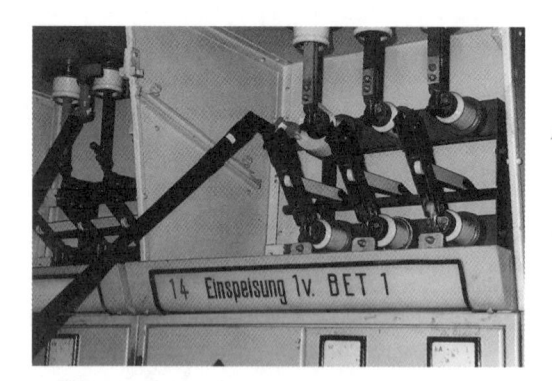

Bild 7.3.1 E a Reinigen mit Halbrundbürste

Bild 7.3.1 E b Reinigen mit Halbrundbürste

Bild 7.3.1 F Reinigen einer 30-kV-Schaltanlage von einer Arbeitsbühne aus

In größeren Anlagen, insbesondere dort, wo der Sammelschienenbereich nicht eingesehen werden kann, werden die Arbeiten von einem erhöhten Standort, z. B. einer fahrbaren Arbeitsbühne, ausgeführt (**Bild 7.3.1 F**).
Es kommen Staubsauger mit einer Mindestluftgeschwindigkeit von 20 m/s, die durch eine deutliche Signalgebung überwacht wird, zum Einsatz.
Schaltgeräte mit Auslösevorrichtungen, deren Berühren mit Reinigungsgeräten ein ungewolltes Ausschalten bewirken kann, müssen vor Beginn der Arbeiten arretiert werden.
Im Osten Deutschlands wurden bis 1990 jährlich etwa 12 000 Wartungs- und Instandhaltungs-Arbeiten an Mittelspannungs-Innenraumanlagen von etwa 1 700 ausgebildeten Monteuren als AuS ausgeführt. Dabei ist die Technologie „Reinigen durch Absaugen" überwiegend zur Anwendung gekommen. Die Nutzung des AuS beschränkte sich dabei nicht nur auf Energieversorgungs-Unternehmen, sondern besonders auf die Industrie.

Im UK 214.4 ist die Normvorlage „Vorrichtungen zum Reinigen durch Absaugen" erarbeitet worden, sie wird voraussichtlich als Gelbdruck unter E DIN VDE 0681 Teil 9 veröffentlicht werden und soll auch bei Cenelec für die europaweite Normung eingereicht werden.

7.3.2 Kabelschneiden mit Geräten nach DIN VDE 0681 Teil 10, Sicherheitsregeln der BG

7.3.2.1 Allgemeines

Kann ein freigeschaltetes Kabel nicht eindeutig festgestellt werden, so sind nach DIN VDE 0105 Teil 1 vor Beginn der eigentlichen Arbeiten andere Sicherheitsmaßnahmen gegen die Gefährdung der Arbeitenden zu treffen. Das Kabel kann z. B. mit einem Kabelschneidgerät geschnitten werden.

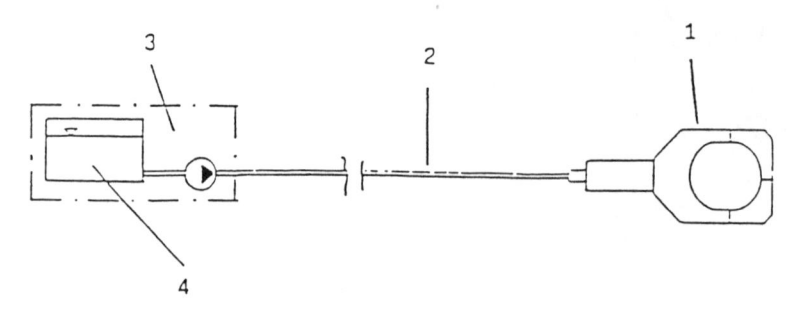

Bild 7.3.2.1 A Beispiel eines Kabelschneidgeräts
1 Schneidkopf
2 Isolierschlauchleitung
3 Pumpe
4 isolierende Flüssigkeit

Bild 7.3.2.1 B Kabelschneidgeräte
a) drei Ausführungsformen
b) Einsatz

Ein Kabelschneidgerät ist ein tragbares Gerät zum gefahrlosen Schneiden von Kabeln, von denen nicht eindeutig festgestellt werden kann, ob ihr spannungsfreier Zustand hergestellt und sichergestellt ist.
Kabelschneidgeräte sind Geräte, die beim Schneiden eines Kabels gleichzeitig die Kabeladern kurzschließen. Die Geräte müssen so ausgelegt sein, daß ein versehentlicher Einsatz an einem unter Spannung stehenden Kabel zu keiner Personengefährdung führt.
Kabelschneidgeräte bestehen im wesentlichen aus Schneidkopf, Isolierschlauchleitung, Pumpe und isolierender Flüssigkeit (**Bild 7.3.2.1 A**).
Mögliche Ausführungsformen von Kabelschneidgeräten und den Einsatz zeigen **Bild 7.3.2.1 B a** und **Bild 7.3.2.1 B b**.

7.3.2.2 Kabelschneidgeräte
Ermächtigter Entwurf DIN VDE 0681 Teil 10/03.92

Dieser Normentwurf gilt für Kabelschneidgeräte, mit denen nach DIN VDE 0105 Teil 1:1983-07, Abschnitt 9.6.4, an der Arbeitsstelle in Verbindung mit organisatorischen Maßnahmen festgestellt werden kann, ob Kabel mit Nennspannungen bis 30 kV (höchstzulässige Betriebsspannung bis 36 kV) und Nennfrequenzen bis 60 Hz unter Spannung stehen.
Für Kabelschneidgeräte zum Einsatz an Kabeln mit Nennspannungen über 30 kV bis 60 kV (höchstzulässige Betriebsspannung über 36 kV bis 72,5 kV) und an Einleiterkabeln mit Nennspannungen bis 110 kV (höchstzulässige Betriebsspannung bis 123 kV) kann diese Norm entsprechend angewendet werden.
Mit dem Normentwurf DIN VDE 0681 Teil 10 sind einheitliche Anforderungen und Prüfungen für Kabelschneidgeräte geschaffen worden. Im Vordergrund stehen dabei Kriterien hinsichtlich der Sicherheit des Bedienenden.
Jedem Kabelschneidgerät ist eine Gebrauchsanleitung beizugeben, die alle für den Gebrauch, die Wartung und den Zusammenbau erforderlichen Hinweise enthalten muß. Diese umfassen mindestens:
- Erläuterung der Aufschriften,
- Beschreibung des Kabelschneidgeräts,
- Hinweise zum bestimmungsgemäßen Gebrauch,
- Verhalten bei Störungen am Kabelschneidgerät,
- Verhalten nach Kurzschlußeinwirkung.

Das fertige Arbeitspapier der DIN VDE 0681 Teil 10 wurde Ende 1995 bei Cenelec TC 78 eingereicht.

7.3.2.3 Sicherheitsregeln für den Betrieb, den Bau und die Ausrüstung von Kabelschneidgeräten

Im Laufe des Jahres 1996 veröffentlicht die Berufsgenossenschaft der Feinmechanik und Elektrotechnik (BG) ihre „Sicherheitsregeln für den Betrieb, den Bau und die Ausrüstung von Kabelschneidgeräten". Festgeschrieben sind darin der Stand der Technik und der Stand der Praxis. Dies im Hinblick darauf, daß das Erscheinen der diesbezüglichen EN- bzw. IEC-Bestimmung [VDE 0682 Teil 661] auf der Basis eines derzeitigen WG-Arbeitspapiers doch noch geraume Zeit dauern könnte.

Unter Abschnitt 3 „Allgemeine Anforderungen" wird es heißen:
„Vor Beginn der Arbeiten an Erdkabelanlagen muß nach der Durchführungsanweisung zur VBG 4 § 6 Abs. 2 der spannungsfreie Zustand hergestellt und für die Dauer der Arbeiten sichergestellt werden.
Da bei Kabeln, speziell bei Erdkabeln, das Feststellen der Spannungsfreiheit an der Arbeitsstelle nicht immer möglich ist, ist eine Ersatzmaßnahme für das Feststellen der Spannungsfreiheit, das Durchtrennen der Kabel mit speziellen Kabelschneidgeräten in Verbindung mit einer Überprüfung an der Ausschaltstelle (z. B. Rückfrage bei der netzführenden Stelle) anzuwenden."

Absatz 4.9 „Störung" wird lauten:
„Sollte beim Schneidvorgang ein unter Spannung stehendes Kabel geschnitten worden sein, so kann mit dem Kabelschneidgerät das Kabel durchtrennt werden. Das Kabelschneidgerät bleibt in den meisten Fällen funktionstüchtig. Grundsätzlich immer ist mit der netzführenden Stelle Kontakt aufzunehmen. Nach dem Schneiden eines unter Spannung stehenden Kabels ist mit dem Kabelschneidgerät nach den Angaben des Herstellers aus der Bedienungsanleitung zu verfahren. Häufig muß es zwecks Funktionskontrolle und Inspektion an den Hersteller eingesandt werden."

Mit Kabelschneidgeräten muß bei bestimmungsgemäßem Gebrauch sicheres Arbeiten in Innenräumen, im Freien und auch bei Niederschlägen im Temperaturbereich von – 20 °C bis + 40 °C möglich sein.

Seitens der Berufsgenossenschaft existiert für das Kabelschneiden bisher bereits folgende Schrift:
- „Regeln für Sicherheit und Gesundheitsschutz bei der Arbeit mit Kabelschneidgeräten". Ausgabe Juni 1995 (Bestell-Nr.: MBL 24).

7.4 Arbeiten unter Spannung (AuS) 110 kV bis 400 kV

In diesem Spannungsbereich erfolgt das AuS in fast allen Fällen „auf Potential". Die betreffenden Mitarbeiter sind mit schirmender Kleidung ausgerüstet und steigen – z. B. beim Wechseln von Isolatorenketten – vom Mastschaft über auf isolierende Leitern, die an den Traversen eingehängt sind.
Eine ebenfalls mehr und mehr praktizierte Methode ist das Abseilen von Mitarbeitern vom Hubschrauber aus, z. B. beim Wechseln von Abstandhaltern in Bündelleitern.

Hauptsächliche Arbeiten unter Spannung im Bereich 110 kV bis 400 kV sind:
- Auswechseln von Langstabisolatoren oder Kappenisolatoren an Freileitungen.
- Befahren von Bündelleitern mit dem Seilwagen.
- Einbau von Abdeckplatten auf Freileitungen zur Durchführung von Anstricharbeiten.
- Entfernung von Fremdkörpern.
- Abstandsmessungen.

Das AuS in dieser Spannungsebene wird in Zusammenhang mit der angestrebten höheren Auslastung der Übertragungsnetze und vor allem hinsichtlich wirtschaftlicher Überlegungen zukünftig an Bedeutung gewinnen (wie z. B. bezüglich der Versorgungssicherheit):
- bei Durchleitungsverträgen im Rahmen der Europäischen Union,
- auf Verbindungsleitungen zu Nachbarnetzen,
- bei Richtbetrieb zwischen Verbundsystemen,
- bei der Beseitigung von Schäden an Kraftwerksleitungen.

Aber auch die zunehmend zu erwartenden Probleme beim Leitungsneubau müssen Berücksichtigung finden.

7.5 Stand der Normung und Vorschriften zum Arbeiten unter Spannung (AuS)

Anhand gültiger und im Entwurf befindlicher Normen für Ausrüstungen und Geräte sowie den Betrieb elektrischer Anlagen werden die Festlegungen für das Arbeiten unter Spannung beschrieben.
Wiedergegeben werden die Schutzziele, erlaubte Arbeiten mit den dafür zu erfüllenden Kriterien und Abhängigkeit von der Anlagen-Nennspannung, Organisation von Arbeitsabläufen mit Arbeitsverfahren und Arbeitsanweisungen sowie Aufgabenabgrenzung und Durchführung von Arbeiten in Abhängigkeit von der Qualifikation des Personals und zu treffende technisch-organisatorische Sicherheitsmaßnahmen.

7.5.1 Arbeiten unter Spannung (AuS) aus der Sicht des K 214

Die entsprechenden Normen der Reihe DIN VDE 0680, 0681, 0682 und 0683 wurden bereits in den vorhergegangenen Abschnitten dieses Buchs vorgestellt, wobei aus diesen „Hersteller-Bestimmungen" die jeweiligen Passagen entnommen wurden, die für den Benutzer derartiger Geräte und Ausrüstungen von Bedeutung sind.

7.5.2 Arbeiten unter Spannung (AuS) aus der Sicht des K 224 – DIN VDE 0105 Teil 1, EN 50110 Teile 1 und 100

DIN VDE 0105 Teil 1:1983-07
„Betrieb von Starkstromanlagen"

EN 50110-1: Entwurf:1995-02
„Operation of electrical installations"
„Betrieb von Starkstromanlagen"

DIN VDE 0105, Teil 100, Entwurf:1995-02
„Deutscher normativer Anhang zur EN 50110-1"

Arbeiten unter Spannung (AuS), DIN VDE 0105 Teil 1:1983-07
AuS ist grundsätzlich Ausnahme.
AuS ist jedoch erlaubt, wenn:

- Nennspannung $\leq$ 50 V AC oder 120 V DC oder
- Stromkreise eigensicher errichtet oder
- Kurzschlußstrom $\leq$ 3 mA AC oder 12 mA DC bzw. Energie $\leq$ 350 mJ oder
- Gefahren abgewendet werden.

Ferner sind erlaubt bei Nennspannung > 50 V AC oder 120 V DC bis Nennspannung 1 000 V AC oder 1 500 V DC:
- Heranführen von Spannungsprüfern, Meß- und Justiereinrichtungen,
- Heranführen von Werkzeugen zum Bewegen leichtgängiger Teile,
- Abklopfen von Rauhreif,
- Anbringen von Abdeckungen und Abschrankungen, Hilfsmittel zum Reinigen,
- Herausnehmen und Einsetzen von Sicherungseinsätzen,
- Anspritzen bei Brandbekämpfung,
- Arbeiten an Akkumulatoren und in Prüffeldern,
- Abspritzen von Isolatoren,
- Fehlereingrenzung in Hilfsstromkreisen, Funktionsprüfungen,
- sonstige Arbeiten, wenn durch Wegfall der Spannung:
  – Gefährdung von Personen zu befürchten ist oder
  – erheblicher wirtschaftlicher Schaden entstehen würde oder
  – die Stromversorgung von Verbrauchern unterbrochen würde.

Die jeweiligen Vorgesetzten sind verantwortlich für Personenauswahl, Sicherheitsmaßnahmen, Unfallverhütung.
Betreiber von Anlagen > 1 kV müssen in Eigenverantwortung Einzelfestlegungen treffen, z. B.:
- Weisungsbefugnis, Verantwortlichkeiten,
- Arbeitsmethoden, Arbeitsablauf,
- Spezialausbildung.

Arbeiten unter Spannung (AuS) EN 50110-1, Entwurf:1995-02

Bei Berührung blanker unter Spannung stehender Teile bzw. beim Eindringen in die Gefahrenzone sind nachstehende Voraussetzungen erforderlich:
- Schutzmaßnahmen gegen elektrischen Schlag und Kurzschluß anwenden,
- Brand- und Explosionsgefahren ausschließen,
- eng anliegende Kleidung tragen,
- festen Standort schaffen, beide Hände frei,
- ungünstige Umgebungsbedingungen, z. B. Wettereinflüsse beachten,
- Arbeitsverfahren anwenden:
  - auf Abstand,
  - mit Isolierhandschuhen,
  - auf Potential,
- Arbeitsanweisungen für Personen und Ausrüstungen erstellen.

Besondere Festlegungen sind außerdem anzuwenden für:
- Kleinspannungsanlagen ≤ 50 V AC oder 120 V DC,
- Niederspannungsanlagen ≤ 1 000 V AC oder 1 500 V DC,
- Hochspannungsanlagen > 1 kV AC oder 1,5 kV DC.

Das AuS von Elektrofachkräften und elektrotechnisch unterwiesenen Personen setzt voraus:
- Spezialausbildung nach Programm,
- Befähigungsnachweis zur fachlichen Einstufung,
- kontinuierliche Praxis oder Schulung.

Die Organisation von Arbeitsabläufen ist wie folgt zu treffen:
- Arbeitsvorbereitung,
- Pflichten des Anlagenverantwortlichen:
  - Herstellen und Sicherstellen des Schaltzustands,
  - Herstellen von Kommunikationsverbindungen,
- Pflichten des Arbeitsverantwortlichen:
  - Information des Anlagenverantwortlichen,
  - Information der ausführenden Personen,
  - Freigabe zur Arbeit,
  - Wahrnehmung der Aufsichtsführung.

Arbeiten unter Spannung (AuS) DIN VDE 0105 Teil 100, deutscher normativer Anhang: Entwurf:1995-02

AuS ist gemäß DIN VDE 0105 erlaubt, wenn:
- Nennspannung $\leq$ 50 V AC oder 120 V DC oder
- Kurzschlußstrom $\leq$ 3 mA AC oder 12 mA DC bzw. Energie $\leq$350 mJ.

AuS ist ferner erlaubt bei Nennspannung > 50 V AC oder 120 V DC:
- Heranführen von Spannungsprüfern und Phasenvergleichern,
- Heranführen von Meß- und Justiereinrichtungen bei Nennspannungen bis 1000 V,
- Anbringen von Abdeckungen und Abschrankungen,
- Heranführen von Hilfsmitteln zum Reinigen bei Nennspannungen bis 1000 V,
- Abklopfen von Rauhreif,
- Anspritzen bei Brandbekämpfung,
- Abspritzen von Isolatoren,
- Herausnehmen und Einsetzen von Sicherungseinsätzen (in Anlagen > 1 kV mit Sicherungszangen),
- Heranführen von Werkzeugen zum Bewegen leichtgängiger Teile,
- Arbeiten an Akkumulatoren und Prüfanlagen,
- Fehlereingrenzung in Hilfsstromkreisen, Funktionsprüfungen.

Über DIN VDE 0105 hinausgehend sind erlaubt:
- Erprobung, Funktionsprüfung, Inbetriebsetzung, Fehlersuche soweit Betriebsspannung erforderlich,
- sonstige Arbeiten von Elektrofachkräften mit AuS-Spezialausbildung, wenn durch Wegfall der Spannung:
  – Betriebsstörungen oder
  – Gefährdungen von Personen auftreten können oder
  – Stromversorgung von Verbrauchern unterbrochen wird oder
  – Nachteile (betrieblich, wirtschaftlich, vertraglich) entstehen können.

7.5.3 Arbeiten unter Spannung (AuS) aus der Sicht der Unfallverhütungsvorschrift der Berufsgenossenschaft der Feinmechanik und Elektrotechnik „Elektrische Anlagen und Betriebsmittel"

Nach § 6 der Unfallverhütungsvorschrift „Elektrische Anlagen und Betriebsmittel" (VBG 4 vom 01.04.1979, mit Durchführungsanweisungen vom April 1986 und Anhang April 1995) darf an unter Spannung stehenden aktiven Teilen elektrischer Anlagen und Betriebsmittel nicht gearbeitet werden, abgesehen von den Festlegungen in § 8. Dort heißt es:

„§ 8
Zulässige Abweichungen

Von den Forderungen der §§ 6 und 7 darf abgewichen werden, wenn:
- *durch die Art der Anlage eine Gefährdung durch Körperdurchströmung oder durch Lichtbogenbildung ausgeschlossen ist oder*
- *aus zwingenden Gründen der spannungsfreie Zustand nicht hergestellt werden kann, soweit dabei:*
  - *durch die Art der bei diesen Arbeiten verwendeten Hilfsmittel oder Werkzeuge eine Gefährdung durch Körperdurchströmung oder durch Lichtbogenbildung ausgeschlossen ist und*
  - *der Unternehmer mit diesen Arbeiten nur Personen beauftragt, die für diese Arbeiten an unter Spannung stehenden aktiven Teilen fachlich geeignet sind, und*
  - *der Unternehmer weitere technische, organisatorische und persönliche Sicherheitsmaßnahmen festlegt und durchführt, die einen ausreichenden Schutz gegen eine Gefährdung durch Körperdurchströmung oder durch Lichtbogenbildung sicherstellen."*

Hier sind nun die „zwingenden Gründe" genannt. Diese sind in VDE 0105 Teil 1 in Abschnitt 12.3 i enthalten und wurden von dort auch in den Entwurf der EN 50110 Teil 100 (deutscher normativer Anhang zur EN 50110 Teil 1) übernommen. Aufgrund zahlreicher Einsprüche wurde dieser Passus aber im Zuge der Einspruchberatung gestrichen. Dies ganz einfach deswegen, weil die europäische Grundnorm EN 50110 Teil 1 für das Arbeiten unter Spannung umfangreiche Anforderungen an die Qualifikation des Personals und auch an die Gerätschaften stellt (wie im Abschnitt 7.1.3 dieses Buchs aufgezeigt).
Dieser Änderung wurde im Zuge der Überarbeitung der Durchführungsanweisungen zur VBG 4 im Jahre 1995 Rechnung getragen. Die Änderung wird voraussichtlich Ende 1996 erscheinen. Dort wird es dann heißen:

„Zu § 8 Nr. 2:

Zwingende Gründe können vorliegen, wenn durch Wegfall der Spannung:
- *eine Gefährdung von Leben und Gesundheit von Personen zu befürchten ist,*
- *in Betrieben ein erheblicher wirtschaftlicher Schaden entstehen würde,*
- *bei Arbeiten in Netzen der Stromversorgung, besonders beim Herstellen von Anschlüssen, Umschalten von Leitungen oder beim Auswechseln von Zählern, Rundsteuerempfängern oder Schaltuhren, die Stromversorgung unterbrochen würde,*
- *bei Arbeiten an oder in der Nähe von Fahrleitungen der Bahnbetrieb behindert oder unterbrochen würde,*
- *Fernmeldeanlagen einschließlich Informations-Verarbeitungsanlagen oder wesentliche Teile davon wegen Arbeiten an der Stromversorgung stillgesetzt werden*

müßten und dadurch Gefahr für Leben und Gesundheit von Personen hervorgerufen werden könnte,
- *Störungen in Verkehrssignalanlagen hervorgerufen werden, die zu einer Gefahr für Leben und Gesundheit von Personen sowie Schäden an Sachwerten führen könnten.*

Beim Arbeiten unter Spannung besteht eine erhöhte Gefahr der Körperdurchströmung und der Lichtbogenbildung. Dieses erfordert besondere technische und organisatorische Maßnahmen. Das verbleibende Risiko (Eintrittswahrscheinlichkeit und Verletzungsschwere, siehe DIN VDE 31000 Teil 2) muß damit auf ein zulässiges Maß reduziert werden. Dies wird erreicht, wenn die nachfolgenden Anforderungen erfüllt und die elektrotechnischen Regeln eingehalten werden.

Sollen Arbeiten unter Spannung durchgeführt werden, ist vom Unternehmer schriftlich für jede der vorgesehenen Arbeiten festzulegen, welche Gründe als zwingend angesehen werden. Hierbei müssen das jeweils gewählte Arbeitsverfahren, die Häufigkeit der Arbeiten und die Qualifikation der mit der Durchführung der Arbeiten betrauten Personen berücksichtigt werden. Für die Durchführung der Arbeiten sind eine Arbeitsanweisung zu erstellen und geeignete Schutz- und Hilfsmittel für das Arbeiten unter Spannung zur Verfügung zu stellen.

Beim Herausnehmen und Einsetzen von unter Spannung stehenden Sicherungseinsätzen des NH-Systems ohne Berührungsschutz und ohne Lastschalteigenschaften wird eine Gefährdung durch Körperdurchströmung und durch Lichtbögen weitgehend ausgeschlossen, wenn NH-Sicherungsaufsteckgriffe mit fest angebrachter Stulpe verwendet werden sowie Gesichtsschutz (Schutzschirm) getragen wird.

Isolierte Werkzeuge und isolierende Hilfsmittel zum Arbeiten an unter Spannung stehenden Teilen sind geeignet, wenn sie mit dem Symbol des Isolators oder mit einem Doppeldreieck und der zugeordneten Spannungs- oder Spannungsbereichsangabe oder der Klasse gekennzeichnet sind.

Die Forderungen hinsichtlich der fachlichen Eignung für Arbeiten an unter Spannung stehenden aktiven Teilen sind erfüllt, wenn die Festlegungen in Tabelle 5 beachtet werden und eine Ausbildung für die unter Spannung durchzuführenden Arbeiten erfolgt ist. Die Kenntnisse und Fertigkeiten müssen in regelmäßigen Abständen (etwa jedes Jahr) überprüft werden; wenn erforderlich, muß die Ausbildung ergänzt oder wiederholt werden.

Im Rahmen der organisatorischen Sicherheitsmaßnahmen sollen die Arbeiten von einer in der Ersten Hilfe ausgebildeten und mindestens elektrotechnisch unterwiesenen Person überwacht werden (siehe § 7 UVV „Erste Hilfe" (VBG 109)).

Die Sicherheitsmaßnahmen sind für den Einzelfall oder für bestimmte, regelmäßig wiederkehrende Fälle schriftlich festzulegen. Dabei sind die Festlegungen in den elektrotechnischen Regeln zu beachten."

Die Tabelle 5 wurde in ihrem Aufbau ebenfalls überarbeitet und sieht nun wie folgt aus:

Nennspannung	Arbeiten	EF	EUP	L
bis AC 50 V bis DC 120 V	alle Arbeiten, soweit eine Gefährdung z. B. durch Lichtbogenbildung ausgeschlossen ist	X	X	X
über AC 50 V über DC 120 V	1. Heranführen von geeigneten Prüf-, Meß- und Justiereinrichtungen, z. B. Spannungsprüfern, von geeigneten Werkzeugen zum Bewegen leicht gängiger Teile, von Betätigungsstangen	X	X	
	2. Heranführen von geeigneten Werkzeugen und Hilfsmitteln zum Reinigen sowie das Anbringen von geeigneten Abdeckungen und Abschrankungen	X	X	
	3. Herausnehmen und Einsetzen von nicht gegen direktes Berühren geschützten Sicherungseinsätzen mit geeigneten Hilfsmitteln, wenn dies gefahrlos möglich ist	X	X	
	4. Anspritzen von unter Spannung stehenden Teilen bei der Brandbekämpfung oder zum Reinigen in Freiluftanlagen	X	X	
	5. Arbeiten an Akkumulatoren und Photovoltaikanlagen, unter Beachtung geeigneter Vorsichtsmaßnahmen	X	X	
	6. Arbeiten in Prüfanlagen und Laboratorien unter Beachtung geeigneter Vorsichtsmaßnahmen, wenn es die Arbeitsbedingungen erfordern	X	X	
	7. Abklopfen von Rauhreif mit isolierenden Stangen	X	X	
	8. Fehlereingrenzung in Hilfsstromkreisen (z. B. Signalverfolgung in Stromkreisen, Überbrückung von Teilstromkreisen) sowie Funktionsprüfung von Geräten und Schaltungen	X	X	
	9. sonstige Arbeiten, wenn: 1. zwingende Gründe durch den Betreiber festgestellt wurden und 2. Weisungsbefugnis, Verantwortlichkeiten, Arbeitsmethoden und Arbeitsablauf (Arbeitsanweisung) schriftlich für speziell ausgebildetes Personal festgelegt worden sind	X		
bei allen Nennspannungen	alle Arbeiten, wenn die Stromkreise mit ausreichender Strom- und Energiebegrenzung versehen sind und keine besonderen Gefährdungen (z. B. wegen Explosionsgefahr) bestehen	X	X	X
	Arbeiten zum Abwenden erheblicher Gefahren, z. B. für Leben und Gesundheit von Personen oder Brand- und Explosionsgefahr.	X		
	Arbeiten an Fernmeldeanlagen mit Fernspeisung, wenn der Strom kleiner als AC 10 mA oder DC 30 mA ist.	X	X	

Tabelle 5 Randbedingungen für das Arbeiten an unter Spannung stehenden Teilen hinsichtlich der Auswahl des Personals in Abhängigkeit von der Nennspannung.
- *Elektrofachkraft*   *EF*
- *Elektrotechhnisch unterwiesene Person*   *EUP*
- *Elektrotechnischer Laie*   *L*

7.5.4 Schlußbemerkung

Die europäische Norm VDE 0105, d. h. die EN 50110, wird noch im Jahr 1996 als gültige Bestimmung erscheinen. Sie ist dann wieder **ein** Exemplar, d. h., die Teile 1 und 100 der EN 50110 werden zusammengefaßt, damit die Bestimmung „anwenderfreundlich" ist.
Zeitgleich soll im VDE-VERLAG Berlin u. Offenbach Band 13 der VDE-Schriftenreihe „Betrieb von Starkstromanlagen – Allgemeine Festlegungen, Erläuterungen zu DIN VDE 0105 Teil 1:198307" in überarbeiteter Form erscheinen, wiederum als Kommentar des DKE K224.
Etwa zeitgleich sollen auch die überarbeiteten Durchführungsanweisungen zur VBG 4 erscheinen.
Seitens des K 214 und des K 224 wurde die Berufsgenossenschaft der Feinmechanik und Elektrotechnik gebeten, auch die VBG 4 zu überarbeiten. Dies einmal im Hinblick auf die harmonisierte Betriebsbestimmung EN 50110, zum anderen aber, damit auch im Text der Unfallverhütungsvorschrift die „zwingenden Gründe" dann nicht mehr enthalten sind.

Stichwortverzeichnis

A
Abdecktuch 39
–, isolierendes 45
Abdeckung 26
Ableitstrom 73
Abstandsspannungsprüfer 5, 123
Anschließstelle 204, 206 – 209
Anschließteil 170, 203, 204
Anschlußstück für Erdungsleitung 209
Ansprechspannung 120
Anwendungshinweis 81, 87, 125, 140, 152
Anzeige, eindeutige 94, 106
Anzeigegerät 90, 91
Anzeigesystem, kapazitives 127
Arbeiten
– auf Abstand 4, 25
– auf Potential 4, 25
– im spannungsfreien Zustand 21, 23
– in der Nähe unter Spannung stehender Teile 21, 26
– mit Isolierhandschuh 4, 25
Arbeiten unter Spannung (AuS) 5, 21, 25, 249
– 1 kV bis 36 kV 254
– 110 kV bis 400 kV 265
– aus der Sicht der Unfallverhütungsvorschrift „Elektrische Anlagen und Betriebsmittel" 268
– aus der Sicht des K 214 266
– aus der Sicht des K 224 266
– bis 1 000 V 251
–, Stand der Normung und Vorschriften 265
–, Voraussetzung 251
Arbeitskopf 54, 55
Arbeitsstange, isolierende 4, 67, 86
Ärmel, isolierender 45
Augenschutzgerät 38

Ausführung, kapazitive für Wechselspannungen über 1 kV 107

B
Bahnstromabnehmer-Abziehstange 54
Begrenzungsmarkierung 146, 147
Begrenzungsscheibe 59, 72
Bereich, geschützter 145
Betätigungsbolzen 87, 88
Betätigungsstange 53, 54, 68
– bis 1000 V 53
Bügelfestpunkt 207, 208

D
Durchführungsanweisung 23

E
Eigenprüfeinrichtung 60
Eigenprüfvorrichtung 105, 106
Elektrofachkraft 21 – 23
Entwicklungstendenz international 250
Erdungsgerät
–, frei geführtes 161, 193
–, geführtes ortsveränderliches 161
Erdungshandgriff 193
Erdungspatrone 178, 180
Erdungsseil 162, 164, 165, 168
Erdungsstab 193
Erdungsstange 184, 185
–, Handhabe 186
Erdungsvorrichtung 181, 191
– für NH-Sicherungsunterteile 178

F
Faltabdeckung 39
Fernprüfer 123
Festpunkt 169
Formstück 39
Fremdspannung 94
Fußbekleidung 38

G
Gerät, ortsveränderliches zum Erden und Kurzschließen 161
Gerätesicherheitsgesetz 215
Gesetze über technische Arbeitsmittel 213

H
Handhabe 54, 69
– mit Länge l_H 71
Handschuh 38
– für mechanische Beanspruchung 5, 45
Hilfsmarkierung 147
Hilfsmittel 38
HO-NO-Adapter 134
HO-System 129, 134
Hubarbeitsbühne
– mit isolierender Hubeinrichtung 5
– mit isolierender Hubeinrichtung zum Arbeiten unter Spannung über AC 1 kV VDE 0682 Teil 741 245
– zum Arbeiten an unter Spannung stehenden Teilen bis AC 1000 V und DC 1500 V 245

I
Internationale Elektrotechnische Kommission 31
Isolationspegel 246
Isoliermatte 42
Isolierstange 86
Isolierteil
– der Betätigungsstange 54
– von Erdungsstangen 185

K
Kabelschneiden 262
Kabelschneidgerät 263
–, Sicherheitsregel 264
Koppelkapazität 127, 128
Koppelteil 127, 128, 131

Körperschutzmittel, isolierendes 38, 39, 40
Kugelbolzen 204
Kurzschließgerät
–, frei geführtes 161, 193
–, geführtes ortsveränderliches 161
–, zwangsführtes 162
–, zwangsgeführtes 161, 192, 193
Kurzschließschiene 164
Kurzschließseil 162
Kurzschließstab 193
Kurzschließvorrichtung 162, 191
– für NH-Sicherungsunterteile 178
–, parallel geschaltet 191
Kurzschlußfestigkeit 175

L
Leiter, isolierender 265
Leiterfestpunkt 200
Luftabstand 246

M
Mastsattel 245
Matte
– zur Standortisolierung 39
–, isolierende 46
Mittelspannungs-Innenraumanlage, Reinigen durch Absaugen 257

N
NH-Sicherungsaufsteckgriff 57
Normungs-Komitee 31
NO-System 130

P
Paßeinsatzschlüssel 65
Person, elektrotechnisch unterwiesene 21, 23
Phasenvergleicher 143
Pinzette, isolierte 48
Prüfelektrode 91

R
Roter Ring 71

S
Schalenfestpunkt 208
Schaltstange 87
Schutzabdeckung, starre 46
Schutzanzug, isolierender 38
Schutzbekleidung
–, Instandsetzen von 44
–, isolierende 44
Schutzbrille 38
Schutzdistanz 146
Schutzplatte, isolierende 144
Schutzschirm 38
Schutzteil 145
Schutzvorrichtung 38
–, isolierende 38 – 40
Schwarzer Ring 54, 55
Sicherheitszeichen GS 215
Sicherungsaufsteckgriff 57
Sicherungszange 88, 89
Sonderkennzeichen nach DIN 48699 213
Sonderwerkzeugkoffer 0105 50
– für Batterie-Anschlußarbeiten 50
Spannungsanzeigegerät
–, aktives 133
–, passives 133
Spannungsanzeigesystem 127
Spannungsprüfer
– für Gleichstromzwischenkreise elektrischer Triebfahrzeuge 122
– für Oberleitungsanlagen 120
–, berührungsloser 123
–, einpoliger bis 250 V Wechselspannung 64
–, resistive (ohmsche) Ausführung für Wechselspannungen über 1 kV 5
–, zweipoliger 60
–, zweipoliger bis AC 1000 V 63
Spannungsprüfsystem 127
Spindelschaft 202, 203, 204

Staberdungsgerät, zwangsgeführtes 161, 162, 192, 193
Stange, isolierende, Abklopfen von Rauhreif 271
Stangenschelle 245
Störfeld 94, 96, 98
Stromentnahmestange 54
Stulpe 59

U
Überbrückungssicherheit 74
Umhüllung 39
Unfall, elektrischer 25
Unfallverhütungsvorschrift der Berufsgenossenschaft 23
Ursache 25

V
VBG 4 21, 23
VDE-Bestimmung 27, 28
Verbandszeichen des VDE 216
Verbindungsleitung 136, 137, 138, 139
Verbindungsstück 163, 174
Verlängerungsteil 72

W
Wahrnehmbarkeit 94
Weiterverwendung alter Schutzmittel und Geräte 218
Werkzeug
–, isoliertes 47
–, teilisoliertes 48
Wiederholungsprüfung 85

Z
Zwischenteil, leitendes 184
Zylinderbolzen 206